本书的出版由中央高校基本科研业务费专项资金资助
（HEUCF20161305）

哈尔滨工程大学
社 会 学 丛 书

海洋渔业捕捞方式
转变的社会学研究

Sociological Research
on the Transformation
of Ocean Fishing Mode

唐国建／著

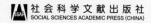

社会科学文献出版社
SOCIAL SCIENCES ACADEMIC PRESS (CHINA)

序

海洋资源对于人类社会生存、发展的重要性在 21 世纪日益凸显。通过现代科技，人们认识到浩瀚的海洋中有着比陆地更丰富的资源，因而，21 世纪被人们称为"海洋的世纪"。从近海养殖到远洋捕捞，从海洋渔业到海洋石油，从浅海到深海，已经没有什么能够阻挡人类深入海洋的步伐。

从环境史的角度看，人类之于自然界的活动，如果不考虑自然特性、自然限度的话，必然会导致自然生态系统的失衡。大量砍伐森林引发的水土流失，过度放牧导致的沙漠化，任意排放污水产生的水体富营养化……同样，随着人类开发海洋程度的加深，海洋世界也已不再"风平浪静"！

本书试图通过海洋捕捞的历史变迁来反思海洋渔业资源面临枯竭的现状及成因。从海洋中捕获鱼类是人类利用海洋资源的基本行为。传统渔民以"漏网捕鱼"方式捕捞，一方面获取海洋渔业资源；另一方面又通过"漏网"方式使鱼类得以生存、繁衍。随着技术进步，大马力的机动船、坚韧细密的尼龙网、精准的雷达扫描仪，再加上经验丰富的渔船长，已经没有什么海洋生物能够逃脱这张精密而又强大的追捕网。不仅如此，新技术还改变了人们的心态。"征服自然"的信念改变了人与海洋的关系，也改变了人与人之间的关系。市场经济更加强了渔民对海洋的获取感。"一网打尽"成为普遍的捕捞方式和基本的作业理念。

作者在对海洋生态系统理解的基础上，解析从"漏网捕鱼"

到"一网打尽"的社会基础。就生态学而言,作者运用食物链、生存空间、海域承载力等概念展现了过度捕捞如何挤压海洋鱼类的生存空间,而海洋污染、填海造田等人类活动加剧了这种挤压程度。海洋鱼类数量的减少和鱼类个头的变小是鱼类生存空间丧失的最好证明。从社会学的角度,作者从海域分界、渔业政策、资源配置等因素中分析市场和政策的力量是如何影响"捕鱼人"的行为选择的,而这种影响的结果不仅导致了人与海洋的区隔,也加剧了社会矛盾和社会冲突。传统渔村的解体、信仰传承的断裂、渔民身份的丧失等,使我们看到海洋渔业的困境和海洋生态危机。

反思海洋渔业问题,不是为了证明悲观的未来,而是希望海洋有个美好的明天。尽管海洋渔业资源正在趋向枯竭,但为了人类的食物需求、海洋捕捞业的延续与发展以及海洋生态系统的平衡,作者讨论了海洋捕捞业的可持续发展问题。作者认为,技术进步仍然是海洋捕捞业可持续发展的重要条件。但是,只有调整政策、制衡社会力量和文化价值,才能避免异化现象的产生。

海洋渔业问题从本质上看是一个社会问题。因此,从社会学角度加以研究,是一项十分有益的探索。作者在田野工作的基础上,通过对海洋捕捞业历史演变的比较、分析,客观地、历史地呈现海洋渔业问题。

值此书出版之际,我祝愿唐国建在环境社会学领域做出更多的成绩。

是为序。

陈阿江

2017 年 4 月 19 日于南京

目 录
C O N T E N T S

图表目录

第一章 绪论

海洋就像流淌不息的河，是万物之始与最后的归宿。

——Rachel L. Carson

追求永续的生存和发展，是人类整体的共同目标。作为一个生物物种，人能够持续地从大自然中获取足够的食物是实现这个共同目标的关键所在。依据不同的方式获取食物是人类的生产活动，也被称为生计活动，这是人与自然发生关系的核心纽带。"适者生存"的自然铁律适用于包括人在内的所有生物。与其他生物不同的是，人类的生产活动是一种具有主观能动意识的环境行为，它不仅是人类在自然环境中选择适人环境（suitable environment for human living）的行为，更是一个将不适人的自然环境改变为适人的人工环境（artificial environment）的行为。然而，这个过程不仅改变着人与自然之间的关系，也改变着自然本身，使整体性的自然环境向着越来越不适人的状态转变。这种不适人状态的一个重要体现就是人类从自然环境中获取食物的活动变得越来越艰难。

陆地是人类数万年来获取食物的主要场所，也是被人类改变最大的自然环境。作为最重要的人工环境，由钢筋水泥架构起来的城市是人类改造自然的主要体现，高楼大厦是人们拓展生存空间的体现，同样，海洋开发和宇宙探索也是人们拓展生存空间的体现。当今世界正处于陆地被开发殆尽而宇宙探索刚刚起步之际，海洋正逐步成为人们获取食物的主要场所。[①] 然而，人类对自然界的任何带有主观能动意识的行为都会改变自然环境本身。当代环境危机的意识正是对这种改变的反思。在社会学领域，环境社会学作为一门新兴的分支学科，就是这种反思的体现。本书的主旨是通过分析海洋渔民捕捞方式的历史演变，从社会学的视角阐释这种演变的影响与原因，以寻求可持续的海洋渔业生产模式。

1.1　研究问题的提出

1.1.1　研究背景

1.1.1.1　世界海洋捕捞业的现状

在人类食物发展史上，鱼类具有重要的作用。"渔业为原始生业之一，古代渔猎并称，人类在原始时代，陆地则以兽猎为生，沿海湖沼之处，则用木石击鱼，捕而食之，其起源远在农业以前"（李士豪、屈若搴，1937：1）。数千年来，鱼类是最早可用的也是最便宜的动物蛋白来源之一。

海洋捕捞业是一种主要以获取海洋鱼类资源为目的的生产产业，它是海洋渔业的主要构成部分。广袤无垠的海洋蕴藏着无穷无尽的鱼类资源，但海洋渔业的形成与发展，不仅受海洋环境的影响与制约，也受航海、造船、养殖等技术的影响与制约。在人类历史的大部分时间里，辽阔无垠的海洋对人类是一个危险的存在。尽管人类很早就利用简陋的工具从海洋中获取食物和盐，或者到海滩上捡拾贝壳和被海浪冲上岸的鱼类，但是人类活动的主

[①] 1970 年，直接食用鱼和贝类的蛋白占世界人口消耗总蛋白数量的 5.4%。参见 Bell, 1978：20－22。2007 年，水产品消费占全球居民摄入的动物蛋白的 15.7% 和所有蛋白的 6.1%。自 1961 年起，食用鱼总供应量增速为 3.1%，人均每年水产品消费从 20 世纪 60 年代的 9.9 千克增加到 2007 年的 17 千克。参见 FAO, 2010：64－67，http://www.fao.org/docrep/013/，i1820c/i1820c00.htm。

要区域仍然停留于近海岸,甚至没有越过"海"的界限,更别说进入到"洋"中。

这种状态直到工业革命之后,尤其是第二次世界大战之后才发生了转变。集约化的生产方式在海洋渔业中得到广泛普及,这大大提高了获取渔业资源的力度。世界捕捞产量从1947年的2000万吨飞速地增长到1970年的6920万吨(Coull,1993:30)。

目前世界海洋渔业总产量基本维持稳定,但海洋渔业资源总体呈现衰减趋势,尤其是许多上品物种已经或者正在趋于衰竭。有研究者依据联合国粮食及农业组织(以下简称FAO)提供的历史数据进行估计,传统海洋渔业种类的开发潜力大约为每年1亿吨(Gulland, et al.,1971:255;Caddy and Gulland,1983:267-278)。但根据FAO的统计,海洋渔业总产量的最高值在2000年达到1亿吨左右,其中捕捞量最高值停留在8600万吨左右(见表1-1)。尤其是进入21世纪之后,海洋渔业总产量因为养殖产量的增加而保持基本稳定,但捕捞产量明显在逐年下降。处于低度和适度开发的种群比例从20世纪70年代中期的40%下降到2008年的15%。而过度开发、衰退或恢复中的种群从1974年的10%增加到2008年的32%。占世界海洋渔业产量30%的排名前十名的多数种群被完全开发,没有增加产量的潜力(FAO,2010:35)。

表1-1　世界海洋渔业产量

单位:百万吨

年份	捕捞量	养殖量	合计	年份	捕捞量	养殖量	合计
1996	86.1	10.8	96.9	2003	81.5	17.2	98.7
1997	86.4	11.1	97.5	2004	83.8	16.7	100.5
1998	79.6	12.0	91.6	2005	82.7	17.5	100.2
1999	85.2	13.3	98.5	2006	80.0	18.6	98.6
2000	86.8	14.2	101.0	2007	79.9	19.2	99.1

年份	捕捞量	养殖量	合计	年份	捕捞量	养殖量	合计
2001	84.2	15.2	99.4	2008	79.5	19.7	99.2
2002	84.5	15.9	100.4	2009	79.9	20.1	100.0

注：不包括水生植物，2009 年数据为估计值。

资料来源：FAO：《世界渔业与水产养殖状况》（2002，2004，2006，2008，2010），http://www.fao.org/。

渔业资源的衰退必然会引发世界捕捞量的变化。

首先，尽管渔业就业率总体上呈现上升趋势，但许多发达国家的捕捞业就业人员则在减少（参见表1-2）。渔业领域的就业增长速度快于世界人口增长以及传统的农业领域的就业人口增长速度。2008 年的捕捞业就业人员占经济上参与广泛农业领域的 13 亿人的 3.5%，1980 年这一比例为 1.8%。但在资本密集型经济体中，捕捞业提供的就业岗位减少，特别是在多数欧洲国家、北美和日本。这是产量下降、捕捞计划减少以及技术进步使生产率提高等因素导致的。例如在挪威，1990 年海洋捕捞业雇用约 27500人，但 2008 年这一数字下降了 53%，为 12900 人（FAO，2010：26-28）。

其次，尽管世界船队和渔船的数量在总体上与 10 年前相比没有太大的变化，但国家间的海洋捕捞管理规则很难真正地得到实施。世界船队的扩充于 20 世纪 80 年代后期就停止了，带甲板渔船的数量基本保持在 120 万艘左右（FAO，2002：18）。从全球来看，船舶数量下降或维持不变的国家比例（35%）高于船舶数量增加的国家比例（29%）（FAO，2010：30-33）。渔船数量没有增加，却并不表示渔业管理变得更加轻松。FAO 在 2002 年的报告中指出："在发达国家集中降低过剩捕捞能力的同时，日益增加的复杂技术和社会问题正使渔业管理者的努力复杂化。"（FAO，2002：45-47）在面对区域差异、生存与发展之间的选择等问题，FAO关于渔业管理的一系列规定就变成了摆设。

表 1 - 2　捕捞渔民和养殖渔民

单位：万人

年份		1990	1995	2000	2005	2006	2008
世界其他国家	捕捞渔民	2390.5	2592.1	3319.9	3240.1	3483.9	3415.3
	养殖渔民	383.1	612.3	767.1	1046.7	866.2	1079.3
中国	捕捞渔民	943.2	875.9	921.3	838.9	809.1	784.4
	养殖渔民	174.1	266.9	372.2	451.3	450.3	545.6

注：1990 年和 1995 年的数据不能与以后的年份比较，因为只有有限的国家报告数据。2008 年的数据为 FAO 的估计数值，其中中国 2008 年的数据由笔者通过计算得出。报告中称，中国 2008 年水产养殖产量为 3273.6 万吨，人均产量 6 吨，从而得出养殖渔民数量为 545.6 万人，而报告中称，中国 2008 年有 1330 万渔民或养殖渔民，两数相减得捕捞渔民 784.4 万人。

资料来源：FAO：《世界渔业与水产养殖状况》（2002，2004，2006，2008，2010），http://www.fao.org/。

1.1.1.2　中国海洋捕捞业的现状

早在 1995 年，中国海洋鱼类和贝类的产量就已经在世界上占据了统治地位，1350 万吨的产量几乎占了全世界总产量的 1/4（Iudicello，Weber，and Wieland，1999：12）。之后，依据 FAO 的统计，尽管中国的统计数据中存在一些不确定性，但是总体上，中国的海洋渔业产量一直位居世界前列。2008 年全球海洋渔业总产量 9920 万吨，其中中国的产量为 2560 万吨，占全世界总产量 1/4 多。[①]

尽管海水养殖业、海洋水产品加工业等发展迅速，但传统的海洋捕捞业仍然在中国海洋渔业中占据着主导的地位。1950 年中国海洋捕捞产量为 53.6 万吨，但 2000 年达到了 1700 万吨（黄良

---

① 在报告中，FAO 是将中国与世界其他区域分开来论述的。这里的 2560 万吨的数据是通过将世界的统计值 9920 万吨减去不包括中国在内的世界统计值 7460 万吨而得来的。在文中，FAO 认为中国在 2008 年采用了修改的统计方法，这种统计调整以 2006 年中国全国农业普查结果为基础，首次询问水产品产量，以及来自各种示范抽样的调查结果，大多数调查是与 FAO 进行的。这次对 2006 年渔业和水产养殖产量下调约 13%。FAO 随后调整了中国 1997～2005 年历史统计预计值。参见 FAO，2010：3 - 5。

民，2007：192）。2008 年中国的产量尽管有所下降，但仍然是全球的领导者（FAO，2010：5）。综合来看，当前中国海洋捕捞业有以下几个特征。

（1）海洋渔场几乎完全得到开发，渔业资源的过度利用状况明显。中国沿海重要的渔场在新中国成立前就已经得到完全的开发利用。本书实地调查的山东渔区一直是中国重要的海洋渔业产区。该区域渔业资源丰富，各种鱼类的渔场在新中国成立前就已经基本开发完了（黄公勉、杨金森，1985：49～51；黄良民，2007：191～192）。主要表现在各个渔区的渔业资源过度利用明显。如从捕捞产品的结构来看，20 世纪 60 年代以前，捕捞渔获量中优质鱼类，如大小黄花鱼、带鱼、鳕鱼、枪乌贼等占总渔获量的 40% 左右。进入 80 年代，鳀鱼、黄鲫等小型中上层鱼类占到总量的 60% 以上，1991 年优质鱼类仅占总渔获量的 18.4%（黄良民，2007：192）。

（2）在渔民数量总量上升的同时，捕捞渔民数量实质在下降（见表 1-2）。渔民数量总量上升的原因是养殖渔民在持续增长。而捕捞渔民数量下降的原因与三个因素相关：①中国制订的削减渔船计划，"2002，中国开始了到 2007 年减少和销毁 30000 艘渔船（或其商业船队的 7%）的五年计划"（FAO，2006：25）；②兼职渔民数量增加，而这部分渔民实际并未被统计进去，2008 年全球约 600 万名偶尔工作的渔民和养殖渔民中有 120 万人在中国（FAO，2010：29）；③传统渔民家庭中从事捕鱼工作的年轻人在减少。这一点也使得兼职的渔民数量增加。对许多年轻人来说，在渔船上工作的工资和生活质量与岸上的产业相比没有优越性。[①]

---

① 在笔者的实地调查中，这个现象非常明显。在渔村的传统渔民家庭中，尽管出海捕鱼的报酬很高，但不仅年轻人不愿意上船出海工作，而且正在从事渔业工作的父母也不愿意让自己的子女从事海洋渔业，而是极力帮助自己的孩子到城市里生活或者选择岸上的职业。关于这一点笔者在本书后面的分析中会继续论及。

（3）捕捞渔船数量有所减少，但捕捞强度并没有出现下降的趋势。中国的2003～2010年海洋渔船减船计划的目标是海洋捕捞船队192390艘渔船，合计功率1140万千瓦。2007年的报告显示共有288779艘海洋渔船，总功率1470万千瓦（FAO，2010：34）。实际上，中国从1999年开始，就首次提出海洋捕捞产量"零增长"的目标，之后又提出"负增长"的目标，以对海洋捕捞强度实行严格的控制制度（黄良民，2007：192）。但是，捕捞产量和渔业资源状况的事实表明，捕捞力度并没有下降。正如FAO在2008年的报告中所指出的："无论取得了什么成就，明显的是中国的商业渔船规模在继续扩大。官方数据记录2002～2006年船数年增长约为3.5%。"（FAO，2008：29）

（4）远洋渔业发展迅速，但只有进一步加强相关装备和技术才能适应新的发展形势。2004年经农业部批准，在他国专属经济区及公海从事渔业生产的远洋渔船共1780艘，产量为123.3万吨，占中国海洋捕捞产量的8.5%，实现产值98.4亿元。但是，中国远洋渔业装备水平较低，渔船设备老化，有的渔船船龄已达20余年。据不完全统计，2003年发生涉外渔业事件约200起，渔业海难事故超过400起（黄良民，2007：193）。

总体来说，中国的海洋渔业与世界海洋渔业的发展趋势是一样的，但在近海渔业中的状况可能比世界平均水平要差得多。在近海渔业资源枯竭时，刚刚起步的远洋渔业也受发达国家高水平捕捞能力挤压而发展艰难。

1.1.1.3　现状与发展之间的冲突

21世纪是海洋世纪。这是20世纪后期国际社会公认的与人类社会"发展"相关的一个概念。这个概念源于1982年联合国第三次海洋法会议通过并于1994年生效的《联合国海洋法公约》。该公约将全世界30%多的海洋（约1.094亿平方公里）划为沿岸国家的管辖海域，这些国家在不同的区域划分中分别享有不同层次的主权权利、专有权、管辖权和管理权（杨国桢，2004：290）。

这些规定在一定程度上限制了各个沿海国家在海洋领域的无序争端和开发，但也为世界各个沿海国家加大海洋开发力度提供了合法性依据。随之而来的是世界各个沿海国家所制定的一系列海洋开发战略①，这些战略的设计与实施成为"海洋世纪"的导火索。人类社会从此开始全面进入开发海洋的时代。

然而，海洋能否像看上去那样为人类提供巨大的生存空间呢？至少从世界其他国家与中国的海洋捕捞业现状来看，人类能够从海洋中获取的渔业资源正在减少。另外，海洋环境也正遭受人类行为的重大破坏。或许科林·伍达德的《海洋的末日》所提出的观点在很多政治家看来有点危言耸听②，但是，发生在世界各地的海洋石油污染则是我们有目共睹的事实，尽管无数已经发生或者正在发生的污染事故都被利益既得者掩盖了③，但他们掩盖不了被石油覆盖的成片海域，以及在海面上漂荡着的死鱼和死鸟。而海洋石油开发仅仅是现代人类开发海洋的一种方式而已，人类不仅沿袭着无数种开发陆地的方式去开发海洋，也在科学发展的指引

---

① 1996 年中国政府制定了《中国海洋 21 世纪议程》及"海洋行动计划"；2002 年，加拿大制定了《加拿大海洋战略》；2003 日本政府制定了《新世纪日本海洋政策基本框架》，目的是实现"海洋科技大国"；2004 年美国政府出台了 21 世纪的新海洋政策《21 世纪海洋蓝图》，公布《美国海洋行动计划》。参见周世锋、秦诗立，2009：24。

② 书中指出："一个星球至关重要、不可替代、充满生命的部分在我们尚未真正开始了解它之前就已经被破坏"（第 38 页）。作为培育全部生命的海洋世界，人类的蛮力和无知，使得"生命的摇篮正逐步地变成一座水坟"（第 35 页）。参见〔美〕科林·伍达德，2002。

③ 至少到目前为止，还没有人用专业的研究方法来探究海洋石油开发及其所附带的行为给海洋环境造成了何种影响。对此，人们仅仅是做一些类似于"警示录"的统计，或者是像《海洋的末日》这种由记者进行的描述性告诫。研究这个问题除了专业上的难题外，如实地调查取证的困难，更大的困难可能是这类研究不但得不到基金的支持反而会遭到既得利益者的强烈阻碍。就在笔者撰写论文期间，2011 年 6 月本书案例中的南庄和东庄所在的渤海湾再次发生漏油事件，导致至少 840 平方公里的水域受污染，海水降至劣四类。就算如此，中海油和美国康菲公司在多方的压力之下也未能全面而系统地报道漏油的详细缘由和损害状况。而政府、受害者、NGO 等除了警告、谋划行动等类似于"宣言"的活动之外，并不能做出任何强有力的实际行动。参见 http://finance.ifeng.com/news/special/zhybhwly/。

下创造了或者创造着无数新的海洋开发方式。

　　然而，所有的海洋开发都是基于人类某种欲望的需求，所有的行为都是基于人的主观意愿而不是以海洋自然生态的规律为依据的。这些行为不仅影响了海洋地理环境，也损害着海洋生态系统。其中，最明显的就是海洋中的生物资源在逐渐枯竭，很多海洋生物就像陆地上的大熊猫、金丝猴一样面临着灭绝的危机，或者有很多我们不知道的生物已经灭绝了。就主要的海洋食物来源——鱼类和贝类来说，很多以前常见的食用鱼种类和贝类在个头上变小或在数量上减少。21 世纪人类将紧缺的食物来源寄希望于海洋，但海洋渔业资源却在走向枯竭。

1.1.2　研究缘起

　　与大多数普通人一样，笔者最初也不相信无以计数的海洋鱼类资源正在枯竭。首先，人类对海洋生物资源的种类和数量到目前为止并没有确切的定论，都是依据一定的条件进行估计的。[①] 3.61 亿平方公里的海洋中生长着无数的生物，对于深海中的生物资源状况，依据目前的科学技术，人类还不能对其进行明确的探究，如深海中的巨嘴鲨鱼（一种长 4.5 米、重 750 千克的鲨鱼）和六鳃鳐。[②] 其次，世界海洋渔业捕捞产量也没有明显的下降趋势，尽管近十年来逐年有所变化（见表 1 - 1）。但是这些变化更多

[①] 一般是依据现有的科学数据做出这些估计的。如 1997 年世界海洋独立委员会报告《海洋：我们的未来》，全球海洋的生态价值约为每年 461220 亿美元。1999 年联合国秘书长在海洋事务报告中指出，海洋和沿海生态系统提供的生态价值为 21 万亿美元。具体来说，海洋石油和天然气预测储量有 1.4 万亿吨。在水深大于 300 米的大陆边缘海底与永久冻土带沉积物中，有天然气水合物（俗称"可燃冰"）成藏，估计全球的资源量相当于全球已知煤、石油和天然气总储量的两倍多，够人类使用 1000 年（参见杨国桢，2004：290）。不过，如果认真地对比一下这些估计，就会发现，这些估计都是依据各自的目的而进行的。乐观主义者会把估计描述成人类发展的期望所在，而悲观主义者则往往用具体的使用年限来告诫人们。

[②] http://www. fao. org/fishery/topic/12356/en。

的是统计数据上的变化，并不能让人确信海洋鱼类资源正在趋向枯竭。

　　然而，关于海洋渔村和海洋环境的实地调查却让笔者深切地感受到了海洋渔业的衰落。2008 年，笔者参与了一个题为"环渤海环境治理失灵问题的整合研究"的基金项目，主要负责"渤海环境变迁下海洋渔村的发展状况"的研究。笔者着重选取了三个典型的海洋渔村（海岛渔村南庄、海滨渔村牛庄与城边渔村东庄，村庄状况见附录 1 "三个典型的海洋渔村"）进行了实地调研。在这三个海洋渔村进行数次调研之后，笔者感觉震惊的信息是：海洋中的鱼越来越少、越来越小了。

海岛的年夜饭：从猪肉、海参到黄花鱼

　　以南庄所在的海岛县为例。该岛由于位于渤海海峡处，是鱼群洄游的必经之地，渔业资源极其丰富。新中国成立前岛民过年时，岛上的地主以吃猪肉为荣，而贫苦的渔民在没有猪肉吃的情况下"只能"以海参、鲍鱼为年夜饭的主菜。至于各种海鱼则属于附属菜之列。直到改革开放之前，岛上的富人与穷人的年夜饭仍然是这种状况。但是，20 世纪 90 年代中期之后，海参、鲍鱼已经成了珍稀物种，原来不能上饭桌的 1 公斤左右的黄花鱼，现在却代替猪肉成了年夜饭的珍贵主菜。在南庄，20 世纪 90 年代末期，海洋捕捞业是该村的支柱产业之一，全村有两个捕捞大队十几条大型捕捞船，但笔者在 2010 年到该村进行实地调查时，被告知全村目前只有一户村民在从事近海捕捞业，而且是用小动力渔船进行近海作业。村民告诉笔者，之所以不再捕捞，是因为海里没有鱼了。出海捕捞一天的收获远远低于包括油耗、工钱和渔船损耗在内的成本。（2008～2010 年长岛实地调查和访谈资料）

对于这种状况，笔者最初的认识是渔业资源的衰减主要是海洋污染所导致的。海水水质的恶化必然影响到鱼群的生存。但是，笔者在东村和牛庄的码头看到装着只有小拇指大小的幼鱼成箱成箱地像垃圾一样随处放置或者倾倒进大卡车里。作为笔者向导的老渔民一手捏着一条掉落的幼鱼一手指着那些装箱的幼鱼，满嘴的"可惜"和满脸的无奈。这时，笔者才意识到，海洋污染只是原因之一，而且可能只是一个基础性的背景因素，因为海洋污染直接影响到的是海水养殖业，对海洋捕捞业的影响如何，当前并没有太多的科学研究。就现实中可观察到的事实来看，海洋渔业资源衰减的最直接、最重要的原因应该还是人类开发海洋生物资源的行为——海洋渔民的捕捞方式发生了转变。

毫无疑问，海洋捕捞是人类开发海洋最早、最重要的一种形式。海洋渔村和海洋渔民的存在都是以海洋捕捞业为基础的。没有捕捞业，渔村解体与渔民失业就成为必然。笔者在实地调研中深刻认识到：海洋渔业资源的枯竭、海洋渔村的变迁和海洋渔民的生存都与海洋捕捞业紧密相关。由此，笔者确定将研究主旨放在海洋渔民的捕捞方式及其选择上。

1.1.3　研究问题

人类开发海洋的最初也是最重要的目的之一是获得食物，而捕捞是获得海洋食物最主要、最直接的手段。几乎所有的海洋鱼类都适合人类食用，并且都含有人必需的蛋白质和各种维生素。考古学的研究表明，海洋捕捞的各种原始工具很早就出现了。[①] 人工水产养殖（aquaculture）是在捕捞业衰退的状况下才出现的，养殖的种类也是依据人们的需要和偏好而进行选择的。

---

① 在原始的狩猎与采集社会，渔业捕捞已经成为人类获取食物的重要手段。距今7500年前，出现了鱼漂。5000年前，居住在现今中国山东胶县的三里河人，开始大量捕捞海鱼，能捕获长约50厘米、游泳快速的蓝点马鲛。参见黄良民，2007：188~189。

2008 年的统计数据显示，世界海洋水产养殖产量只是海洋捕捞产量的 1/4 左右。[①]

在人类全面进军海洋之前，相对于低下的生产力水平，具有自我更新功能的海洋渔业资源就像空气和水一样，在人们的意识中是取之不尽用之不竭的资源。在《联合国海洋法公约》出台之前，全球各海域内（内海除外）的渔业资源都是共享的。事实上，由于海水和渔业资源的流动性，海洋中的鱼根本无法私有化或被某国私有，它始终是一种开放性的公共资源（open access resource）。在这两个前提下，人们关于海洋捕捞考虑最多的是如何改进捕捞手段以获得更多的鱼，而很少去思考海洋渔业资源是否会枯竭。

但是，在 20 世纪人类关于生态系统的深入研究以及对人类行为干预自然的反思中发现，任何一种自然资源，尤其是地球上的生物资源，都有一个临界值，一旦某种资源利用超过了该种资源的临界值，这种资源就会面临枯竭的危机（朱迪·丽丝，2002：24~28）。至今，所有关于海洋渔业的研究都表明，人类关于海洋渔业资源的利用已经或者即将超过其临界值，海洋渔业资源已经或即将陷入枯竭的境地。因此，如果人类将未来食物的重要来源寄托于海洋，那么，就必须反思人类关于海洋渔业资源的利用方式。而海洋捕捞无疑是人类利用海洋渔业资源最重要的方式，也是影响海洋渔业资源变化的最直接、最主要的行为方式。

依据社会学和经济学的基本知识，笔者对海洋捕捞方式的研究是在两个理论预设之上展开的：一是人类与所在环境之所以发生关系，是因为该自然环境能为生活于其中的人们提供生存所需的资源，且居住于该环境中的人们有能力获取这种资源；二是生活于一定社会中的人所选择的任何一种环境行为都具有相应的社

---

① 2008 年世界海洋水产养殖产量为 1970 万吨，世界海洋捕捞产量为 7950 万吨。参见 FAO，2010：3。

会条件。人类社会是一个自成体系的系统，有相应的运行机制，任何生活于其中的个人及行为都受系统制约，个人是无法独立于社会而存在的。因此，不管是先天的本能活动，还是后天的习得活动，人们的活动方式都是依据相应的社会条件所做出的选择。海洋捕捞作为人作用于海洋渔业资源的一种环境行为，同样离不开社会的支持和资源环境的制约。

基于这两个研究假设，笔者的研究主题是海洋渔民捕捞方式的转变及其原因与影响。对该主题的阐释通过以下三个具体的问题来进行。

（1）传统与现代的海洋渔民各自选择了何种捕捞方式？这种捕捞方式具有何种特点，以及支持这种捕捞方式的社会条件是什么？

（2）海洋渔民捕捞方式发生转变的原因是什么以及这种转变对海洋渔业资源和人类社会有什么样的影响？

（3）可持续海洋渔业需要什么样的捕捞方式以及如何实现这种捕捞方式？

1.2　研究方法与本书框架

1.2.1　研究方法

本书的研究对象是海洋渔民的捕捞方式。作为一种环境行为，对于海洋渔民捕捞方式的研究既需要从社会整体的角度把握行为产生的环境因素（自然的和社会的）和行为实施后的环境影响（自然的和社会的），也需要站在行为主体的角度去理解行为选择的动机、目的和意义。研究方法应该为研究目的服务，因此，实证主义和人文主义的方法论在本书中都有所体现。笔者将定量研究主要用于分析海洋渔业的历史、现状和发展趋势，以及捕捞业中有关技术性的统计数据；将定性研究主要用于分析捕捞主体的行为及其选择并据此对他们的行为给予合理的解释。

尽管本书不是关于村庄的案例性研究，但是，本书的研究对象——渔民的捕捞方式及其社会条件研究是以渔村为背景的。因此，本书的资料不仅涉及海洋捕捞业的技术性和统计性资料，也涉及渔村的社会结构和历史传承、渔民的传统习俗和日常礼仪等。由于在分析传统的捕捞方式及其社会条件时需要考察相关的历史性资料，而在了解当前渔民关于海洋渔业和捕捞业相关的信息时，就必须进行实地调查，因此，本书的研究方法主要是文献研究和实地研究。

1.2.1.1 文献研究

"所谓文献，指的是包含我们希望加以研究的现象的任何信息形式"（袁方，1997：392）。依据研究主题，本书所收集的文献分为三类：①个人文献，主要是捕捞渔民的出海记录、村民手写的未发表的村志等；②官方文献，主要包括与传统渔业相关的水产志和地方志、渔业史、渔业统计、与渔业相关的各种法律法规、村庄的官方告示等；③源自大众传播媒介的文献，主要是地方政府网站上公布的各种有关渔业的信息。

在研究分析上，对于个人、渔业史、地方志和地方官方统计数据的文献资料主要采用的是间接分析。因为这些资料都带有文献作者或编纂者的价值倾向，尤其是地方志和地方官方统计数据的资料，具有明显的意识形态倾向，必须对其进行辨析才能准确地使用。对于来自官方的各种法规及文件，主要采用内容分析的方法，如禁渔期的规定与"偷鱼"行为之间的关系。而与捕捞活动相关的科普性文献资料，鉴于专业知识有限，笔者主要依据研究内容需要采取直接引用的方式。

对于传统渔捕文化，除了寻求地方志、水产志等典籍进行分析之外，主要是通过实地调查的方式来理解。正如曹锦清（2003：31）所言："对传统文化的研究有两种不同的途径。一是典籍解读，二是实证调查。因为一切传统都是传到现代并统一到人们心理、习惯、风俗与制度中的活着的因素。将这两种方法结合起来，方能对'活传统'有一个清晰的认识。"研究传统的目的是反思现代，而这种对比性的分析只有在实地调查中才能更清晰地呈现。

1.2.1.2 实地研究

从环境社会学的视角去考察海洋渔民的捕捞方式，是一个新的研究课题。在中国，环境社会学作为一门学科刚刚起步，而海洋社会学只能说还处于萌芽状态，尽管已有人提出了"海洋社会""海洋社会学"这些概念（杨国桢，2000；庞玉珍，2004；崔凤，2007）。但是，真正的理论性研究基本没有，相关的经验性研究也很少。因此，笔者只能以实地研究为主来开展研究。"实地研究是不带假设直接到社会生活中去收集资料，然后依靠研究者本人的理解和抽象概括从经验资料中得出一般性的结论。"（袁方，1997：140）

具体的资料收集方法是半结构式的观察和访问。这也是笔者把实地调查的地点确定为海洋渔村的原因，因为只有在渔村才能进行全方位的观察与访问。笔者曾计划到远洋捕捞船上进行实地观察，但是，由于政策的限制无法上船[①]，最后只能通过访谈来了解远洋捕捞过程的相关信息。对于传统的近海作业方式，笔者是亲自上船出海观察过的。出于竞争的原因，关于渔船捕捞以及渔获物的处理的很多信息，相关人都不太愿意直接透露，因此笔者主要靠日常生活中的观察和旁敲侧击得到相关信息。

半结构式访谈是本书最主要的实地资料收集方法。笔者依据关于海洋渔业、海洋渔村及海洋渔民的已有认识，制定了初步的访谈提纲。这些访谈提纲的主题因不同类型的渔村而有所差异。例如附录2中所展示的两个访谈提纲是分别依据牛庄和南庄的特点而设定

[①] 上远洋捕捞船出海必须有船员证、相关职位的技术资格证等，这些要求主要是为了防止偷渡，同时这个证件也相当于渔民的护照，渔民可以凭船员证到他国上岸。如果没有这些证件，海关稽查队和渔政监察队就有权扣留船只，并进行处罚。

的，当然在具体的访谈中也会涉及许多共同的内容。在三个渔村中选取的渔民基本上涵盖了渔民的各种形态：大型捕捞船船主、大型捕捞船船长、大型捕捞船的各个职位的渔工、近海家庭作业的渔民、退休的老渔民、原集体公司的会计、渔民的家属、年轻的渔村村民、渔港码头的管理者、鱼贩子。访谈有在工作场地进行的，有在渔民家里进行的。对于有价值的信息，在笔者自己无法直接获得资料的情况下，笔者通过相关他人进行了追踪研究。

笔者在实地调查中收集和分析资料的基本立场是曹锦清所提出的观察转型过程中的中国社会的第二个"视点"，视角就是"从内向外看"与"从下往上看"①。笔者认为这种"视点"最适合分析当代中国农村社会的转型、农民的行为选择及其转变。因为它既是基于中国村落社会的历史与文化，同时又能与西方的理论和当代社会因素的作用联系起来。这正与本书的研究目的相吻合。

1.2.2　本书的框架

笔者的基本思路是，首先对与海洋渔业的相关研究文献进行评述，找出考察海洋捕捞方式的主要变量，并在相关社会学理论的基础上确定这些变量的视角与路径。其次，运用海洋渔业的已有资料和笔者关于海洋渔村的实地调研资料，对这些变量进行案例式的详细分析，以明晰海洋捕捞方式及其社会条件的转变。最后，在具体分析的基础上，对研究问题进行解答以阐释研究主题。

---

① 第一个"视点"的两个"视角"是："从外向内看"与"从下往上看"。所谓"外"，就是西方社会科学的理论与范畴。"从外向内看"，就是通过"译语"来考察中国社会的现代化过程；所谓"内"，即中国自身的历史与现实，尤指依然活跃在人们头脑中的习惯与行为方式；所谓"上"，是指中央，即传递、贯彻各项现代化政策的整个行政系统。"从上往下看"，就是通过"官语"来考察中国社会的现代化过程；所谓"下"，意指与公共领域相对立的社会领域，尤其指广大的农民、农业与农村社会。"从内向外看"与"从下往上看"，就是站在社会生活本身看在"官语"和"译语"指导下的中国社会。参见曹锦清，2000：1。

依此思路，全书结构如下：第一章在阐述海洋捕捞业的发展现状的基础上提出问题，明确研究主题、研究方法与研究意义；第二章在相关文献综述和理论分析的基础上，依据海洋渔业资源的特征以及研究主题，提出相应的研究视角、核心概念和分析框架；第三章阐述传统海洋渔民的捕捞方式及其社会条件；第四章阐述现代海洋渔民的捕捞方式及其社会条件；第五章分析海洋渔民捕捞方式转变的影响和原因；第六章提出可持续海洋渔业的捕捞方式及其实现途径；第七章对全书进行总结，从环境行为的视角反思人类社会与自然环境之间的相互关系。

1.3 研究目的与研究创新

本书并不是一个简单的案例式研究，而是一项考察人们环境行为的经验研究。笔者试图从环境社会学的视角，以海洋捕捞方式的演变为核心，通过分析人们选择海洋捕捞方式的社会条件，即个体行为选择与实施行为所需的技术支持、经济动力、政策规范和文化认同，阐释"竭泽而渔"现象背后的社会根源。案例与其他材料（如渔业统计等）都是分析所依据的素材。尽管学识水平有限，研究、论述不够深入，但本书仍然期望能够通过经验性研究在环境社会学的理论建构上，尤其是在本土化的理论建构上有所突破，即将传统社会学的主要理论概念与方法应用到具体的环境问题分析上。在实践上，力图全面展现海洋捕捞这一环境行为的全貌，以明晰人、社会与海洋之间的关系及其问题，襄助人们对自己的环境行为选择进行反思。

1.3.1 研究的目的与意义

1.3.1.1 理论的目的与意义

环境社会学是以批判传统社会学为起点的。社会学的主流思想一直沿袭着经典社会学如迪尔凯姆、韦伯、马克思等人所开创的传统，将研究对象限于人与社会之间的关系。最初明确将"环境社会学"作为一门学科的邓拉普等人是以批判传统社会学中的研究范式为基础的，即强调从"人类豁免主义"范式转向"新生态主义"范式（Catton & Dunlap，1978a；1978b）。之后，研究范式的争议成为理论研究的主流之一①，当前主要以引进欧美理论为主的中国环境社会学界更是如此。②"对环境社会学学科定位的讨论，尤其是对其研究对象领域的讨论，将直接涉及到环境社会学实证研究的分析框架的建构问题。"（吕涛，2004）

笔者认为，中国环境社会学研究者应该向日本的学者学习。日本的环境社会学最初也主要沿用欧美的环境社会学理论与方法，但是他们在继承传统社会学思想的基础上，结合本土环境问题的案例研究，开创了自己的理论与方法，如饭岛伸子的"环境问题主义"和鸟越皓之的"生活主义"。其实在理论方面，约翰·汉尼根所倡导的环境社会学的社会建构主义论就是与传统社会学理论展开对话的经典之作（约翰·汉尼根，2009）；Redclift 和 Graham（1994：51-56）以实际的研究问题探讨了社会学如何介入环境问题。而以自然与社会的关系为主题进行的研究（Dickens，2004；Newton，2007）从比较宏观的层面展现了环境社会学与传统社会学对话的可能性。正是鉴于这些研究经验，笔者希望就海洋捕捞这一具体的环境行为进行考察，将本书作为从微观层次上展现中国环境社会学与传统社会学对话的一项经验研究。

---

① 大多数的争议受卡顿和邓拉普的影响，都是围绕"研究范式"展开的，但是，争议的源头是研究对象的差异。详尽内容参见吕涛，2004；崔凤、唐国建，2010a；2010b。

② 国内目前以"环境社会学"为书名出版的书籍中，中国学者独著或编著的有6部，译著有3部。国内学者的6部著作所表达的观点与他们的学术背景紧密相关，他们分别在公共管理、社会学、环境法学、生态学等领域中做研究。而3部译著中美国学者约翰·汉尼根是环境社会学建构主义学派的代表，日本的饭岛伸子和鸟越皓之两人本身就是日本环境社会学的"环境问题主义"和"生活主义"的代表人物。

因此，本书在理论层面的目的与意义，主要就是为中国环境社会学本土化的理论建构提供实证研究的素材。当前中国环境社会学的理论建构极其缺乏，绝大多数已有研究都是关于某个环境问题的实证研究，或者是关于环境社会学的基础概念的研究，还没有人提出一个能够很好地解释中国环境危机的理论框架。本书是就海洋渔业资源衰竭问题所做的实证研究，但本书绝不是一个简单的案例式研究。笔者认为，环境社会学作为社会学的一个分支学科，其理论建构不能脱离或者超越传统社会学理论所设定的基本框架。任何关于某个环境问题的实证研究都只有在这个原则的指导下，才会具有为理论建构提供素材的价值。因此，在传统社会学理论的基础上，本书以海洋捕捞为对象，沿袭了传统社会学研究社会行动的传统。而在具体的内容分析上主要以中国海洋捕捞方式为案例，因此，本书的研究应该能够为环境社会学的本土化理论建构提供有用的素材。

1.3.1.2 实践目的与意义

研究主题与实证素材是本书研究的依据。本书探讨的海洋捕捞本身就是人类的一项实践活动，而具体分析的大部分材料也来自对海洋渔村和海洋渔民的实地调查。因此，本书的实践目的与意义有三个方面。

（1）为建构海洋捕捞业的可持续发展管理模式提供依据。对于一种公共的开放性资源的开发和利用，即海洋捕捞业的可持续性最终仍将主要依靠管理来实现。本书综述了当前已有的各种海洋渔业管理模式，并且对这些模式的有效性进行理性辨析。同时，在关于可持续海洋捕捞方式的探讨中，笔者将尝试提出一种新的管理模式以供参考。

（2）为中国新海洋渔村建设提供参考。新农村建设是当前中国社会针对"三农问题"所倡导的主要对策。海洋渔业作为"大农业"中的重要组成部分，"三渔问题"同样是困扰海洋渔村发展的主要障碍。本书的实证素材取自三个典型的海洋渔村，它们代表着三种不同类型的海洋渔村，它们的发展问题也是当前中国海洋渔村面临的主要问题。海洋捕捞业是海洋渔村的经济支柱，没有捕捞，就没有渔民，也就没有渔村。因此，关于海洋捕捞业的研究能够在经济发展方面、和谐人际关系构建方面提供有益的参考。

（3）促使人们对自己的环境行为选择进行反思。笔者认为要修复人与自然之间的和谐关系，首先要使人们能够清楚地认识到现实中自己的行为选择。在全书的描述和分析中，笔者使用了大量笔墨来分析影响渔民做出行为选择的社会条件是如何形成的，并从历史学、生态学、社会学、哲学等视角反思了人们行为选择的动机、情境、过程和影响，希望通过日常生活中活生生的案例来促发人们反思日常生活中的环境行为选择，使人们在生态式的生活方式上达成共识。

1.3.2 创新之处

笔者认为，人文学科的学术研究创新不在于发现一个新问题，而在于对老问题用新的视角和分析方法去研究。"老问题"本身就说明已有的认识存在不足，对该问题的认识和应对需要新的理解。这也是学术研究的价值所在。由此，本书的创新可概括为以下三个方面。

（1）一项新的理论探索。关于海洋环境问题的社会学研究，有中国学者依据海洋环境区别于陆地环境而提出"海洋社会学"，并将之作为社会学的一个分支在学科层面上进行了一系列的探讨（崔凤，2010；2011）。笔者不否认海洋与陆地之间的客观差异性，但笔者认为，两者之间的差异对人及其行为选择的影响更多的是源自人们的意识差异：对于生于陆地长于陆地的人来说，海洋环境与陆地环境相比，更像是一个完全外在于人类社会的环境，这就使得人们在现实生活中更多地把海洋当作一个只需对其索取资源而不需对其负责的巨大空间。事实上，人类作用于这两个环境之上的环境行为，尤其是资源开发行为都具有高度的相似性。因此，只有从环境行为及其具有可选择性的视角出发进行研究，才能使各种关于海洋环境问题的经验性研究与其他已有的环境社会学研究进行对话。在本书的经验研究中，海洋渔民及其捕捞活动就是架构海洋环境、人类社会和人之间的桥梁，三者之间的互动与影响都可以通过海洋渔民的捕捞活动及其方式选择来考察。为此，基于"环境、社会与人"之间的关系假设①，在社会行动理论框架的指引下，笔者将海洋环境和海洋渔业资源视为捕捞方式选择的环境基础，而将技术工具、经济组织、政策管理和文化规范视为捕捞方式选择的社会条件，这样的分析既突出自然规律和社会力量对海洋渔民在行为选择上的客观制约性，又凸显了渔民在选择过程中的主观能动性。唯有如此，我们才能在生存需求与环境制约、资源管理与经济发展等现实冲突中找到一条可持续的发展之路。

（2）一项新的经验性研究。到目前为止，人们关于海洋环境与人类社会之间的关系更多的是从人类中心主义出发去描述和探讨的，并且这些研究多是以种植业的社会研究为参照进行的。笔者基于海洋及渔业资源的特征，从海洋捕捞方式这一角度纵向地、全面地透视了海洋渔民的捕捞活动，从活动方式的选择及社会条件中追溯其选择的社会因素和环境压力以及人的主观意愿变化。

（3）一个关于自然资源管理的新论点，即对于土地资源的合理利用和高效管理的制度安排，放在海洋渔业资源上则更多地体现了其反功能的一面。这些制度安排最典型地体现在两个方面：一是以提高海洋渔业资源开发利用效率为目的的生产资料私有化；二是以规范海洋渔业资源利用方式为目的的资源管理政策。前者主要是发生在海洋渔村和渔业公司的改制，即按照市场原则将生产资料（主要是渔船、渔网等生产工具）私有化；后者主要是发

---

① 详细论述参见后文第二章的阐述，以及唐国建、崔凤，2012。

生在沿海各国之间的专属经济区、公海线等区域划分和一国沿海各海区中的禁渔期等管理政策。这些制度安排在应对耕地、草场的开发利用上发挥了提高效率、避免"公地悲剧"等正功能，但在应对海洋渔业资源的开发利用上却使个体的"资源的有限所有"程度加深，迫使渔民们不得不选择灭绝式的捕捞方式。导致这种状况的主要原因在于土地资源与海洋渔业资源之间的差异性。因此，对于某种自然资源管理的制度安排首先应该以该种自然资源的特征为政策制定和实施的依据，而不是以人之意愿为依据。

第二章 海洋捕捞方式的可选择性：
文献综述与分析框架

> 如果说我看得比别人更远些，那是因为我站在巨人的肩膀上。

——艾萨克·牛顿（Isaac Newton）

2.1 相关研究文献评述

本书从环境社会学的视角反思"海洋捕捞"这一人类作用于海洋的环境行为，研究的主题是海洋捕捞方式的转变及其原因与影响。现实生活中，捕捞方式的外在表现是海洋渔民的生产活动，其内在结构却与渔民所在的社会环境和自然环境紧密相关。因此，依据研究主题，笔者将从环境行为的社会学相关研究中寻求关于探究海洋捕捞方式的分析视角，从关于自然资源的管理理论中找到理论对话的切入点，从关于海洋捕捞的相关研究中找到具体分析的要素，并在这三个综述的基础上借助于社会行动理论建构本书的分析框架。

2.1.1 主体性与选择性：社会学关注环境行为的两个基点

2.1.1.1 社会学关注的环境行为类型

从当前已有的环境社会学研究文献来看，关于环境问题的社会学研究主要可分为三种：①围绕"环境与社会之间的相互关系"的理论性探讨，主要关注研究范式问题（Catton & Dunlap，1978a，1978b；Buttel，1978；吕涛，2004；江莹，2005）；②围绕环境问题本身进行的研究，关注"环境问题产生的社会原因及其社会影响"（饭岛伸子，1999；洪大用，2001；沈殿忠，2004；李友梅、刘春燕，2005），或者是注重人的环境认知、环境态度、环境价值观等方面的内容（王民，1999；马戎、郭建如，2000；王俊秀，2004a，2004b；洪大用，2005；约翰·汉尼根，2009；鸟越皓之，2009）；③环境行为的社会学研究，即从行为的视角透视环境问题，挖掘问题背后的社会运行逻辑。

相比较而言，笔者关于环境行为的研究更倾向于与传统社会学进行对话，并继承传统社会学中以"社会行动"为对象的研究视角。

> "社会行动"被经典社会学家定义为社会学的研究对象及研究的出发点。如果用"社会行动"这个最基本的社会学概念去透视水污染问题，就很容易透过并抛开形形色色的污染现象，直接观察人的问题。事实上，水污染就是人们行动不当的后果。试以频频出现的水污染事件为例，水污染之所以会发生，并且一而再、再而三地发生，是利益相关者，特别是污染事件中主要利益相关各方行动的结果。（陈阿江，2010：64）

从上面的论述中可以看出，环境行为的社会学研究不仅看到了环境问题产生的社会因素，更关注到了环境问题中人的作用。而在其他两类的环境社会学研究中，"人"是从属于"社会"的，是被动的。因而，这些研究往往只注重探究社会因素对自然环境之变化的影响，而忽视了具有能动意识的人的主体性因素。行为视角的研究则不仅注重人的主观能动作用，而且通过"行为"这一中介将社会、人与自然环境相互联系起来，凸显了在不同情境下行为类型的可选择性。

国外最早关于环境问题的探讨就起源于对环境行为主体的研究。综观国外关于环境行为的已有研究，有两个重要的起源。

（1）源于自然资源管理的经济学研究。由于工业生产和消费对环境影响显著，经济学家集中关注在人类经济领域中影响环境行为的原因。在众多经济学家的研究中，英国的庇古（Arthur Cecil Pigou）和美国的科斯（Ronald Harry Coase）的观点被认为是论及环境问题的代表性理论，即环境经济学中最著名的"庇古税"（Pigouivaintax）和"科斯定理"（Coase Theorem）。尽管社会学界对他们基于"经济人"的假设提出了批判，但税收杠杆和明晰产权是当前世界各国政府调控人们环境行为选择时的主要手段。

（2）源于环境意识的拓展研究。最初是心理学研究环境意识的影响因素，扩展到社会学界之后，环境意识与环境行为之间的关系就成为主要的研究对象。如美国社会学家费雷（Firey，1945）关于波士顿地区土地使用的实证研究，指出环境要素既有经济价值，也有象征文化的价值，并且阐释了这种象征性的环境文化价值是如何影响人们的土地使用模式，从而影响社区的结构分布和社会构成的。之外，有研究表明：公众自身拥有的价值观（Inglehart，1977）、人们对健康风险的认知（Pierce, Lovrich, Tsurutani Abe, 1987）、组织影响、政策倡导和正义感的约束（Blamey，1998）等因素会影响人们的环境行为及心理动机。

与经济学家"经济人"假设不同，社会学家坚持在"社会人"的前提下，考虑广义的社会领域中人们在社会交换过程中所造成的环境问题。他们认为，尽管经济手段可能使经济主体之间达到利益的均衡，但在某种市场"合法性"的外衣下纵容了破坏环境的行为，环境恶化的问题不仅没有得到根本性的解决，相反这种纵容使破坏环境的行为更加隐蔽，使自然生态环境面临崩溃的风险，也使环境问题更加严重（吕涛，2004：57）。

与"经济利益"一样,"环境意识"也只是影响人们环境行为选择的一个因素。依据不同标准,现实生活中具体的环境行为可被划分为不同的类型(崔凤、唐国建,2010a)。不同的社会因素在不同类型的环境行为选择上具有不同的作用。例如,就"经济利益"和"环境意识"而言,前者在生产型环境行为选择上的作用明显,而后者的影响则更多地体现在生活型环境行为的选择上。

人与自然环境之间的联系先是从人的生产活动开始的。人通过生产活动从自然界中获取生存资源,之后通过生活消费将资源以各种形式返回到自然界。因此,当前已有的关于环境行为的社会学研究大多围绕生产型环境行为和生活型环境行为进行。

首先,关于生产型环境行为的探究主要是从人们的生产方式入手,探讨各种生产方式与对应的自然环境之间的相互关联。对此,在理论层面上,Schnaiberg 等人(2002)的"生产跑步机"(the treadmill of production)理论、马克思的"代谢断层"理论(Foster,2001)等具有强大的解释力。中国国内的研究则更多地体现在某一具体的生产方式选择及其影响上。如麻国庆(2001,2005)关于牧区生产方式与草原生态问题之间关系的研究;荀丽丽、包智明(2007)关于政府应对草场退化问题所采取的生态移民政策研究;陈涛(2010)在生态现代化理论的视域中研究了大公圩河蟹养殖的产业转型问题,分析了技术、社会组织、生态资本、生态精英、地方知识等因素是如何影响人们选择不同类型的河蟹养殖方式的。

其次,关于生活型环境行为的研究除了关注日常生活中人们的环保意识和环保行为外,最主要的是在日常生活领域中挖掘人们选择不同性质的环境行为的社会结构和文化因素。如王芳(2007)基于理性选择理论探究了城市环境污染事件中不同利益相关者的行为选择问题;陈阿江(2000,2007,2008a,2008b,2008c,2009a,2009b,2010)关于水污染的系列研究,则在描述日常生活情境中水污染事件的基础上,运用"外源污染和内生污染"等概念模型分析了污染事件中人的行动、人行动背后的社会文化背景，围绕利益相关者在水污染事件的发生发展历程中的行为表现，挖掘人们行动背后的深层次社会结构和文化因素的运行逻辑。

总之，不管是以何种方式研究环境行为，行为主体以及行为的可选择性是社会学探究的两个基点。对主体性的强调是肯定人在生产和生活中的能动性，而对行为的选择性探究则将社会和自然环境作为外在于人的客观条件，并据此观察它们对行为主体的影响。

2.1.1.2　作为一种环境行为类型的海洋捕捞

社会学关注环境行为是从 20 世纪 70 年代末期开始的。在这几十年的发展中，环境社会学研究者们除了在努力构建环境社会学这一学科体系外，也展开了对不同类型的环境行为的经验研究。

从现实中各类环境行为的研究成果可知，环境与社会之间建立相互关系的中介是人们的环境行为，环境问题是人们的环境行为造成的不良客观结果。环境问题的利益相关者往往都是环境行为的主体，而各式的生产活动就是对社会与环境产生的具体的环境行为。因此，这些对不同类型的环境行为的研究都是围绕行为主体行为选择的原因以及行为对社会与环境的影响这一主题展开的。

本书所探讨的海洋捕捞，作为海洋渔民的主要生产方式，也是一种环境行为类型。由于海洋不如陆地那样是人们日常生活的主要空间，海洋渔业也不如种植业那样是人类粮食的主要来源，因此，当前已有的关于海洋捕捞的社会学研究成果屈指可数。同时，由于海洋捕捞主要发生于海洋空间，相对来说研究者进行经验性的实地考察是比较困难的。这也是研究成果较少的重要原因。

但是，作为一种类型的环境行为，海洋捕捞与其他类型的环境行为具有许多共同的特征，其中两个最重要的特征决定了社会学研究者可以像考察其他类型的环境行为那样去研究海洋捕捞。

首先，海洋捕捞的行为主体——海洋渔民与农民、牧民一样主要生活于陆地；其次，海洋捕捞所需要的各种社会条件和活动的结果也主要发生于陆地（如渔船的制造、渔获物的交易等）。因此，与海洋捕捞相关的各种社会因素都会影响到人们选择不同的海洋捕捞方式；而考察这些因素与捕捞活动之间的关系，则不一定要到海洋空间中去。

因此，借鉴已有的关于环境行为的各项研究，本书是以海洋捕捞为主题探讨海洋渔业资源枯竭问题的，以寻求人类社会与海洋环境之间的永续依存。所以，主体性和选择性也是本书探究海洋捕捞的两个基点，而前人关于环境行为研究所采用的产权分析、行动者研究、生产方式的探讨、利益相关者分析等则为本书提供了重要的视角和分析路径。

2.1.2　产权与全球化：公共资源管理的相关研究

2.1.2.1　"公地悲剧"：关于公共性自然资源的经典理论

海洋渔业资源具有两个基本特征：①海洋中的鱼是属于每一个人的，而且它是自我更新的，无需人的放养和维护；②如果一个渔民为防止过度捕捞而放弃追赶鱼群，那么这个鱼群就会被别的渔民捕获（Shapiro，et al.，1971：489 – 490）。因此，海洋渔业资源是一种典型的公共性自然资源。

海洋捕捞就是作用于具有公共性的海洋渔业资源的一种环境行为。目前关于公共性自然资源的使用与管理的最经典理论，莫过于"公地悲剧"理论及其所衍生出来的一系列观点。

"公地悲剧"（the tragedy of the commons）是加勒特·哈丁在探讨人口增长与公共资源利用的关系时所提出的一个理论观点。以开放的公共牧场为例，哈丁假定：①牧场的承载力是有限的；②每一个个体牧民都是理性的，那么，每一个牧民的理性选择终将导致牧场的崩溃，即"公地的自由使用权给所有人带来的只有毁灭"（Hardin，1968）。哈丁将这种成本公共化（commonized cost）而利润私有化（privatized profits）的行为喻为"CC - PP 游戏"，并且认为这种游戏在所有的公共领域中都存在（加勒特·哈丁，2001a：376~392）。面对"公地悲剧"，哈丁认为人口问题不能依靠技术来解决，它需要道德的伸张，因此实际生活中避免悲剧的途径是"采取拒绝公地分配机制的行动"（加勒特·哈丁，2001b：145）。

因哈丁独到的见解，"公地悲剧"很快就在学术界激起了广泛的讨论。其中最富有现实成就的是埃利诺·奥斯特罗姆在"公地悲剧"的基础上所开展的公共政策理论研究。在奥斯特罗姆的研究中，"公地"一词被喻为"公共池塘资源"（common-pool resources），指"一个自然的或人造的资源系统。这个系统大得足以使因使用资源而获取收益的潜在受益者的成本很高"。这种资源类型具有三个特征：①是可再生的而非不可再生的资源；②资源是相当稀缺的，而不是充足的；③资源使用者能够相互伤害，但参与者不可能从外部来伤害他人（埃利诺·奥斯特罗姆，2000：48~52）。正是由于这种特征，除非存在着强制或其他某种特殊手段促使个人为其所在的群体的共同利益行动，否则理性的个体选择必然会导致"公地悲剧"。为此，奥斯特罗姆及其合作者提出，在面对搭便车、规避责任或其他机会主义行为诱惑的情况下，必须通过增强人们的自主组织和自主治理能力，采取多中心的制度安排来应对公共池塘资源的使用问题（埃利诺·奥斯特罗姆、拉施罗德、苏珊·温，2000）。

从公共池塘资源的特征来看，海洋渔业资源是一种典型的公共池塘资源，因此，渔业管理需要地方居民和现有政府机构之间的共同合作（Ostrom，2008）。这一观点成为渔业的共同管理模式（Co-management Fisheries System，CMFS）的主要理论依据。CMFS 强调渔业社区、渔民、政府机构、渔业科学家等海洋捕捞利益相关者之间的合作管理，这在现实中体现为具体形式的多中心制度安排。案例研究显示，共同管理作为一项提高渔业管理效率的战

略促进了当地社区和政府机构之间的合作（Campbell, et al.,
2009）。一个有效的共同管理制度，是机构建设的问题、政府和渔
民之间建立信任关系的问题（Vos, Mol, 2010），它的有效实施需
要多种力量和多种要素的共同作用，如社区参与、渔业科学专家
的意见、政府渔业管理部门的权力下放等（Corten, 1996；Symes,
1997；Iwasaki-Goodman, 2005；Makino, et al., 2009；Ebbin, 2009；
Gutiérrez, Hilborn & Defeo, 2011；Nasuchon & Charles, 2010；曾淦
宁、叶婷, 2009）。

相比于其他两种当前主要的渔业管理模式，即基于社区的渔
业管理（Community-based Fisheries Management, CBFM）（Sidney,
et al., 1971）和基于生态系统的渔业管理（Ecosystem-based Fish-
eries Management, EBFM）（FAO, 2003；Curtin, Prellezo, 2010），
CMFS 更加关注海洋渔业资源使用中利益相关者的作用，在渔业资
源的使用权上主要通过各个利益相关者之间的共同协商来决策和
实施。

2.1.2.2 从区域到全球：海洋渔业资源公共管理中的缺陷

已有的研究表明，产能过剩或过度投资（overcapacity or over-
capitalization）是海洋渔业管理出现问题的主要原因（Iudicello,
Weber, & Wieland, 1999：9）。也就是说，如果任由海洋渔民自由
选择的话，那么，公共性的海洋渔业资源必然面临"公地悲剧"。
因此，为避免"公地悲剧"，就必须对海洋捕捞进行人为的干预。
从现实情况来看，CBFM 和 CMFS 这两种管理模式因为将管理主体
放在区域及其利益相关者身上而具有了实施具体措施的基础，
EBFM 则由于实施的代价过高，以及在取舍上难以界定等原因而未
能在现实中得以实施（Hilborn, 2011）。事实上，迄今为止，
EBFM 主要还是停留于规范模型的提出与建设阶段，具体的工作主
要由 FAO 等联合国相关组织在负责，而具有实际操作能力的国家
和地区更多的是将 EBFM 视为一种管理的信念。小规模的试验检
验结果也表明，EBFM 在实践层面上还存在诸多缺陷（Pitcher, et

al.，2009）。

　　但是，由于人类海洋捕捞能力的不断提升，海洋渔业管理从区域管理上升到全球管理是一个必然的趋势。这一趋势也与海洋渔业资源的流动性是相吻合的。国际性的海洋渔业合作管理模式已经出现，如基于《联合国海洋法公约》及其相关条例所制定的一系列关于海洋渔业管理的法律法规，基于专属经济区制度的海洋渔区划界问题，以及对传统"公海捕鱼自由原则"的更改（高健军，2005：38）。其中，FAO制定的《渔业管理者指南：管理措施及其应用》（2002）、《公海深海渔业管理国际准则》（2009）等一系列管理措施构成了当前国际海洋渔业管理模式的主要内容。从管理模式的内容看，这种模式显然是建立在已有的三种管理模式相结合的基础上的。

　　然而，全球海洋渔业资源日趋枯竭的事实表明，当前已有的各种管理模式至少在实践层面上都存在着巨大的缺陷。这个缺陷就是不加区分地将陆地上公共性资源的管理模式照搬到海洋渔业资源上。当前，应对"公地悲剧"最核心的措施就是明确资源产权，然而，这种对陆地公共性资源行之有效的措施对海洋渔业资源却未必有效。这是因为海洋渔业资源与陆地上大多数公共性资源有着本质性的差异。

　　本书认为可以通过研究海洋捕捞方式的转变来明晰这个缺陷。因为管理模式是否行之有效，最终都将体现在海洋捕捞的执行者——海洋渔民的身上。所以，从海洋渔民的立场来审视现有的这些管理措施，能够更加清晰地看到管理措施在实践中的不足。

2.1.3　从环境到文化：有关海洋捕捞的经验性研究

2.1.3.1　海洋捕捞的影响因素研究

　　作为一种生产活动，海洋捕捞的对象是海洋渔业资源，其方式的选择涉及渔业经济管理、渔业生产组织、渔村习俗、渔民的心理和习惯等。因而影响海洋捕捞的因素既有社会、环境的因素，也有人的因素。前面所阐述的海洋渔业管理就是当前影响海洋捕捞活动最主要的社会因素。这也是为什么当前世界各国对渔民的海洋捕捞活动，主要采取的是制度上的控制。此外，已有研究显示下面的这些因素也对海洋捕捞具有重要的影响。

(1) 全球海洋环境的变迁以及全球化是影响海洋捕捞活动的重要因素。首先，海洋捕捞业中的自然系统实质就是以海洋环境为依托的渔业生态系统（Charles，2001）。研究表明，全球气候变化所引起的海洋环境变化不仅直接影响到捕捞的产量和效益等经济发展问题（Finney，et al.，2000；Pörtner & Farrell，2008），而且也会影响到海洋生物的多样性（Worm，et al.，2006；Stokstad，2006）。其次，全球化对海洋捕捞活动的影响是全方位的。分析全球化对世界渔业资源的影响需要对环境、经济、政治和文化进行交叉和综合研究。要想有效地解决未来海洋渔业资源的可持续性问题，就必须考虑到全球化的驱动因素及其对渔业生态系统的影响。这种影响既涉及与海洋环境变迁相关的渔业生态系统，又涉及与海洋产业结构相关的市场变化和经济评估（Taylor，Schechter and Wolfson，2007）。

(2) 渔民的心理特征和渔村的文化习俗在具体的海洋捕捞过程中有着重要的影响。海洋渔民是指以海洋捕捞为主要生计方式的一群人。渔村作为渔民的生活聚集地，是证明"渔民群体是一个社会"的依据。当前关于海洋渔村和渔民的研究主要有两个方面。

一是关于海洋渔村发展和渔民生计的问题研究（任广艳、陈自强，2007：25～28；同春芬、王书明，2008），此类研究主要关注海洋渔民的生计问题，即海洋捕捞业的衰落对渔村、渔民的影响。当前人们把这种现象称为渔民"失海"。FAO（1971）认为采用渔民合作社的管理方法，有助于解决此类问题。而中国政府和学术界更多的是以渔民的转产转业来应对"失海"问题（居占杰、郑方兵，2010：97～99；李萍等，2009：79～83；李志国等，

2008：18～20；麦贤杰、乔俊果，2006：8～10；王剑、韩兴勇，2007：16～18）。此外，有研究者指出，作为捕捞活动的主体，渔民及其知识在渔业管理上的价值应该受到重视（Haggan, et al.，2007），"在一定程度上，对于海洋渔业资源的可持续发展问题就是要通过政策将个体渔民捕捞活动的外部性内在化"（杨美丽、吴常文，2009：12～15）。

二是关于海洋渔村的文化习俗研究，包括渔村的民族志研究（彭兆荣，1998）。此类研究主要从海洋与人的关系角度审视人类的海洋开发活动，认为人类的海洋开发史就是海洋文化的形成过程。作为海洋开发史中最悠久的活动，人类海洋捕捞活动不仅产生出了丰富多样的文化习俗，而且文化习俗反过来也在不断地调整着人们的日常捕捞活动。尽管关于海洋文化的定义存在争议（徐晓望，1999：11～12；杨国桢，2001：5～6），但与海洋捕捞活动相关的具体的海洋文化研究成果较多，主要包括：①以人类技术活动为核心的海洋文化研究，关于海洋鱼类的生活习性、水生栖息地的测量方法、水声学，以及航海、探测、拖网、造船等科学技术知识如何影响海洋捕捞的发展进程（Tucker，1998；Nielsen & Johnson，1983；黄其泉等，2010：38～40；胡刚等，2010：60～62；卢昆，2010：138～143）。②以与海洋相关的人类精神活动为内容的宗教信仰和文化习俗研究。人类的海洋观、海神信仰、渔家文化等狭义上的海洋文化对人类航海和海洋捕捞活动过程有着决定性的影响。面对浩瀚而凶险的大海，海神信仰中的诸种祭祀仪式能够消除渔民心理上的紧张与不安，增强渔民走向海洋的信心和勇气（王荣国，2003：112～120）。③以区域发展为中心的海洋区域文化研究。所谓海洋区域文化是指"该地的经济与海外贸易有密切的联系，或者说，该地主导产业，都是与海外贸易相关的产业，假使一旦断绝海外贸易，该地的经济就会大幅度地衰退，甚至崩溃"（徐晓望，1999：19）。如"山东沿海地区海洋社会经济的发展，深刻地影响了当地民众的日常生活，他们的生计模式、生活方式、价值取向、知识结构、行为规范乃至宗教信仰"（张彩霞，2004：219）。

2.1.3.2　海洋捕捞的综合分析

海洋环境是海洋捕捞活动开展的物理基础。因此，特定海域的物理环境及海洋渔业资源的特征就成为该特定区域的海洋渔民选择捕捞方式的前提。所以，海洋环境的变迁以及海洋渔业资源等特征对海洋捕捞方式的转变具有基础性的影响。

在人类海洋开发活动中，海洋文化中的物质文化如轮船、渔网等是人类进行活动的工具，而海洋文化中的精神文化如航海术、海神信仰、渔家习俗等则是人类选择活动的依据。只有将这两者结合起来，才能对海洋文化的形成以及它对人及其行为的影响进行深入的理解。从心理学的角度看，海神信仰、渔家习俗、海洋观等是渔民行为选择的心理依据，是渔民社会群体认同的基础，也是渔民个体心理自我认同的基础。因此，与海洋捕捞相关的技术工具和支持捕捞活动的宗教习俗、祭祀仪式等是本书研究的两个重要内容。

总之，海洋捕捞业的发展问题不仅是渔业资源、捕捞工具、渔业管理等问题，也是全球渔业经济能否持续发展、海洋渔业生态系统能否保持平衡、渔村能否延续、渔民能否生存的问题。诸多微观的案例研究显示，影响海洋捕捞活动的社会因素具有多样性和复杂性等特征，如与海洋捕捞直接相关的水产品出口业受到海洋环境的影响（雷明、钟昌标，2007：18～22）；区域海洋产业结构的调整及整体的发展规划会直接影响海洋捕捞业的发展（刘宏滨，2003：37～40；纪建悦等，2007：96～102；慕永通，2005：1～5；梁仁君等，2006：108～112）；海域内的生物资源问题会影响到捕捞量和捕捞种类的变化（晁敏等，2005：51～55），等等。因此，关于捕捞方式的影响因素需要从生态环境到社会文化等多层面进行综合性的分析。

2.2　理论基础与分析框架

2.2.1　单位行动与行动条件：理论分析的基础

作为群居性动物，人的任何一种行为都是基于一定的社会条件的。没有社会给予个体支持，辽阔无垠而又凶险异常的海洋对于人来说就是行动的禁地。因此，作为一种社会行为，海洋捕捞始于社会的需求（人口增长的压力），人的行动方式基于相应的社会条件，其结果作用于社会（满足人的需求与欲望），且这种作用反过来又对捕捞方式的选择产生影响。所以，作为人类作用于海洋渔业资源的一项社会性生产活动，海洋捕捞与种植、放牧等活动具有共同的社会特征。由此，笔者试图以社会学理论中关于人的社会行动的相关理论作为本书的理论基础，同时结合生态学的相关理论，建构起本书的理论分析框架。

2.2.1.1　系统内部的单位行动：分析对象的选择

马克斯·韦伯（1999）认为社会学的研究对象是社会行动。"理解"是韦伯强调研究社会行动的主要方法，而"意义"则是理解的对象。据此，韦伯以"理想类型"为分析工具将社会行动划分为四种类型，并以此为参照来理解现实中的社会行动。韦伯的观点对于理解社会行动背后的社会驱动因素具有积极意义。因为行动者的主观意愿对行动者做出何种行为选择具有重要影响，而影响人的主观意愿的因素有风俗习惯、文化传统、心理结构、理想选择等。这些因素构成"合法的秩序"，行动者的行动就是在这种秩序下展开的。

然而，现实中的行动并不如韦伯所设想的那样简单。任何一种可以观察到的社会行动首先都是由具有主观意志的主体做出的。研究者无法直接观察到行动者内心的想法和行动背后的"原因"动机（"because" motive）。因此，要想对所观察的行动进行类型划分，首先就必须对该行动有一个全面的描述。

帕森斯的"单位行动"（unit action）及其社会行动理论在这个问题上获得了突破。作为社会行动的基本单位，帕森斯认为一个单位行动在逻辑上包括如下几个要素：①行动者，指作为行动主体的个人。②目的，行动者所要达到的目标。③情景，是实现目标的环境因素，它又分为两个方面：行动的条件和手段。"手段"指环境状态中行动者可以控制和利用的那些促成其实现目标的工具性要素。"条件"指环境状态中行动者无法控制和改变的那些阻碍其实现目标的客观要素。④规范，即这些元素之间的关系形式在选择达到目的的手段时会受到一定的约束，它涉及思想、观念、行为取向等 [Parsons，1968（1937）：44]。

显然，单位行动涉及主观和客观两个方面的因素：行动者与目的构成其主观方面，而情景与规范构成其客观方面。因此，依据这四要素描述任何一种具体的社会行动，都可以展现出该行动的全貌。

就本书所探讨的海洋捕捞来说，我们只有将捕捞的条件与手段（目标实现的物质性因素，如海域环境、渔船、渔网、拖网作业等）、捕捞的目的（经济动机与生存需求）、捕捞的规范（渔业政策、海洋法等）和捕捞者的主体角色（海洋文化、捕捞群体之间的关系、捕捞者及其身份认同等）等行动要素描述清晰了，才能对渔民主体在现实中选择何种捕捞方式有一个全面的把握。这是对捕捞方式转变进行深入分析的前提。

但是，作为特定社会中的一员，任何个体或群体的行为选择都离不开其所属的社会结构。作为具有主观能动意识的主体，其行为选择的合理性解释源自社会结构中的文化系统。这是因为需求倾向（反映行动者的要求）与价值模式（反映社会结构的要求）之间的整合是行动系统与社会结构相互联系的主体，而整合的主要途径是制度化和社会化（于海，1998）。

因此，"社会科学应当以解释社会系统行为为重点"，"而不是解释个人行为"。这里的社会系统的规模小到两人，大到整个世界。同时，"系统包括不同的组成部分，从水平上分析，它们低于系统"（丹尼尔·A. 科尔曼，1990：4～5）。例如，本书中的个体海洋渔民是社会系统的组成部分，制度或渔业公司也是该系统的组成部分。因此，"用系统组成部分的行为解释系统的行为"，这种解释模式兼容了定量和定性的分析，科尔曼将之称为"系统行为的内部分析"（丹尼尔·A. 科尔曼，1990：5）。

　　科尔曼应用该种模式主要分析的是"法人行动"。与自然人一样，法人行动也是"基本行动者"（丹尼尔·A. 科尔曼，1990：427～430）。以本书的案例来说，如果一艘捕捞渔船是属于 A 渔业公司的，那么，基本行动者就是 A 渔业公司，而不是该艘渔船上的所有渔民。当然，如果以一艘捕捞渔船为一个系统，那么，渔船上的船长、大副、渔工等自然人就是基本行动者。

　　由此，结合帕森斯的单位行动及其社会行动理论，笔者认为要探究海洋渔民的捕捞方式，就应该以"系统内部的单位行动"为分析对象。这里的"系统"是一个相对的概念，即如果要分析普遍意义上的"海洋渔民的捕捞方式选择"，那么，分析的系统就是整个人类社会；如果要分析单艘渔船的捕捞方式选择，那么，分析的系统就是海洋捕捞业及其所属的社会系统；如果要分析单个的海洋渔民的捕捞方式选择，如大型捕捞渔船上的船长、渔工等个体渔民的行为选择，那么，分析的就是该艘渔船的行业系统以及这些具有自然人特征的行为主体所属的社会系统。

　　从单位行动上升到社会系统的结构功能理论，往往因其无所不包的宏大解释而被人们批判，但人们在批判他的理论观点的同时也忽视了他的分析路径与框架。笔者认为帕森斯以单位行动为核心的社会行动理论分析模式，适合分析现实社会中任何一个个体所做出的现实的行为选择。分析框架中所涉及的目标、价值、规范、情景等要素，实质上就是以系统论为理论基础的，这种分析模式能够将个体与群体、社会联系起来，从而使得对个体单位行动的解释具有一般性的社会意义。

2.2.1.2 理性与情境：分析的概念工具

如何分析现实中纷繁复杂而又具体的单位行动，以及如何从这些特殊的行动中寻求到一般性的社会意义，社会学的理论家们运用了许多不同的概念模式来达成这个理论目标，如韦伯的"理想类型"、帕森斯的"模式变项"、科尔曼的"规范"与"资源"、吉登斯的"实践意识"与"合理化"。在这些关于社会行动的分析模式中，有两个概念是最基础的，那就是"理性"与"情境"。

在所有关于社会行动的相关理论中，现实中具有"意向性""意义""目的""动机"等特征的社会行动是一种理性行动。如韦伯从其理想类型的思想出发，将社会行动按照行动者的意向性划分为四种理性行动类型。正是由于这些行动背后的理性因素如计算、习惯、情感等都是研究者可以把握或直接感受到的，韦伯才将"理解"作为探究社会行动的主要方法。当然，韦伯的这种假定行动者之间可直接体验的论点受到了诸多的批评。因而，以科尔曼为代表的理性选择理论将行为主体假定为"理性人"，认为合理性或效益最大化是理性行动的基本原则，从而在具体分析中避免了具有主观意义的情感因素，而偏向于将可以衡量的"资源"和可辨识的"规范"作为分析行动的两个最基本要素。吉登斯则将这两者都归为行动所依赖的社会结构，他认为任何社会行动所需要的社会条件既是行动实现的条件，也蕴含着行动所必须遵循的规则，即社会结构并非外在于个人行动，它由影响个人行动的规则和资源构成（刘少杰，2002：360）。

"理性"是一个极其抽象的事物，如何在纷繁复杂的现实行动中把握它，这是社会行动理论构建其解释框架所面对的主要问题。韦伯的"投入理解"因包含太多的主观性而遭后人批判，帕森斯的"模式变项"因其宏观性太强同样成为人们批判的对象。在诸多的批判中，与韦伯、帕森斯等人的宏大叙事直接相对立的是注重微观层次的符号互动论，该理论最核心的概念之一就是

"情境"。

　　反映"理性"的规范、资源、价值等社会因素都存在于一定的时空之中，这个时空就是行动的"情境"。韦伯和帕森斯的宏大叙事理论遭到批判最重要的理由就在于他们脱离了行动的"情境"，将规范、价值等情境要素抽离出"情境"而进行分析。正因为如此，科尔曼在具体的分析中拒绝将超越个人特征的"规范"作为既定条件，而是要研究"规范是怎样出现的，以及在众多行动者之间怎样维持"（丹尼尔·A. 科尔曼，1990：282~283）。

　　对于具有能知和能动的主体而言，在具体的情境中进行互动并对这种互动进行合理的解释，有赖于行动主体对行动情境的定义。事实上，行动规范的出现以及维持都属于"情境定义"的一部分内容。"人们可以有效地将'有意义的'互动生成看作依赖于'共有知识'，互动参与者正是利用这种'共有知识'作为理解彼此言行的解释图式"（安东尼·吉登斯，2003：274）。这些"共有知识"是不随行动者个体的主观意愿而转变的，对于研究者来说它们就是行动者行为选择的规范遵循、价值判断、资源利用等社会支持条件。认识到了这些"共有知识"，才能把握行动者的主观意义，从而对行动给予一个适当的解释说明。

　　因此，"情境"中不仅包含行动者所需的行动条件，也包含行动者对行动方式选择进行合理化解释时所需要的依据。对于具有能知和能动的行动者本身来说，关于行动最重要的是他能够给予这个行动合理的解释，这就是吉登斯所说的"合理化"。合理化是行动者根据他人的提问对行动过程进行的解释说明。在日常生活中，行动者并不需要对大部分的行动做出解释说明，但是行动者必须具备对其进行解释说明的能力，即行动者自己需要对其行为是否符合道德、法律、风俗、习惯、理性等而做出合理化解释和说明（高宣扬，2005：869）。

　　这些合理化解释所需要的依据大多蕴藏在行动者的"生平情境"中。舒茨认为，个体自童年时代开始起就通过自身的经验与父母、朋友、老师的言传身教获得应付各种事件及生存所需要的知识，它们是个体理解社会现象、采取相应社会行动的基础。另外，由于个体是在特定的社会环境条件下成长起来的，因而他具有特定的欲望、动机、性格以及宗教信仰和意识形态，这些内容构成了影响个体行为选择的"生平情境"（杨善华等，2006：173）。

当然，"现实情境"对于行动者的选择有着相同的影响。对于具有即时反应能力的行动者而言，由制度安排、社会转型、互动信息的反馈等因素所塑造的"现实情境"影响有时候会超越扎根于心底的"生平情境"的影响。事实上，现实中大多数追逐现实利益的短期行为都是这种影响下的结果。

行动的"情境"是行动者自我身份认同产生的源泉。身份认同是每个个体对处于社会之中的自身的地位和角色的理解和把握，即在社会关系网络中对自身的定位。这是个体开展社会实践活动的基础。准确地认定他人的身份和稳定地表明自己的身份是社会成员行为选择的两个重要衡量指标，它们构成社会互动的基础。

身份认同理论解释了体现自我与社会相互关系方面的社会行为。它假定社会是"错综复杂而又有组织的综合体"（complexly differentiated but nevertheless organized），因此，作为社会的反射物，自我应该被视为一个复杂而又有组织的建构物。社会就是通过影响人的自我来影响人的社会行为的（Hogg, Terry & White, 1995：256）。

影响身份认同的因素主要有三个：社会制度、他人反应和自我意识。这三个因素各自及相互作用于个体的身份认同，从而导致了现实中各种具体现象的出现，如农民工的身份认同问题（蔡禾、曹志刚，2009：148~158）、关于族群（民族）的认同（白志红，2008：58~65；胡玉坤，2007：80~92；李立，2007）。这些因素实质上构成了行动者行为选择的两个重要因素，即"角色"和"认同"。角色影响个体行为的程度还取决于个体与这些制度或组织的协调与安排，而认同是个体在相应的整套文化特质的基础上经由个别化而建构意义的过程。意义是个体为其行动的目的所做的象征性确认（王毅杰、倪云鸽，2005：50）。

对于具有主观意志的行动个体来说，身份认同是行动者行为选择且对这种选择进行合理解释的依据。身份认同理论给本书提供的意义正在于此：行动者的身份认同是行动者行为选择且对这种选择进行合理解释的依据，而社会转型正通过制度安排、自我反思等方式不断地塑造着"情境"，以引导行动者产生社会所需的身份认同，同时，行动者个体的"生平情境"又对其身份认同具有重要的作用。就本书的研究主体而论，海洋渔民的群体分化、渔村的制度变革、渔家习俗的淡化等都在不断塑造着海洋捕捞渔民主体身份认同的"现实情境"。同时，能动的捕捞渔民主体也在依据自身的"生平情境"确定自己的身份，两者博弈的结果就成为现实生活中渔民捕捞方式选择的依据。

2.2.2　研究视角、核心概念和分析框架

2.2.2.1　捕捞方式选择：本书的研究视角

基于上述的理论基础，结合文献综述可知，海洋捕捞作为人类的一种带有主观能动性的环境行为，其方式的选择受其行为所指向的海洋环境的影响，也受行为主体的意愿及其所在的社会环境因素的影响。因而，不同的条件会导致渔民选择不同的捕捞方式。

1. 海洋捕捞方式选择的环境条件

海洋环境以及海洋渔业资源的特征是选择捕捞方式的前提和基础。在海洋环境中，对海洋捕捞产生影响的要素主要是海水及其运动方式。海水主要通过三个方面对渔业资源施加影响：①海水的温度，其时空分布及变化规律对海洋捕捞活动过程中的航行、寻鱼、下网等行为都有重要影响；②海水中的盐分，不同的海水盐分程度会影响到不同种类的生物资源的生存；③海水的水质，水质决

定着鱼类的生存环境。海水水质分为四类，其中Ⅱ类以下的水质不适合鱼类的繁殖与生长。

海水的这三个静态特质一般都是通过海水的运动来表现的。对海洋渔业而言，海水运动的影响主要体现在三个方面：①影响海洋生物的分布，如渔场的形成主要受洋流影响，世界著名的三大渔场都分布在寒、暖流交汇的海区；②对海洋污染的影响，洋流可以把近海的污染物质携带到其他海域，使污染范围扩大，污染物的侵入会破坏高质量的水质环境，使鱼卵的孵化率降低；③对航海事业的影响，在机动船产生之前，航海和捕捞船都会选择近岸顺风、顺水的海域。

海洋环境的这些特征也使得生存于海洋中的渔业资源具有了独有的特征。本书研究的渔业资源是海洋脊椎动物资源中的一部分，也是人类从海洋中获取的最主要食物来源。作为人类生存所依赖的资源，土地资源和海洋渔业资源既有共同点，也存在着差异。它们的共同点更多地体现在它们的社会属性上，而差异更多地体现在它们的自然属性上。

具体来说，土地资源和海洋渔业资源具有与大多数自然资源相同的特征：①资源的总量是有限的；②资源的经济供给具有稀缺性；③资源的利用具有可持续性；④资源的反控性。

作为存在于地球上两个有明显空间界限的资源，笔者认为海洋渔业资源与土地资源之间至少存在两个方面的差异：①海洋渔业资源是流动的且不可分割的，而大多数的土地资源是固定的并可以分割的。这也是由两种资源中的核心部分——"海水"和"泥土"的特性决定的。海洋渔业资源是随着海水的流动而流动的，每年成千上万的鱼群依据季节而有规律地流动。海洋资源的流动性使得中国到目前为止也没有出台一部具体的关于海洋资源的权属的法律法规，除了沿海岸的滩涂是以《土地法》来划归权属外①，其他所有的中国海域都属于公有。②土地资源的区位存在较明显的差异性，而海洋渔业资源区位的差异性则不明显。这个特征是相对于人对海洋资源的可获得性而言的。由于土地的固定性，不同区域的土壤肥力及地势都存在明显的差异，如东北平原的黑土地与南方山坡的黄土地。但是，海洋渔业资源受海水的自然流动规律的影响。尽管人类探索了几千年，但对于那些影响广泛而深远的海洋现象，人类的认识还停留于观测阶段。正是由于这个特性的存在，海洋渔业资源区位的差异性在现实中并不取决于资源本身，而主要取决于不同区域中人们获得资源的工具。以笔者实地调查的鞍山的捕捞船为例，对一条 620 马力的捕捞船来说，无论是在渤海捕捞还是在南海捕捞，除了耗费的时间不同外，并没有什么大的差异。但是，对于只有 20 马力的捕捞船而言，南海的资源是遥不可及的。

作为自然的产物，土地资源和海洋渔业资源并不会完全随人类意志的改变而改变，它们在被人类开发和利用之时和之后，会对人类产生某种可预知或不可预知的反作用。人类对资源开发利用的范围越广、程度越深，这种反作用就越大、越不可预知。对人类而言，海洋渔业资源和土地资源之间的共性，应该能为拥有开发利用土地资源丰富经验的人类在海洋资源的开发利用上提供帮助，尤其是在预防自然力量的反作用方面。而它们之间的差异性则应该成为分析海洋捕捞方式及其选择的基点，这也是现实中海洋管理等政策制定的基础。

2. 海洋捕捞方式选择的社会条件

海洋捕捞是海洋渔民在海洋环境中为获取食物资源所展现的一种具有主观性的环境行为。因此，人独有的主观能动性是捕捞

---

① 《中华人民共和国宪法》（1982 年）第九条：矿藏、水流、森林、山岭、草原、荒地、滩涂等自然资源，都属于国家所有，即全民所有；由法律规定属于集体所有的森林和山岭、草原、荒地、滩涂除外。

方式选择成为可能的必要条件。这个条件在社会层面就是通过不同的社会系统对海洋捕捞活动产生影响，其影响的结果就是具体的捕捞方式。"它（社会研究）研究人的行为，它的目的是解释许多人的行为所带来的无意的或未经设计的结果。"（哈耶克，2003：17）

所以，从社会科学的立场上看，海洋捕捞方式的选择发生在"环境、社会与人之间的关系"中，是人主观意愿的展示。基于社会学关于"人与社会"的关系假设和环境社会学关于"环境与社会"的关系假设①，笔者认为在环境、社会与人的关系中，人以一种中介的方式存在，任何一种偏向都会导致三者关系的失衡。或者说，三者关系的均衡源自三者力量之间的博弈。这就是人、环境与社会之间的交叉式"相互否定性统一关系"，这种关系以人及其环境行为为载体，即以人的实践活动为载体。"人的感性实践活动是一种把人、自然、他人三者否定性地连为一体的活动，它使人既处于与自然的一体性的统一关系之中，又处于与他人的一体性的统一关系之中，三者'三位一体'，共同组建成人'在世'的生存论结构"（贺来，2003：46）。所以，从人及其环境行为出发，可以看到环境、社会与人的各种组成要素是有机结合体，共同作用于人的环境行为选择。

不是所有的环境行为都产生环境问题，但从问题的性质上来说，环境问题必然是人的环境行为的一个客观结果。以海洋渔业过度捕捞为例，环境社会学要研究的是，过度捕捞是怎么产生的？过度捕捞对人类及其社会有什么样的影响？是什么因素驱使着社

---

① 社会学关于"人与社会"之间的假设，即社会是由人及其行为构成，而人类行为由社会和社会环境所塑造。参见 D. 波普诺《社会学》，李强等译，中国人民大学出版社，1999，第 7 页。环境社会学关于"环境与社会"之间的假设是：环境与社会是一种互动关系。这个假设源自将"环境与社会之间的互动关系"作为研究对象的一切已有的环境社会学研究。参见洪大用，1999：83~96。

会中的渔民选择了过度捕捞而没有选择其他的方式？与捕捞相关的利益群体是如何看待过度捕捞的？等等。诸如此类与人相关的问题都是环境社会学所应该研究的，而且对此类问题的研究始终秉承了社会学的基本假设。

因此，海洋捕捞作为社会中的人所做出的一种环境行为，捕捞渔民所能利用的技术工具、支持捕捞活动的经济组织和制度政策，以及渔民所认同的文化规范都是选择捕捞方式的社会条件。而这些社会条件产生于社会之中，反映的是人与人之间的矛盾。人与人之间的矛盾关系可以通过人类自身的各种方法来解决，如理性的经济制度能够为人类提供效率更高的开发手段和使用资源的行为方式。本书以捕捞方式及其可选择性问题作为研究对象，力图寻找到现实中包含于捕捞方式之中的人与人之间的矛盾根源，通过解决人与人之间的矛盾关系来调和人与海洋鱼类之间的矛盾，从而使人与海洋鱼类回归于和谐共存状态。

2.2.2.2　核心概念

从研究主题、文献综述、理论基础和分析视角出发，本书将主要运用环境行为、自然资源的有限所有、生存策略、海洋渔村这四个核心概念来进行具体分析。

1. 环境行为

海洋捕捞是渔民作用于海洋渔业资源的一种环境行为。当前国内社会科学领域关于环境行为的定义不多，如基于行动者的改变，王芳（2007：39）认为，"所谓环境行为的概念，主要是指作用于环境并对环境造成影响的人类社会行为或各社会行为主体之间的互动行为。它既包括行为主体自己的行为对环境造成的影响，也包括行为主体之间的直接或间接作用后产生的影响"。

笔者认为，王芳的定义突出了行动者的主体性和能动性，强调了社会中人与人之间的相互作用，但忽视了"环境及变化了的环境"对人及其行为的影响。基于她的定义以及对该定义批判，笔者认为，所谓环境行为，是指与自然世界发生关联的，并且由于影响了自然世界而影响到人类社会的一切人类行为。日常生活中，人们的环境行为与自然环境是一个双向的互动过程，即自然环境状况会影响人们的环境行为选择，反过来，人们的环境行为实践会改变自然环境，而改变了的自然环境反过来又会影响人们的环境行为选择（唐国建、崔凤，2010）。

就其类型而言，笔者认为人类的环境行为及其影响既有正向的，也有负向的。正向的包括：①环境行为本身作为一种开发和利用自然资源的行为，是人类种群维持生存、保证人类种群不断改善生活的正当行为；②就行为结果的影响而言，人类对环境危机的反思所导致的环保行为、技术更新、欲望控制等都有利于人类种群整体的持续生存和发展。负向的包括：①环境行为的目的是拓展人类的生存空间、满足人的欲望需求，因此，环境行为展现的力量越强大，人的需求欲望就会越膨胀，越需要更大的生存空间；②破坏性的环境行为选择大多数情况下并不是出自自然的压力，而是来自人类社会中人与人之间的内耗，内耗越大，行为的破坏性就越强。

2. 自然资源的有限所有

资源是个体生存的基础。对自然的个人而言，"任何成分在被归为资源以前，都必须满足两个前提：首先，必须有获得和利用它的知识和技术技能；其次，必须对所产生的物质或服务有某种需求"（朱迪·丽丝，2002：12）。对社会中的个人而言，某种资源能否成为个人生存的基础取决于个人是否对该资源拥有一定的产权。

广义上的资源产权是指赋予资源权利主体的一切保护资源价值特征的权利（《中国资源科学百科全书》编辑委员会，2000：163）。一般而言，社会资源的产权是由有关资源配置的社会制度决定的，而自然资源的产权则不一样。对所有人来说，依据自然法则，最原初的自然资源都属于公共产权资源，即公共物品在自然状态下不属于任何人，它们被认为整体上属于"公共"的（托马斯·思德纳，2005：88）。但私有制产生之后，资源配置制度逐渐成为划归所有自然资源权属的制度。

但对个人来说，自然资源产权除了通过资源配置来获得外，对它的获得也依赖于人们的获取能力，即资源的可用性（自然属性）取决于人的认识能力和获取能力，而资源的能用性（社会属性）取决于社会制度。以某特定海域内的一群鱼为例，如果牛庄的渔民甲找不到这群鱼或者没有捕捞工具等生产资料，那么，这群鱼对渔民甲来说就不是"资源"，而张庄的渔民乙找到并捕获了这群鱼，那么这群鱼对渔民乙来说就是"资源"；如果制度规定这一海域的所有权是属于张庄的，牛庄的渔民是不能用的，那么，这群鱼对有丰富捕捞经验和捕捞能力的牛庄渔民甲来说就不是"资源"。

所以，从自然资源的特性来看，任何一种自然资源对个人来说都是"有限所有"。所谓自然资源的有限所有，是指个体因某种限制而对某种自然资源的不完全所有状态。它主要体现在两个方面：①资源的能用性而导致的"有限所有"。这是制度层面的"有限性"，即因法律法规等社会制度对某项资源的所有权界定模糊或选择性界定，个体不可以完全拥有该资源的所有权。在国家或集体所有制的国家里，资源使用权和所有权的分离本身就表明了个体对资源所有权的有限性。在私有制的国家，"由于政府警察权和征收权的存在，土地所有者对其土地产权中各项可能权利的行使不是绝对的"（靳相木，2007：141）。②资源的可用性而导致的"有限所有"。这是使用层面的"有限性"，即资源所有者因某种限制（主要是生产工具的缺乏）而不能完全行使对该资源的所有权，无法从资源所有权中获益。如牛庄所有村民拥有村庄附近海域渔业资源的一定所有权（主要是使用权），但该海域中的渔业资源对于没有渔船的村民甲和受雇的渔工乙来说就不是"资源"：渔民甲因捕获不了鱼而无法受益，受雇于某船主的渔工乙在该海域进行捕捞所获得的收益并不是因为他拥有该海域资源的所有权或使用权，而是因为他向船主出卖了他的劳动力。

因此，从资源性质的角度看，"人与自然的关系"反映的是资源的可用性，即人类是否具有认识和获取该种资源的能力。"人与人的关系"反映的是资源的能用性，即某人或某群人是否具有占有和使用该种资源的权利。很明显，资源的可用性是资源能用性的基础，而资源的能用性状况会影响到资源的可用性水平。当前的社会改革主要是以资源再配置的形式进行的，它通过改变"人与人的关系"来改变人对资源的占有和使用状况，进而改变"人与自然的关系"。

3. 生存策略

从渔民主体的角度看，捕捞方式的转变是渔民依据生存环境的变化所采取的一种生存策略选择。生存策略是指适应于获取和利用资源的生物生命史形式或行为方式。这是借用了生物学的一个概念。[①] 鉴于此，人的生存策略是指人为了生存而选择的适应于获取和利用资源的行为方式。依此类推，海洋渔民生存策略是指当渔民面对生存环境的变动和社会变迁时所采取的应对措施，它主要体现在渔民日常生活中的一系列生活方式和生产方式的决策中。

对个体而言，生存策略的选择在现实实践中体现为不同类型的生产方式。实践活动是人本源性的生存方式（贺来，2006），而生产方式是人生存实践首要的和基本的实践活动。"个人怎样表现自己的生活，他们自己也就是怎样，因此，他们是什么样的，这同他们的生产是一致的——既和他们生产什么一致，又和他们怎样生产一致。因而，个人是什么样的，这取决于他们进行生产的物质条件。"（中共中央马克思、恩格斯、列宁、斯大林著作编译

---

①　如在植物演替中，英国生态学家 J. P. Grime 认为植物生存有三种策略：①主要适应竞争的 C 对策，即竞争策略，简称 C（competitive）策略；②主要适应资源较丰富但经常受干扰的生境的 R 对策，即杂草策略（又称殖民策略），简称 R（ruderal）策略；③主要适应资源贫乏或胁迫的生境的 S 对策，即忍耐策略，简称 S（stress tolerance）策略。参见丁圣彦，2006：63～64。

局，1972：25）

从现状来看，海洋渔民的生存策略，尤其是生产策略具有强烈的理性色彩。"竭泽而渔"实质上就是个体的理性化导致了集体的不理性，即经济学中所说的外部性问题。"这就是所有合乎个人理性的选择或行为加在一起，社会得到的却是一个恶解的原因。"（李周、孙若梅，2000：67）

就主体而言，海洋渔村中的群体分化实质也是渔民生存策略选择的体现：渔船主选择了 C 策略；上船打工的渔民和"下小海"的渔民选择了 S 策略；进城打工和选择陆地生活的渔民选择了 R 策略。因此，分析海洋渔民的生存策略选择问题，如选择的基础、原因、影响等，是明晰海洋渔民捕捞活动的主要路径，也是了解海洋渔民与海洋环境之间互动关系为何会发生变化的主要路径。与其他生物的生存策略一样，渔民选择何种生存方式，不仅取决于他所依存的自然环境条件，也取决于他所依存的社会环境条件。

4. 海洋渔村

海洋渔村是指地处沿海且以海洋资源为主要生存来源的自然村落。这是依据历史传承而自然聚集起来的"事实上的群体"［折晓叶，2007（1997）：29］。结合海洋渔业资源的特征，与土地型村庄相比，海洋渔村具有以下四个特征。

（1）村庄的自然边界比较模糊。作为自然村落的海洋渔村除了聚落的地理区域之外，再没有什么外在的界限分明的空间。而土地型的自然村之间在山岭和土地等资源空间上都有清晰的界限划分，并且分界的划分往往是两个村庄之间发生争斗的导火索。但是，对于海洋无法像自然村那样进行分割，只能按照行政村的人为界限对滩涂等领域进行模糊的划分，并且这种划分主要与养殖业有关，与捕捞业却没有什么关系。

（2）人均耕地甚少，生存资源主要来自海洋。这也是海洋渔村的本质特征。连村民居住的传统"海草房"① 也都是利用海洋中的海苔草等作为基本原材料盖的。

（3）生产工具（主要指渔船等相关工具）是家庭生存的主要依靠。固定的土地可以被条块式地划分给每一个家庭，但是，广阔的海洋及其流动的资源是无法人为分割的，只有掌握了相关的生产工具才有可能获得这些公共的资源。因此，对于渔民来说，渔船就是他的"土地"，他拥有多大的渔船就拥有多宽的"土地"。如果没有生产工具，那么广阔海洋中的丰富资源对个体渔民来说是没有任何意义的。在土地上讨生活的农民则不一样，只要拥有一块地的权益，就算自己没有生产工具，那么他也可以凭借这块土地的出租、转让等所谓"流转"的方式来获益。所以，同样是资源型区域社会，对个体村民来说，从土地资源中获益主要取决于土地的能用性，而从海洋资源中获益主要取决于资源的可用性。

（4）海洋渔民合作意识较强。对于海洋渔民来说，中国传统的"小农意识"即强调个体无协作、无约束的意识没有生长的根基。这是因为：①为了获取广阔海洋中的丰富资源，个体独自作业和协同作业之间的效率相差太大，并且独自作业需要一定的技术条件，否则是没有任何效率可言的；②在广阔的海洋中作业，风险性是相当高的。因此，海洋渔民的合作意识是非常强的，渔民家庭之间也会因为这种关系而保持比较强的互助意识。

海洋渔村是海洋渔民成长和生活的基本场所。在这里，不仅能够直接观察渔民们的生活习惯和日常交往，也能通过观察捕捞活动之前的准备工作、渔获物的交易和消费等情况来把握渔民选择不同捕捞方式的社会机制和文化基础。

---

① 海草房在当地也叫"海苔草房"，主要分布在山东半岛东端荣成一带的沿海渔村，是一种极具地域特色的传统民居样式。参见刘志刚，2007。

2.2.3　海洋捕捞方式的分析框架

从文献综述来看，作为人类作用于海洋渔业资源的一种最主要的环境行为，影响人们海洋捕捞活动的因素在不同的历史阶段有所不同。从"环境、社会与人的关系"角度看，在生产力较低的历史时期，也就是社会力量较弱的时期，人类在获取自然资源时主要依靠个体的力量，影响捕捞活动的主要因素体现为生产过程中的气候、海浪等自然因素和渔船、渔具等技术因素。此时，"人与环境之间的关系"占主导地位，其问题也主要体现为人与自然的冲突。随着生产力的提高，社会的力量取代个体的力量成为获取自然资源的主导力量，人类的认识和技术利用已经在很大程度上克服了自然的阻碍，此时影响海洋捕捞活动的主要因素转向了技术发明及利用、资源区域权属划分、资源利用效率等社会因素。此时，"环境与社会之间的关系"占主导地位，其问题主要体现为"人与人之间的冲突"，这个问题通过人的环境行为又展现为"人与环境之间的冲突"。

因此，从上述关于海洋捕捞方式选择的：条件分析来看，海洋渔业资源枯竭意味着人类选择了一种具有破坏性的海洋捕捞方式。与所有其他类型的环境行为一样，人们选择这种方式肯定有其相应的社会条件，这些条件体现了人们的理性选择，同时，这也是人们为自己选择这种行为所给予的合理解释。

依据社会行动理论所提供的分析视角，笔者研究关于海洋捕捞方式及其选择的分析框架由四个维度构成。这四个维度实质就是海洋渔民捕捞活动的社会条件，它们共同构成捕捞活动的充分必要条件（如图 2 – 1 所示）。

传统的海洋捕捞方式向现代的海洋捕捞方式转变是一个整体性的转变。在任何社会系统中，作为一种环境行为，这四个社会条件是相互作用的，离开了任何一个社会条件的作用，现实中捕捞方式的转变都不可能实现。作为行为选择的条件，技术是最先

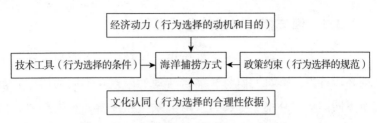

图 2 - 1　海洋捕捞方式选择的社会条件

显现出来的。但是新技术是否会得到应用，离不开经济的驱动和政策的诱导。最后，这种新技术能否被社会中的个体接受而广泛推行，又离不开影响行为主体选择的文化或身份认同机制。当前关于很多原始部落拒绝现代化的人类学案例调查成果证实了这一点，即技术仅仅只是人类改造自然的工具而已。

第三章　传统海洋捕捞方式及其
社会条件

> 子曰：伐一木，杀一兽，不以其时，非孝也。
>
> ——孔子

在一般意义上，"传统"（tradition）是人们用来界定人类社会发展历程的定性词语，是一个相对的概念，与其相对的词是现代。在时间序列上，人们很少明确地用传统和现代来划分人类社会历史的发展阶段。"传统社会"与"现代社会"是一种模糊性用法，它们往往是基于某种明确划分标准的替代性词语。但站在人与自然之间关系的角度，传统和现代是可以被明确划分的。托马斯·贝里的"生态生代"[1] 事实上就是这种划分的结果，只不过他是以人的生存模式来划分地球生物生代的。从本质上看，这种划分仍然是一种时间序列的表述。通观人类的发展历史，人与自然之间的关系迄今为止体现为两种关系：①人与其他动物一样是自然的一分子，人以畏惧自然的形式而存在；②人与自然处于对立状态，

---

[1]　与 "paleozoic"（古生代）、"mesozoic"（中生代）、"cenozoic"（新生代）相对应，托马斯·贝里创造了 "ecozoic"（生态生代）来表达他所说的人类未来时代。他认为，在地球经历了古生代、中生代之后所产生的新生代，即在恐龙灭绝后产生的人类的新生代正在终结，而生态生代就是新生代终结后可能出现的地球生代，指各种生命以一种共同增强的生态方式存在，它有赖于人类对现有生存方式的改变和对生态生存模式的创造。参见托马斯·贝里《伟大的事业：人类未来之路》，曹静译，三联书店，2005，导言第 3 页的"译注"。

人以抗拒自然的形式而存在。以此类推，托马斯·贝里的"生态生代"其实就是"人与自然的和谐相处"。这也可以从时间序列上概括为人类社会的传统、现代与未来。

3.1　"漏网捕鱼"及其方式

3.1.1　"漏网捕鱼"及其特征

传统的海洋捕捞方式可概括为"漏网捕鱼"。所谓"漏网捕鱼"，是指海洋渔民在对海洋认知水平相对较低的情况下利用有限的工具有选择地获取海洋渔业资源的生产活动方式。"漏网捕鱼"并不仅仅是人类因为技术水平低下而做出的一种无奈的选择，它更多的是一种观念的体现。这种观念的核心就是人与自然之间的关系问题。在人类的行动系统当中，技术系统提供的是人类可以控制的工具性要素，其本质是行为有机体的扩展，即"延伸了的手脚"。站在社会整体的角度，"漏网捕鱼"之所以成为可能，是与相应的社会条件分不开的。这些社会条件的核心就是"传统"。"人生而现代，却无往不在传统之中"（熊培云，2010：227）。从人的本源性的生存方式——实践活动（贺来，2006：45～50）来看，凡是人基于畏惧自然而进行的实践活动，都是传统的，即这种活动采用的是传统方式、体现的是传统观念、表达的是传统意义。那么，以这种实践活动为主的社会就是传统社会。因此，不管是尚未开发或正在开发的非洲或大洋洲的一些原始部落，还是处于高度现代化城市边上的村落，只要人们的实践活动仍然是基于顺从自然或畏惧自然的方式，那么他们就代表着传统。

鉴于此，我们可以从下面三个特征中把握"漏网捕鱼"。

（1）这是一种范围有限的区域性捕捞活动。捕捞渔船的大小和动力是最重要的制约因素，人力与风动力都不可能随人的意愿而改变。区域性捕捞本身就是"漏网"，渔民按照经验在一定区域里作业，而海洋中其他广阔的区域自然就是鱼类的"天堂"。事实上，人类在绝大部分时间都停留于"海边"和"海中"作业，到"洋"中作业也只是工业化之后才开始的，即大洋性渔业。

（2）这是一种有时间限制的季节性捕捞活动。鱼群洄游遵循一定的时间，而且对风力、潮汐、气温等都有时间限定。渔民必须选择最有利的时间段出海以规避自然风险。同时，各地的鱼汛期实际是随洋流而动，因而此时也是当地出海的最佳时间。

（3）这是一种有内在约束的选择性捕捞活动。在海权不明确的年代里，技术条件和自然风险是约束渔民捕捞活动的外在因素，而海神信仰与风俗习惯则是约束的内在条件。在现代社会，这种现象往往被说成是愚昧。但是，在实际生活中，这些"愚昧"的认识构成了渔民与海洋环境之间的主体性关系（详见后文中关于"漏网捕鱼"的文化禁忌），是渔民解释其行为方式的合理依据。

3.1.2 "漏网捕鱼"的主要方式

海洋捕捞的具体作业方式在人类数千年的探索和实践中已经多样化了。这一点可由已知的五花八门的网具、钓具及其渔法证明。但工具只是人们生产的一个物质条件，它能产生什么作用在于人们如何使用它。作为一种生产活动，可以从下面主要的实践活动形式中考察"漏网捕鱼"的三个特征。

3.1.2.1 "下小海"（the sea-shore fishing）——近海作业的主要方式[①]

"下小海"是指地方渔民利用潮汐在海滩上采集贝类和小鱼

---

① 也有的地方将海洋捕捞分为"大取"和"小取"，"小取"渔民大多徒步或以小船作业，获取贝类和小鱼小虾，"大取"渔业生产规模较大，但也很少向外发展，仅限于在沿岸浅海活动。参见张震东、杨金森，1983：21。本书中所说的"下小海"就是其中的"小取"。"大取"则属于本书中所说的第二种传统的"漏网捕鱼"方式——渔区作业。

小虾或使用小型船舶在近海捕捞等作业方式，也有人称之为"捞小海""讨小海"。近海指从海岸至 20 海里左右的海域，相对于 20 海里之外的大海来说，这片海域的确可以称为"小海"。"下小海"不仅指海域的大小或远近，而且也包含特有的作业方式。从工具运用的角度看，"下小海"主要有两种方式：利用潮汐在海滩上不用渔船进行采捕活动和利用小型渔船到近海海域中"下笼子"或进行抄网和掩网作业。

（1）第一种方式俗称"赶海采捕"。这应该是最古老的海洋采捕活动。在渔船没有出现之前，所有跟海洋采捕有关的活动实质上都是利用潮汐在滩涂和浅海进行的活动。贝类即软体动物是最主要的渔获物。考古学家在中国沿海各地发现的贝丘遗址表明，采集贝类是人类最早的大规模利用海洋生物资源的生产活动。①

对海洋的认识是"赶海采捕"的前提。这些认识中最重要的是对潮汐规律的把握和对海洋生物特性的了解。"赶海"一词很形象地表明，进行这种活动的人必须对当地的潮汛有很好的了解，即必须知道什么日子大汛，什么日子小汛；大汛期何时涨潮，何时退潮。同时，还必须在渺无人烟的空阔海滩上辨识方向，否则极易发生意外。② 对贝类等海洋生物特性的了解，是选择用什么工具及以何种方式活动的基础。大多数贝类生物不像鱼类一样可以

---

① 所谓贝丘，是原始人类在各岛居住时将吃剩下的海产牡蛎、鲍鱼、蛤仔、海螺等各种贝类介壳堆积而成的。考古学者在各地发现的贝丘遗址中，最早的距今 6000 年以上，大部分距今 4000 年左右。随之出土的文物中也有纺轮、网坠、鱼钩、鱼叉等。参见张震东、杨金森，1983：6~9。

② 在谈到"赶海采捕"的艰辛时，渔民们大多是通过讲述一个口头相传的真实故事来叙述渔民生活不易的，以及对未知海洋的敬畏。这个故事是这样的：有这样一对"赶海"的父子，在赶夜潮的时候海面上起了大雾，根本无法分辨出东南西北，不知道哪个方向是岸。大海已经涨潮了，海水也越来越深。父亲做出了决断，把推文蛤用的杆子插在海底，以杆子为基点，他认准一个方向而儿子认准相反的方向，两个人头也不回地朝前走。这种选择方式看起来有些残酷，但毕竟能有一个活着走出大海。

自由地在海水中游泳①，因而，贝类生物会因涨潮而漂到海滩上，而未能随退潮返回大海的那些贝类、小鱼小虾就成了"赶海采捕"的对象。

"赶海采捕"的工具有渔网、鱼叉、鱼篓、鱼罾等。采捕的时候，一律是步行下去。这是为了方便，渔民往往会将鱼篓等挎在腰间，光着脚板，手里拿着鱼叉等捕获工具，边走边看，向寻宝淘金一样手脚不停地在滩涂上锄、扒、挖、钩、照、罾、摸、踩、踏。妇女与小孩也常常参与到采捕活动中去。在笔者调查的三个渔村中，妇女是"赶海采捕"的主力军，上年纪的男性渔民因为不能再上船往往也会参与到这种采捕活动中。

从自然规律的角度来看，这些被潮浪遗留在滩涂上的生物实质是"优胜劣汰"的结果。因此，"赶海采捕"的渔民将之俗称为"龙王献宝"。

（2）第二种方式事实上就是"家庭渔业"。它是目前公认的"小型渔业"（the small-scale fisheries）的一种类型。FAO 将船体长度小于 12 米、载重小于 100 吨的船舶称为小型船舶。这类船舶目前在世界任何地区都是主体，占到渔船船舶总数的 90% 左右（FAO，2010：30 – 34）。因此，用于"下小海"的渔船只是 FAO 所说的"小型船舶"中的一部分。笔者在实地调查中了解到，"下小海"的渔船叫"挂网舢板"，它与其他小型船舶及其作业方式至少存在两点差别：其一，这类渔船没有甲板，事实上就是扩大版的古老独木舟；其二，渔船上只需要两个人就可以作

---

① 贝类因具有石灰质贝壳，故名。贝类的身体柔软，左右对称，不分节，由头、足、内脏囊、外套膜和贝壳 5 部分组成。头部生有口、眼和触角等感觉器官。足部在身体的腹面，由强健的肌肉组成，是爬行、挖掘泥沙或游泳的器官。水生贝类的生活方式有浮游、游泳、爬行、固着、穿孔和寄生等。浮游生活是指随波逐流地在水中漂浮生活。游泳生活指能在海洋中长距离洄游，如头足类中的乌贼、枪乌贼、柔鱼等。大部分水生贝类营底栖生活，或在水底匍匐、爬行，或在底质中挖穴隐居，或附着在其他外物上生活。除了能长距离洄游的贝类，其他种类的贝类都是"赶海采捕"中常见的生物。

业，在使用小马力动力机的情况下一个人也可以作业。所有操作都是靠人力，而不是靠机械。因此，当前这种捕捞活动往往是一个男人或夫妇两人共同完成。故称"家庭渔业"，是一种手工渔业。

正是因为这两个特征，"家庭渔业"都是一天一个来回地作业，即早上（一般是凌晨三四点）出海，中午（一般是中午十一二点）归来。所有的渔获物上岸即卖，不需要冷冻保存。当然，也有部分是由自家消费。同时，这种比较自由的小型船舶渔业可以依季节而转变生产方式。"大多数小型渔船（占全球渔船的90%）是多用途的，根据时间、季节和机会采用不同类型网具"（FAO，2008：68）。这是商业渔业出现之前最主要的渔业形式。在当前的大多数发展中国家，大部分小型船舶渔业实质上都是这种"家庭渔业"。这也可能是当前传统海洋渔业的唯一一种形式了。

近海"下笼子"作业

笼子由渔网和方形铁框组合而成。渔网的网格约小拇指大小。一个笼子大约有30个铁框，每个铁框相隔约20厘米，两头的铁框小于中间的铁框，约宽15厘米、长20厘米，中间的铁框约宽20厘米、长30厘米。整个笼子两头呈圆锥形，中间是长方形。每个笼子的中间有5~7个豁口，呈漏斗形，豁口面朝上，鱼、虾等从豁口进入后因为自身的鳞片等就无法出来。笼子的两头用绳子扎死，收笼子的时候则打开一个结口将里面的东西倒出来即可。7个笼子用绳子连接在一起构成"一联笼子"，4联笼子称为"一滩"。由于小船上最多能容纳两个人作业，所以，一般一户人家也就是放四五滩的笼子，多了就装不下了。

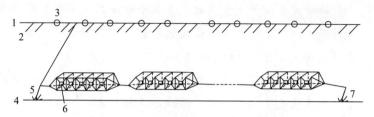

图 3 - 1 下笼子示意图：一联笼子及放置

注：1. 海面；2. 海带养殖网绳；3. 浮子；4. 海底；5. 前锚；6. 豁口；7. 后锚。

如图 3 - 1 所示，每联笼子的两头都系着一个海锚。前头的海锚被系在笼子和海带养殖的绳子之间沉于海底（在没有海带养殖之前，这一头是通过打一个铁桩来固定的，也有的是通过打数个桩子来固定的），而后面的海锚则直接沉下海底。这样做有三个作用：一是因为有一头的绳子是系在海带养殖的绳子上，所以便于收笼子的时候寻找；二是固定笼子的位置，以免被海浪冲走；三是两头一固定就将这一联笼子拉直了，把中间的豁口撑开了。

"下小海"是渔村传统的作业方式之一。下笼子作业早已有之。现在的作业方式就是基于传统方式之上的，不同之处主要在于工具的差异，尤其表现在渔网上。现在渔网的网目越来越少了，连鱼苗都可以捞上来了。此外，以前是手摇船或木帆船，现在是机动船。

下笼子作业一般是当天上午下海去放，第二天凌晨三四点钟去收笼子。每个渔民下笼子的地点基本上固定在某几个海域范围内，选择这些地点的原因：一是依据前人和自己的经验，这些地点经常是鱼群和虾等比较多的地方。二是对于这些地方自己比较熟悉，就像陆地上的农民对自己的某块地一样，不容易跑错，而且也能避免某些风险，如浅滩。如果在没有海带养殖的海域内下笼子，就必须自己带铁棍去固定。在海带养殖场里则是将一联笼子的一头系在浮子之间的绳子上，海带是在绳子上生长的，而笼子却沉到海底了，所以两者并不干扰。这也是海带养殖承包者允许"下小海"的渔民在养殖场里进行作业的主要原因。

收笼子是很累的，因为除了要将笼子里的海物倒到船舱里，还要将笼子再放回去。所以，收笼子的人一般要干五六个小时才能上岸。之外还得把各种产物分类，不同的产品价格不一样。各种鱼贩子在码头等着，船一上岸就各买各的货物。这些鱼贩子与渔民都很熟悉，有的鱼贩子就是本村的村民。所以，买卖双方基本上没有讨价还价或者出现矛盾的现象。（笔者依据实地调查资料整理而成）

"下笼子"是当前最主要的"家庭渔业"作业方式。此外，抄网和掩网作业也是常见的作业方式，都是小规模生产。现在这两类作业方式与"下笼子"相比，有两个缺陷：一是比较辛苦，因为它们需要不停地劳作，不像"下笼子"就是下笼和收笼；二是在渔业资源减少的情况下，渔民有时候经常是空网而回。因此，在劳务费和油费都上涨而渔业资源又减少的情况下，这两种作业方式已经越来越少了。

3.1.2.2 鱼群洄游与渔区作业

关于鱼群洄游规律的认识决定着传统海洋捕捞业的发展。在鱼群洄游中最重要的是找到鱼群洄游经过或滞游的渔场。渔场的种类及其开发程度决定着渔获量及其质量。渔业之于渔场犹如农业之于田地。"盖渔业性质与工商业迥异，为独立之产业，必先有一定之渔场，始可采捕。故渔场又可称为渔业生产之基本。"（王刚，1937：4）世界各个渔业大国都拥有自己的大渔场，如日本的北海道渔场、秘鲁的秘鲁渔场、中国的舟山渔场。

所谓渔场（fishing ground）指的是鱼类或其他水生经济动物密集经过或滞游的具有捕捞价值的水域，鱼类随产卵繁殖、索饵、育肥等，在一定季节聚集成群游经或滞留于一定水域范围，这一范围是在渔业生产上具有捕捞价值的相对集中的场所。同一种类的捕捞对象在不同的生活阶段，也因其适应性不同而形成不同的渔场和渔期，如适宜的水温和盐度，有利于形成产卵渔场；一般在水深 200 米以内的浅海范围内，特别是在大江大河的入海口，因为浮游生物较多，大都可成为优良的索饵渔场。此外，不同种类的捕捞对象因对环境条件的要求不同而形成不同的渔场，如鲱鱼渔场、鳕鱼渔场、大黄花鱼渔场、带鱼渔场等。

　　确定了渔场实质上就确定了捕捞路线。鱼群洄游就是按季节随海流在不同的渔场进行产卵、觅食。"鱼群来去，视水温为转移，春暖则由南向北，向沿岸而来集；秋凉则由北而南，循南洋而南徙。此盖鱼群受水温所支配，为中国沿海行鱼大概情形也"（山东省水产志编纂委员会，1986：176）。人类只要把握住了这个规律，就可以按期到渔场去捕捞，即所谓的鱼汛期。鱼汛期对于传统海洋捕捞活动极其重要，它基本上确定了渔民的生产时间和捕捞路线。笔者依据牛庄老船长 LYQ 的叙述，结合地方志和相关地图材料，大致对胶东半岛传统捕捞业的渔区作业线路及时间进行了整理，参见图 3 - 2。

　　　　我们每年过完年就开始准备出海的事情。等到 3 月 1 号就集体出动。一般是一个船队一个船队地接着离港出海。先往南走，北边还有点冷，而鱼群因为天气转暖正从南往北走。一般就在长江口上面（即吕四渔场）就不再上前了，当然我们最远也到过福建那边去捕捞（即闽东渔场等）。因为长江口上下基本都是福建、浙江等南方渔船捕捞的海域。我们到那里转向的时候，也就到了 3 月下旬，这时正好接到洄游过来的鱼群。然后我们就跟着鱼群往北走，赶到各个渔场去捕捞。因为渔获物不能放太长时间，所以，我们一般是一个星期就要上岸卸货，补充食物和盐等。等到 4 月中旬的时候我们就能赶到渤海了。4～6 月份是渤海的捕捞旺季。我们会先在烟台边上（即烟威渔场）捕捞小黄鱼、青鱼，然后在 4 月中旬赶

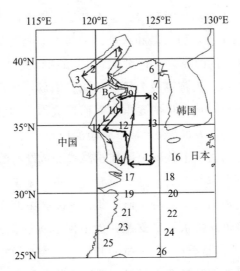

图 3 - 2　胶东半岛的传统渔区作业示意图及其详解

注："N" 表示北纬，"E" 表示东经。A 点是南庄所在区位，B 点是东村所在区位，C 点是牛庄所在区位。表格中的数字表示渔场：1. 辽东湾渔场；2. 滦河口渔场；3. 渤海湾渔场；4. 莱州湾渔场；5. 烟威渔场；6. 连云渔场；7. 威东渔场；8. 石东渔场；9. 石岛渔场；10. 青海渔场；11. 海州湾渔场；12. 连青石渔场；13. 连东渔场；14. 吕四渔场；15. 大沙渔场；16. 沙外渔场；17. 长江口渔场；18. 江外渔场；19. 舟山渔场；20. 舟外渔场；21. 鱼山渔场；22. 鱼外渔场；23. 温台渔场；24. 温外渔场；25. 闽东渔场；26. 闽外渔场。细线表示牛庄渔民上半年 3~6 月的捕捞路线，粗线表示下半年 9~12 月的捕捞路线。

到辽东湾去捕捞带鱼、鲅鱼等，因为这个时候大多数南来的鱼群都会赶往黄河口等浅水区去产卵。之后，就绕着渤海岸边走，等到莱州湾的小清河口时基本上就到了 6 月。这时候天气转热，渔网容易腐烂，传统上这个时候都是休渔期，因为鱼卵基本刚刚孵化需要一段时间成长。

休渔的三个月主要是修补渔船、渔网。9 月初我们会再次出海，这次是先往北走，因为天气变凉，鱼群会洄游到南方觅食。我们一般会先去烟台附近，迎着洄游的鱼群向南。这个时候我们经常会到韩国、日本附近的海域去捕捞。我们公司在韩国和日本都设有办事机构，所以我们经常会停靠在他们的港口，然后办事处的人会帮我们把渔获物卖掉，并补充物质。一路南下至长江口之上时大概就到了 10 月中旬。然后我们就往回转。等转回来的时候一般是 11 月中旬。然后我们会再去日韩交界的公海里捕捞至 1 月份。这个时候渤海里一般已经结冰，附近的海域也变冷了，不适合捕捞。只有当大洋里的气温稍高一些，才可以进行捕捞。一般在 1 月中旬我们就停港休息准备过年了。其间修补渔船渔网以备来年使用。（访谈资料 LYQ20080802 - 2）

笔者注：这两条线路基本上是胶东半岛传统渔民的惯常线路，它们是渔民通过常年探知渔场位置和鱼汛期所总结出来的经验。而且在这些路线上，有经验的渔民不仅对海域的地理状况了如指掌，而且对这些海域和时段里的天气状况也掌握得很清楚，这也就是他们所说的"记风"。①

在不同的渔区因为海洋自然地理环境以及鱼类的差异，使用的渔船、网具以及具体的生产操作方式也不同。详细情况参见附录 3 "中国传统海洋渔具"。当前已有的大多数网具及其操作方式在"漏网捕鱼"的传统时代都已经出现了。相同类型的网具和生产操作方式，因网具质量和渔船动力不同，对渔业资源的影响也是不同的。如后文中提到的"拖网作业"，一条 600 马力渔船用底网网眼只有 0.1 厘米大小的尼龙网进行拖网作业，所过之处基本是无漏网之物；风帆船或手摇船用麻网拖网作业，不仅因为网眼大而漏鱼，也会因为渔网易破裂而不能操作过快或进行探底作业。

传统的网具结构及其捕鱼法如此复杂，实质上也表明了这些工具在捕捞过程中存在很大的缺陷，如网目过大、网线易断等。为了防止鱼群逃逸，渔民们就得靠自己的智慧和经验，结合鱼群的习性和地理环境，采取相应的方式来争取获得更多的渔获物。

---

① 烟台市地方史志编纂委员会，1994；烟台水产志编纂委员会，1989；山东省水产志编纂委员会，1986；威海市地方史志编纂委员会，1986；张振东、杨金森，1983；黄良民，2007。

这事实上是在遵循自然特性基础上进行的实践活动，而不是完全按照人的意志行动。

3.1.2.3 海钓与母鱼

作为海洋捕捞的基本工具，钓具与渔网一样很早就有了。在中国沿海地区的贝丘遗址发现过鱼钩，这说明原始社会晚期钓具已被用于海洋捕捞。有关钓鱼的文字记载则见于商代的甲骨文。邵雍在《渔樵问答》中记载钓具有六：竿也，纶也，浮也，沉也，钩也，饵也（张震东、杨金森，1983：156）。至今钓具也没有突破这种基本构成，只是用具随经验的增多和科技的进步而有所改良而已。《山东省·水产志资料长编》中记载，最初是没有鱼钩的，只在吊绳上系上鱼饵，当鱼吞食时，迅速拉动吊绳，将鱼甩上岸。随后鸟爪、树枝荆棘被用作鱼钩，鱼吞食钓饵，即被鸟爪、树枝荆棘卡住咽喉。再后来动物骨被制成骨鱼钩，青铜器和铁器出现后，鱼钩改成由铜和铁制作。至今铁鱼钩仍然是主流，随铁鱼钩的出现而在春秋末年出现的延绳钓到现在也同样是海钓的重要方式（山东省水产志编纂委员会，1986：212）。

钓具是捕获散鱼群，以及在水流较急、海底多岩礁场所中使用的渔具。钓具的特点是使用时间较长，不受水深限制，工具成本低，不伤害资源。具体的钓具可分为四类：竿钓、手钓、曳绳钓和延绳钓。按作业方式有母船式和单船式两种；按敷设方法有定置钓具和流动钓具两种（张震东、杨金森，1983：157）。

在牛庄，一位老渔民为笔者讲述了他20世纪六七十年代作为船长出海钓鱼时的情景。他的这种钓法在地方水产志中被称为"饵钩延绳钓"，属于山东钓鱼业中最主要的生产方式——延绳钓类的一种。《山东省·水产志资料长编》（1986：125）中关于"饵钩延绳钓"的记载与老渔民的叙述基本一致。基本的钓鱼法其实一直没什么变化，只是钓具、渔船等工具变得更精致、更有效。传统的钓鱼方式之所以不对渔业资源造成损害，其原因不在于钓鱼法和渔具，而在于渔民对母鱼的处理。这种处理活动体现的是渔民对海洋及鱼类的一种态度，与捕鱼的工具无关。

> 在我们赶鱼汛的路程中，钓鱼是最主要的作业方式。休息的时候用定置钓，行走的时候用流动钓。在收钓的过程中，捕获到母鱼是很正常的，尤其是在鱼的产卵期和产卵渔场中。绝大多数的情况是，当我们发现钓上来的是条快要生产的母鱼时，只要它没死并没有受到很大的伤害，我们都会将它重新放回海里。是不是快要生产的母鱼，我们渔民只要一看鱼肚子就知道了。20世纪60年代，我们在黄河口附近的莱州湾里经常能钓到6~7斤重的母黄花鱼和带鱼。现在没有人再会放生要生产的母鱼了。因为母鱼体型大，价格很高，现在要是能捕获到一条重5斤的野生母黄花鱼就可以卖到上万元①，相当于一车用作鱼粉的小杂鱼的价格。（访谈资料 LYQ20080801 - 2）

按自然规律来看，钓鱼所捕获的鱼与"赶海采捕"的对象一样都属于自然的"优胜劣汰"。与拖网等相比，钓鱼是有选择的，不仅钓鱼的人会选择场地、鱼钩的大小等，鱼本身也会有选择地或竞相地吃鱼饵。再加上人为地放生母鱼，在技术条件相对落后和海洋环境相对干净的情况下，钓鱼很难对渔业资源的再生能力造成威胁。

3.2　"漏网捕鱼"的技术特点

科技是第一生产力。传统与现代的划分就体现为科技的进步改变了人们改造自然的方式，从而改变了人与自然的关系。一直到20世纪中期，也就是工业捕鱼全球化之前，我们主要的焦虑不

---

① 厦门网2010年9月6日报道，漳州龙海海门岛一渔民一网捕到4条野生大黄花鱼，总重11.8斤，即每条约3斤，最后以每斤2200元的价格出售，获得2.6万元。相当于13吨每公斤0.2元的鱼粉价格。参见 http://fj. sina. com. cn/xm/news/sz/2010 - 09 - 06/16556045. html。

是渔业的库存状态，而是我们不确定能从海洋中收获多少（Long-hurst，2010：155）。因此，改进捕捞工具和相关技术一直是海洋捕捞业数千年来面对的主要问题。

3.2.1　麻网、木船与"铅砣子"

3.2.1.1　麻网或棉麻网

作为捕捞的两大基本工具，渔网先于渔船出现。考古学发现，距今 6000 多年的中国陕西西安半坡遗址的陶器图案中就有方形网和圆锥形网。在中国广东、福建等地的沿海和岛屿的贝丘遗址中发现网坠、纺轮，说明在距今四五千年前，沿海地区的原始人已经普遍使用网具从事海洋捕捞。关于网具的文字记载也很早。《易·系辞（下）》载："做结绳而为网罟。"在秦汉以前的古籍中，已经提到多种网具和网的结构。《韩非子·外储说右下》载："善张网者引其纲，不一一摄万目而后得。"（张震东、杨金森，1983：117）

传统与现代的一大区别就是，传统社会中劳动工具大多数取自天然素材。[①] 尽管网具很早就出现了，但制成网的基本素材却数千年也没有发生质的改变，直到 1938 年合成纤维——尼龙[②]的出

---

①　传统渔具的网线、钓线、绳索绝大部分取自天然纤维。用途广、用量最多的是植物纤维，其中有稻草、油草、葛子、苘麻、红麻、宁麻、大麻、马尼拉麻、红棕棉纤维等，此外还有蚕丝、钢丝绳等。以胶东沿海地区为例，在清代以前，登莱渔民多用稻草和苘麻结网捕鱼，及至清末，开始用小量的蚕丝和棉线制网。民国时期，大量使用棉线，麻线遂被代替。20 世纪 50 年代，棉线用量继续增加。1959~1962 年，烟台市渔用棉纱达 800 余吨，为历史上所用棉线最多的年代。60 年代以制网采用合成纤维，棉线逐渐被淘汰。用棉麻制作的渔网的染料也取自天然素材。仍以胶东沿海地区为例，传统社会渔民用猪血（有时也用驴骡牛马血）染麻网或钓线。自 30 年代始，棉线网绝大部分用桐油染。40 年代初，威海远遥村用煤焦油染成的老牛网由于防腐性能好，引起当地渔民的注意。1956 年，当地恢复老牛网，又采用了综合煤焦油染网法。60 年代初期，桐油不足，沿海各地普遍推广煤焦油染网法。1964 年，随着合成纤维材料的应用，此法逐渐被摒弃。参见烟台水产志编纂委员会，1989：153~155。
②　尼龙是聚酰胺纤维（锦纶）的俗称。目前，尼龙是指由煤、空气、水或其他物质合成的、具有耐磨性和柔韧性、类似蛋白质化学结构的所有聚酰胺的总称。

现。"建国前后，主要有圆网、流网、挂子网、路等网等。网具制作，均用多股棉线结成，然后用猪血、桐油、苏油等浸染……1980年，全部网具实现尼龙化"（山东省海阳县志编纂委员会，1988：231）。"漏网捕鱼"成为可能的最基础条件之一就是由天然纤维制成的渔网普及。

由麻、棉等天然纤维制成的渔网，不耐磨，容易腐烂。同时，因为是手工制作，所以网目一般比较大，并且不均匀。在笔者调查的牛庄，渔民就将以前使用的旧网称为"麻网"。

　　我们这里在1963年才使用上胶丝网。① 以前主要使用苘麻、红麻、红棕棉等制成渔网。都是自己用手工做的，先是把麻、棉捻成绳晒干，然后用桐油浸泡，再拿出来晒干才能用。就算这样，这种"麻网"也不太经用，在海水里泡的时间一长，就会腐烂，容易断。要经常晒网和补网。基本上每次出海返航都要换一部分渔网。女人在家里主要就做这些事情。所以，"三天打鱼两天晒网"说的就是我们。

　　网目越小越难编织，而且一旦断了，补起来也很麻烦。所以，我们那时候的渔网网目都比较大，就算是最后的底网网目也比成年人的大拇指要大一些。现在的胶丝网就不一样了，用机器编织出来的，不仅网目均匀，而且网目也可以编得很小。② 就算断了，也很容易补。现在这种渔网在海上一拖

---

① 《烟台水产志》中记载，1958年，山东省水产局拨给荣成大鱼岛和烟台渔业公司一部分英国产的"地球牌"胶丝进行拖网试验，捕鱼量比同类型捕鱼棉线网增加10%～20%，比流网增加2～6倍。1963年，大力推广胶丝捕鱼网，到1969年，各种刺网基本实现了胶丝化。参见烟台水产志编纂委员会，1989：153。

② 在访谈时，老船长NYQ的家里就有很多废弃的渔网。他给笔者看了不同的渔网。笔者用手比量了一下渔网网目，发现现在拖网的底网网目勉强能塞进去小指的指头前一点点。之后，笔者用尺子量了一下，发现网目的直径才1厘米左右。

过去，什么东西都跑不掉。（访谈记录 LYQ20080802 - 3）

网具结构和品质是具体生产操作方式的决定性因素之一，也是影响生产效率的决定性因素之一。因此，传统捕捞业所用网具具有两大特点：①地方性，即不同的海域有不同的网具结构，这些网具结构设置都与该海域的地理特征和水文环境相适应；②多样性，即针对不同鱼类的特征和习性，采用不同的网具和不同的作业方式。详细参见附录3"中国传统海洋渔具"。

3.2.1.2　木船与风帆船

人类海洋捕捞活动真正开始于渔船的出现。在渔船未出现之前，人们只是在海滩或浅海区作业，而且主要的活动是"赶海采集"。渔船出现之后，人们才开始真正进入"海"中捕捞，同时也开始认识海洋，并与之作斗争。

当前公认最早的渔船是通过凿空大树而做成的独木舟，之后才出现用木板拼接而成的木船。船只何时开始被用于渔业捕捞，无人确考。中国有可靠文字记载的是在春秋时代，《管子》中记载了齐国渔民乘船在深海捕鱼，《吴地记》记载了吴王捕捞黄花鱼，说明海洋捕捞中已使用船只（张震东、杨金森，1983：110）。

渔船大小及载重量与渔船动力密切相关。传统渔船与现代渔船的区别在于其动力差异。详细情况参见附录4"胶东与福建的传统海洋渔船之比较"。传统渔船的基本动力是人力与风力，由此，传统渔船可分为手摇船和风帆船。现代渔船依靠的是机器动力，因此，现代渔船被称为机帆船、机动船（渔轮）。如胶东半岛传统海洋渔船主要是木帆船，从推进方式上，可分为靠腕力摇橹推进的舢板筏子和借风力驱动的各种类型帆船。一般为平底方头方尾，舷边平直横向宽，吃水浅，可停泊在海滩上。载重量大者40吨，小者1吨左右，5～10吨者占绝大多数（烟台水产志编纂委员会，1989：128～132）。这些类型的渔船随技术发展而装置机器动力，就变成了现代的机动船。

依靠人力与风力的渔船是"漏网捕鱼"成为可能的最基础、最重要的条件，其作用主要体现在三个方面。

（1）航速慢。依靠人力与风力推动的渔船在克服水对船舶的阻力[1]上存在很大的限制，不仅需要渔民掌握好力度，也需要整船的渔民齐心协力，这也是为什么在船上都要听船老大的。因为船老大是掌舵的，他要选择好方向，凝聚人心齐力划桨，而且在尽量减少渔船遭遇漩涡阻力和兴波阻力上，渔民要依靠船老大的掌舵经验。实际操作中纯粹依靠人力或被动的风力很难克服这些阻力。航速的快慢更大程度上受风和浪所左右，尤其是在逆风行驶中，船速不仅慢而且也消耗人力。这也是船老大必须拥有丰富的气象信息的原因。航速慢会导致作业过程中鱼群逃逸。

（2）续航能力弱，航程短。人力是有限的，而且渔民需要通过休息来恢复气力，因此，纯粹依靠人力推动的渔船只能在近海20海里以内作业。依靠风力的木帆船同样是非持续性的，因为风力大小和风向都是变动的。所以，依靠人力和风力推动的渔船航程一般都比较短，也就是不能到远海域去作业。如果去远洋捕捞，来回往返就需要比较长的时间，渔民不仅需要带大量的淡水和食物，而且渔获物的保鲜时间也是一个问题。在这种条件下，渔民的捕捞海域就比较有限。大洋中的鱼类在这种状况下是自由自在的。

（3）受天气因素影响显著。传统社会里海洋捕捞的危险主要来自变幻莫测的天气，而受天气变化影响最大的就是渔船。其中暴风雨所带来的飓风和海浪是颠覆渔船的主要"杀手"。因此，抗

---

[1]　船舶在水中航行时主要受到两部分的阻力。即空气和水对船舶的阻力，在一般船舶中，空气阻力仅占总阻力的2%～4%；水对船的阻力占总阻力的90%以上。而水对船舶的阻力由三部分组成：一是摩擦阻力；二是漩涡阻力；三是兴波阻力。船舶航行时，在船体周围会出现浪，其中有相当部分的波浪对船舶的正常航行形成阻力，故称为兴波阻力。现代新造船舶为了减少兴波阻力，在船的首部加球鼻艏。只要设计得当，就能使船体和球鼻艏兴起的波系互相干扰，使波浪减弱，从而降低了兴波阻力，增加船速。参见魏莉洁，2009：24～25。

风暴能力是衡量渔船性能的一个重要指标。依靠人力和风力推动的木船或木帆船，很容易被飓风掀翻，经常会被巨浪的冲力击碎。因此，"记风"① 是世代捕捞渔民自然形成的重要海规之一。从附录4中，我们也看到很多渔船在6级风时就不能作业了，7级风时航行就有危险。而按照渔民的经验，海面上10天有9天是刮风的，只是风大风小的问题。在如此条件下，渔民捕捞的时间自然受到极大的限制，即捕捞总时间是有限的。

3.2.1.3 指南针、"铅砣子"和竹筒子

漫无边际的海洋对于人类的开发行为设置了诸多的障碍。人类每克服一个障碍，都预示着海洋科技的一大进步。因为人不能在海上漂浮与行走，人们就发明了渔船来代替双脚。因为人很难在广阔的海域中捕捉到灵活的鱼，渔网就成了人的手。但是，在漫无边际的大海中有目标地航行以及确定捕捞地，至少还需要三个条件：辨别方向、探测水深和找到鱼群。人类为此而发现或发明了相关辅助工具来弥补人自身的有限性。

指南针在航海中的重要作用不言而喻。用人眼在海中很难看到岸，同时平坦的海面上一般没有什么特别的标志，因此，辨别方向一直是远航的难题。在指南针未发明之前，白天的太阳、晚上的星月、漂浮的云朵、飞翔的海鸟、随风的海浪等都是有经验渔民判断方向的依据。但这种方式的准确性有待提高。在大海中方向略微偏差一点，就有可能与目的地相差十万八千里。"哥伦布发现新大陆"就是一个很好的例子。指南针的运用大大提高了方向辨别的准确性。

中国元代指南针一跃而成为海上指航的最重要仪器。不论昼夜阴晴人们都可以用指南针导航，而且还使用罗盘导航。在不同航行

---

① "记风"是沿海居民世代自然形成的独有的海规之一，指渔民凭经验牢记刮大风、降暴雨的时间，依此预测百日后的风情。参见山东省海阳县志编纂委员会，1988：868。

地点指南针针位的连线图，被叫作"针路"。船行到某处，无论采用何种针位方向，一路航线都被一一标识明白，以此作为航行的依据。

辨别水深既是判断方向、找渔场时所需要的，也是判断采用何种作业方式的一个重要因素。在自动探测仪器未发明之前，传统的渔民使用的是一种名为"铅砣子"的工具。用一根绳子系在一个比较重的铅砣子下面，将铅砣子沉入海底之后，再提上来测量绳子的长度以此来判断水深。一般在绳子上会预先做好长度的标志，因此不需要每次都实地丈量。

寻找鱼群是实施捕捞作业的必需条件。在无边无际的海平面上很难用肉眼发现鱼群。很多渔民用方言来描述这种状况："我学打鱼十数年，打鱼一事亦甚难！天连水，水连天，黄渤两海去求钱，往南跑，往北跳，不知鱼儿在哪边。"为此，渔民通过摸索找到了辨别鱼群的各种方式，其中用竹筒子听声音来辨别鱼群是比较常见的一种方法。

> 海鱼以三四月间散子，群拥而来，谓之黄鱼，因其色也。渔人以筒测之，其声如雷，初至者为头一水，势汹且猛，不可捕，须让过一水，方下网。簇起，泼以淡水，即定，举之如山，不能尽，水族之利，无大于此者。（朱国桢，1959：751；转引自王荣国，2003：94）

3.2.2　船老大的经验

在渔船和渔具都不够发达的情况下，要想在漫无边际的大海里捕获到鱼，就必须有办法辨别方向，并判断鱼群的位置和多寡。传统捕捞作业中这个重任就是由船长来担当的。渔船船长，俗称船老大，对于传统捕捞作业具有至关重要的作用。

> 船老大人选的确定通常要到海神庙"卜筊"，由神明决定。

船老大是船上的掌舵人，是关系到船上渔民生命财产的安危与海上渔业捕捞丰歉的关键性人物。渔船出海前必须选定船老大，出远海尤需如此。船老大的选择除了渔民自家独资造船的由自家人充任船老大外，一般还有两种情况：一是几家合资造船，船老大由大家推举产生；二是船主备船，船老大雇人充当。无论是前者还是后者，都要求充任者必须有丰富的海上生活与渔业生产经验以及临时应变的能力。具备这些条件后，进行"卜筊"，请海神决定。（王荣国，2003：100~101）

船老大因为其丰富的经验而成为整条船的灵魂。这些经验至少包括三个方面。

①识别天气和辨别方向。在指南针没有发明应用之前，无边无际而又一片平坦的大海最容易让人迷失方向；同时，海洋气候又变化无常。这是引起海洋捕捞业和航海运输业高风险的两个最基本的因素。因此，作为一条船的掌舵者，必须能够根据海鸟、风浪、浮云等来识别天气和辨别方向。同时船老大也必须熟练地掌握各种辅助仪器的使用方法。

②寻找鱼群位置和判别鱼类。前文中提到用竹筒听声辨鱼的"渔人""渔师"就是船老大。尽管大海中没有特殊的位置标识，但是船老大凭借常年的海上生活经验能够找到往年经常碰到鱼群的大概区域。

③团结协调与临机应变的能力。海上作业，尤其是在使用手摇船和木帆船的年代，需要全体船上人员协调一致。船老大就被赋予了下达这种"统一号令"的权力，"渔民号子"[1] 这种文化就是一个很好

---

① 风船时代海上各劳动工序都有协同动作的号子，渔民称之为"号""号儿""号子"。喊号子被称为"唱号""打号"，领唱的人被称为"号头"，"号头"领唱名为"领号"，众人合唱被称为"接号"。号子的种类很多，渔民称最基本的几种为"大号"，其余由大号派生的，称为小号。大号有拾锚号、掌蓬号、摇橹号、追鱼号、上网号、装舱号、拉船号、拉绳号等；小号有溜网号、捞鱼号、风网号、记浮号、爬爬号等。参见烟台市地方志编纂委员会，1994：1651。

的明证。同时，在捕捞或航行过程中遇到临时事件，所有人都必须听船老大一个人的决断，不会出现民主表决的情况，因此，船老大必须能够随机应变，带领所有人走出困境。

船老大不仅是整条渔船的管理者，也是捕鱼过程中拥有找鱼和捕获等技术的载体。正是因为船老大的这种作用，所以海洋渔业中的神很多都是船老大的化身，如浙江、江苏等地流行的渔师菩萨和"楚太"（王荣国，2003：53）。现实生活中，船员一般都是由船老大召集的，船老大相当于现在的"包工头"，船员们也愿意跟随自己熟悉的船老大出海。同样，渔船主或鱼行①老板也往往是通过控制船老大来达到持续控制和剥削渔民目的的。②

3.2.3　盐的用途

渔获物的保鲜存储是海洋渔业能否发展的一个重要因素。渔获物从海水中被捕捞出来，如果不能保鲜的话，很容易就会变味变色，并腐烂。"有鱼而无盐，犹无鱼也。"［（清朝）屈大均，1985：卷二十二；转引自欧阳宗书，1998：39］

在一定意义上可以说海洋渔业的发展，始终受着加工处理技术的影响。在不具备加工保鲜技术的远古时代，捕捞规

---

① 有的地方志或其他文献中称为"渔行"。按理应该是"鱼行"而不是"渔行"，因为它是强调鱼的买卖而不是捕鱼。因此，除了原文引用没有改动外，其余地方笔者均以"鱼行"称之。

② 传统鱼行老板和船老大在经济上是雇佣关系。一方面，鱼行老板对船老大恭敬对待。鱼行一般规定，船老大可以在分配中按总收入的10%提成，并且允许他使用鱼行的船，带上自己的一份网，对于网中收获物单收、单存、单过秤，记在船老大的名下，年终一次性结算。船老大如果想跳槽离职，那么其他鱼行都抢着要。另一方面，鱼行老板也限制船老大的收入或设陷阱坑害船老大。鱼行老板根据行情，每年在淡渔期都采取歇伏的办法，歇伏时鱼行老板把船老大送到港上的商埠住店，然后与商埠奸商勾结，鱼行老板先行垫付船老大开支，奸商蛊惑老大吃喝嫖赌，使其将一年的积蓄花光并略有超支欠债，渔汛期到来时鱼行老板周到款待船老大的同时将欠债账单拿出，船老大因此被迫继续为鱼行做事。参见刘志刚，2007：74。

模只限于满足劳动者个人及其周围人群的当时需要。随着加工保鲜技术的进步，食用海产品的范围越来越广，捕捞生产的规模也就不断扩大了。（张震东、杨金森，1983：237）

在制冰技术产生之前，盐藏是传统社会保存鱼类的最主要手段。"（20 世纪）50 年代前主要靠盐藏。盐藏法是将渔获物冲洗干净，先在船舱底撒上一层盐，然后一层渔获物一层盐均匀摆撒"（烟台市地方史志编纂委员会，1994：1061）。"盐藏鱼类用盐量很大，一般要有渔获物重量 20% 以上的盐，才能达到经久保存的目的。因此，盐的价格高低，直接影响着渔业的发展。"（张震东、杨金森，1983：66）

在中国清代中期之前，没有专门的渔业用盐政策，渔业用盐得不到补贴。结果在盐商和盐税的双重压榨下，渔民无力购盐腌鱼。清末实行渔业用盐管制政策，但目的是征税，结果反而更加加重了渔民的负担。

> 光绪三十一年（1905 年），（广东）省府决定对渔业用盐征税，渔民一律购用官盐，官府发票征饷。渔船分为六等，一等可领盐 9000 斤，二等 7000 斤，三等 4000 斤，四等 500 斤，五等 400 斤，六等 300 斤。1911 年又作了变更，一等船配盐 6000 斤，抽税银 24 两；二等船配盐 5000 斤，抽税银 18 两；三等船配盐 3000 斤，抽税银 12 两；四等船配盐 500 斤，抽税银 10 两；五等船配盐 400 斤，抽税银 8 两；六等船配盐 300 斤，抽税银 6 两。在海上收买鱼进行腌制的渔船称为料船，料船征双饷，名曰双票，以一年为期，期满交纳换票，每年每船可购盐十次。（张震东、杨金森，1983：68）

没有鱼盐，渔民只能在小规模的范围内作业。而由于各种限制条件，鱼盐政策往往成为妨碍海洋渔业发展的重要原因之一。

如 1948 年，余鲲在《中国渔业问题泛论》中详细描述了这个问题。

> 过去我国渔船（指旧渔船），出渔前领购鱼盐，因当局防止渔民以鱼盐冲销，故限制甚严，手续繁杂，令人生畏，先须具保领照及盐折、准单，始由称放局放盐。每次鱼汛归来，均须依次检验登记，常有因稽延过久，误却渔期。或以时间所限，不及补充鱼盐，匆匆赶赴渔场，而致盐不及鱼，咸鱼不咸。至于鱼盐着色掺杂等，本已不合标准，且多以变脚改制，尤足以破坏腌制品之成色。我国盐务当局，向来视渔民如草芥，即此影响于我国渔业（尤其旧式渔业）前途，实深且巨。（转引自张震东、杨金森，1983：68）

鱼盐的使用及相关政策都在很大程度上限制了渔业的发展。但从渔业资源的保护来看，这些限制大大缩小了捕捞规模，是"漏网捕鱼"成为可能的一个重要技术条件。

3.3　"漏网捕鱼"的经济条件

商业渔业未出现之前，渔民捕捞的目的是获取生存所需的食物。那时，人们从海洋中捕获的只是可以用于直接食用的鱼类与贝类，对于这些渔获物渔民既可以留存自己食用，也可以与陆地上的谷物等进行交换。"此时代（未开明时期）之人民，近岛屿者业渔捞，犹在陆地者之事狩猎，盖依其自然之环境而为生者，其渔捞之目的，即仅为满足个人之需要"（李士豪、屈若搴，1937：140）。因此，此时的捕捞是一种环境行为，与其相关的经济因素主要体现在三个方面：①渔业生产组织；②渔获物与谷物等的交换需求；③鱼行的剥削。其中第一个因素是捕捞活动的社会基础，即在生产资料所有制基础上形成的船主与船员的生产关系，第二个因素则是捕捞活动的内在经济驱动力——捕捞的目的，而第三个因素实质是一种阻碍捕捞发展的经济诱因。

3.3.1　船主、船老大与渔民

任何一种具体的社会生产活动，都必须具备三个基本要素：生产者、生产工具和劳动对象。在海洋捕捞活动中，就如前文所论述的，劳动对象——海洋生物资源是开放性的公共资源。因此，在无法确定劳动对象归属的基础上，生产者和生产工具对于捕捞活动及其效率就显得尤为重要了。

就海洋捕捞业而言，渔船和渔网等生产工具的归属和使用问题会决定船主、船长和渔民之间的地位和交换关系，这也是渔获物的分配及其消费关系的基础。据此，传统海洋捕捞业中的生产关系有以下几种[①]。

3.3.1.1　疍民——三位一体

最早以渔为生的专业渔民是疍民。疍民是"终年浮荡海洋、以舟为家、居无定踪、以渔为生的少数民族群体"（欧阳宗书，1998：97）。

与居住在陆地的专业渔民和以渔业为副业的兼业渔民相比，疍民及其生产活动有以下几个特点：①疍民是船主、船长和渔民三位一体关系，即作为水上居民的疍民，其生产工具——疍家艇也是他们的生息之所。"艇"既是一个生产经营单位，又是一个家庭单位（欧阳宗书，1998：101～102）。由此，父亲既是家主也是船主，既是船长也是渔民。②分散作业的经营形式。在生产活动上，"疍民是一家一艇独立生产，操舟打鱼，各行其事，各去各方，自食其力，自给自足；子女长大成亲后，又分艇成家"（欧阳

---

① 新中国成立前的渔业生产组织，大体有以下几种：一是由船主雇用渔民，结合成具有封建性质的生产组织；二是由渔民合股购置船只网具，共同进行捕捞生产；三是纯个体劳动者，他们自备小船和小型渔具，在岸边独立进行生产活动。参见张震东、杨金森，1983：80。

宗书，1998：102）。如此，疍民的生产只是一种简单的生产与再生产的过程，无法形成规模性的渔业生产。③单一的生产形式决定其简单的消费关系。疍民除了捕鱼之外，几乎无其他经济行为。因此，疍民除了将捕获的鱼一部分自己食用外，其余的则是与他人，尤其是与陆地上的人交换而获取其他生活资料，以维持简单的再生产。"各以其所捕海鲜连筐而至。蜑家之所有，则以钱易之，疍人之所有，则以米易。"（转引自欧阳宗书，1998：101）

　　疍民的渔业作业方式及其生活方式显示了这是一种古老而简单的采捕型渔业。在人类海洋捕捞史的大部分时间里，疍民都是以这种渔业模式为主的。尽管很多具体的生产工具随着时间的推移而不断地被产生出来，各种渔业作业方式也在多样化（欧阳宗书，1998：106～108），但是，只要生产资料所有制没有改变，疍民捕捞的原初经济动力——获取食物，就不会发生改变。在经济社会发展的大趋势之下，当疍民向其他角色发生转变时，疍民已经不是"疍民"了，而成为一般意义上的渔民。

　3.3.1.2　一般意义上的渔民：纯个体渔民与合股渔民

　　前文所提到的两种具体的近海作业方式——"赶海采捕"与"家庭渔业"，实质都是人类开发海洋的最初的生产方式。这些渔民与疍民一样，都是以人与自然的关系为主，是个体为了从海洋中获取生存所需食物而采取的活动，而不是为了交换或者追求生存之外的社会需求。交换或者追求其他社会需求都是以人与人的关系为基础的。

　　因此，一般意义上的渔民与最初的自耕农是一样的，都采取自给自足的生产方式。首先，陆地上的纯个体渔民从事的实质上就是"家庭渔业"，这也是船主、船长和渔民三位一体的组织形式。其次，渔民合股购买工具共同进行生产的方式既是因个体渔民的经济困顿所致，也是抵制海洋捕捞的高风险所需。传统的海洋渔村中只要是到深海中进行捕捞，就多采用这种组织方式。为了降低海洋捕捞的高风险，渔村中的渔民家庭非常注重合作。行规就是"父子不同船，兄弟不同船"。这就必然出现这样的状况：A 家的父亲带着 B 家的儿子，而 A 家的儿子随着 B 家的父亲。这种相互换位的方法会促进渔村渔民家庭之间的和谐关系，这是渔民选择共同生产的基础。

在新中国成立之前，这样的个体渔业是占据多数的。但是他们占有少量的生产资料，大多受人雇用而遭受雇主的剥削。

> 建国前，山东沿海（湖）群众渔业以专事捕捞的个体渔民为主，还有部分半渔半农或半渔半副业的季节性渔民。他们主要利用人力和风帆船在沿海和湖泊进行捕捞生产。其经济成分主要有以下几种。[①]
>
> 1. 渔业资本家和船网主占有大量船网工具和资本，自己不劳动，雇用渔民和贫苦渔民，有的也参加劳动，但以剥削收入为其生活的主要来源，约占总渔户的 0.25%。
>
> 2. 富裕渔民（有的叫富渔或小渔业者）占有比较优良的捕捞工具及活动资本。自己参加主要劳动，独立经营，也雇用一些渔民，同其他渔民伙营，除自己劳动分益外，还获得工具的分红，这些富裕渔民经常依靠剥削为其收入来源的一部分，约占总渔户的 5.81%。
>
> 3. 一般渔民占有一些捕捞工具，以自己的工具同其他渔民共租共有渔船，他们生活来源全部或主要靠自己劳动，约占总渔户的 30.5%。
>
> 4. 贫苦渔民只占有少量捕捞工具，以自己少量捕捞工具与别人合作捕鱼，受别人资本、债利和小部分雇佣劳动的剥削，约占总渔户的 53.85%。

---

① 在本书第五章中会提到目前胶东沿海渔村中的村民分化情况，将两者相比较会发现，目前海洋渔业的劳动力经济成分与新中国成立前的情况基本上差不多。笔者认为这是一个很值得思考的现象，因此，在第六章中笔者对此进行了比较分析。

5. 渔民基本不占有生产资料，主要或完全依靠出卖劳动力为生。据 1950 年统计，全省共有渔民 83165 人，约占总渔户的 9.59%。（山东省水产志编纂委员会，1986：32）

从经济发展的角度来看，这两种简单的强生产而弱经营的生产方式必然会被淘汰，取而代之的就是以雇佣关系为基础的封建性质和资本主义性质的生产组织方式。但雇佣关系成为捕捞活动的社会基础之后，海洋捕捞行为反映的主要问题就变成了人与人的关系，人与海洋的关系就成为人与人关系的扩展。

3.3.1.3　渔业雇佣制：船主与渔民的分离

渔业雇佣制是封建社会主要的渔业生产组织形式。这种形式一般表现为：渔船和网具等都是船主或渔商的，渔民是被雇佣的。渔船出海时，一切船上的用品及伙食都由船主或渔商准备，渔民只身上船劳动，根据契约领取工钱（张震东、杨金森，1983：80）。[1]

尽管都是以雇佣关系为基础，但是，这种封建性质的海洋渔业生产方式仍然可以被归于传统的"漏网捕鱼"。在具有封建性质的渔业生产活动中，船主、船长与渔民的关系有两种形式：一是船主自己当船长，雇用其他人等，船主直接参与生产活动；二是船主自己不参与生产活动，而是将生产活动都交给雇用来的船长和渔民。实际生活中以后一种情况居多。尽管两种形式的生产过程因为船主参与与否而略有不同，但从渔获物的分配上看都体现了船主对渔民的剥夺。如江苏省分配制度有两种：一种是船只网具以及其他用品、船员的伙食，都由船主负责，船主得 75% 的渔获物，渔民得 25% 的渔获物；对于渔民的 25% 的渔获物又按不同职务分配。另一种是船主只备船只网具，杂用品和伙食费都由渔

---

[1]　笔者在当前海洋渔村的实地调查中发现，当前渔村改制之后，个人购买渔船、网具等之后成为船主，其生产方式就如封建性质的渔业雇佣制是一样的。但不同的是，现在是一种资本主义的生产方式，因而其对渔业资源的影响也是不同的。详细参见后文中的描述。

民负责，分配办法是船主得 25% 的渔获物，渔民得 75% 的渔获物；渔民的 75% 同样按照不同职务分配（张震东、杨金森，1983：80~96）。

在这种以人与人的关系为主的生产方式中，存在两个有利于保持渔业资源自我更新能力的因素：①渔民消极的生产活动。尽管为了生存，被雇用的渔民会努力地去生产，但是这种外在驱动力远远不能激发他们的劳动激情，他们也就无法很好地改进生产工具、提高生产效率。②船主对渔民的剥削是从渔获物中直接进行的，而不是像资本家那样通过延长劳动时间、提高劳动强度等，同时，很多船主和渔商并没有将剥削所得重新投入到渔业的再生产过程中，因此，渔业规模与开发力度在人类进入现代社会之前，都是很有限的，远远没有超过海洋渔业资源的自我更新能力。胶东行署 1949 年档案《渤海区渔业材料》中记载的渔民生活如下。

> 沿海大部分土地，过去是掌握在封建地主手中，渔民租船建铺，使多数渔民遭受铺主之剥削，加上匪特的扰乱，使渔民存在着比较严重的临时观点，因此渔民在生产季节即大吃大喝，不顾以后，更谈不上修补船只及增加工具。但每到冬春海上不能生产了，家中又无余粮，生活无着，春天又亟须修理船只和增加生产工具准备下海，因而困难很大，只得向铺主求乞取借。这样生产出海产绝大部分去还铺主之偿，造成渔民恐慌，生产情绪不高，一年不如一年地过着饥寒交迫的生活，永远摆脱不了自己的贫困。（山东省水产志编纂委员会，1986：19）

在笔者实地调查的胶东半岛各地，各地方志上的记载都显示，在新中国成立之前，大多数船主都是地主或者渔霸，他们都把海洋渔业资源当作一种自然的公共性资源，因此，他们将剥削之物更多地投入到购买土地等私有归属明确的东西上，很少投入到渔业生产本身以扩大再生产。同时，下文中提到的传统渔业管理政策也在一定程度上限制了他们扩大生产。

3.3.2 鱼与大米的交换

传统捕捞所得的渔获物主要有两个用途：一是渔民自己食用，二是用之与陆地上的谷物等交换。最初的捕捞活动是弥补狩猎和采集的食物匮乏，因而渔获物与采集所得一样只供自己食用。最初的交换源自生存的其他需要，因而是一种物物交换。交换模式的扩大以生产力的提高为基础，但其结果却激发了人们更大的需求，商业渔业随之发展扩大。

"渔猎"之所以并称，源自两者都是为人们提供所需的动物蛋白。但人还需要其他碳水化合物来维持人体的正常运行。传统社会中人们对海洋资源的认识有限，渔获物也多停留在鱼类与贝类等能够直接食用的生物上。因此，以渔为生的渔民就必须用唯一的渔获物来换取其他生活所需品。其中，米、面等谷物就是主要的交换物。

鱼米之间的交换是如此重要，以至于在米谷缺乏的地区和年代，米谷成为渔船走私的重要物品，政府专门以米谷的重量为标准设置了相关的控制措施。清朝乾隆年间，一向缺粮的福建就为此设定："计算米一百石以上，谷两百石以上，照将铁货潜出海洋货卖一百斤以上例，发边卫充军；米一百石以下，谷两百石以下，照超渡关津律杖一百，徒三年；至米不及十石，谷不及二十石，照例制律杖一百，仍枷号一个月示儆。"（道光《厦门志·卷七·关赋略·例禁》，转引自蓝达居，1999：302）

在海岛渔村的实地调查中，笔者了解到一个与此相关的情况。那就是在新中国成立前，因为陆地食物的匮乏，在过年过节的时候，穷苦的渔民都以能吃一顿猪肉为荣。"地主家过年吃猪肉，穷人家吃不起猪肉就只好吃海参、鲍鱼。"笔者刚开始听到这句话时也不明白怎么会与陆地有如此大的不同。正是因为粮食匮乏，所以，在海岛长岛县的居民形成的一日三餐的习惯是：中午以干粮为主，早晚为半稀半干（山东省长岛县志编纂委员会，1990：379）。

时至今日，海洋渔村，尤其是海岛渔村对陆地米谷、蔬菜等谷物的需求仍然很强烈。就如前面关于海洋渔村的描述那样，海洋渔民没有或者只有少量的土地，他们唯一的依靠就是海洋。笔者在海洋渔村的调查中了解到，以前海洋渔民与以种地为生的亲戚相互走访的时候，在礼物馈赠上渔民必以海鲜为主而种地的亲戚则以米面为主。这实质上仍然是一种物物交换。

物物交换必然会约束生产规模的扩大，再加上前面所讲到的海鲜储存之艰难，因此，自给型普通渔民的生产规模与其生存需求是紧密相连的。在笔者的实地调查中，凡是近海的家庭渔业户，其日常生活的主要食物构成中海产品占据绝大部分。在临近城市或海岛旅游地的渔村中，"渔业农家乐"基本上都是近海作业的家庭渔业户，他们吸引顾客的主要手段就是男主人出海捕获的新鲜海货。有的还通过直接让顾客上船体验捕鱼过程来吸引顾客。这些方式实质都是"鱼与大米"交换的现代体现方式。因为渔户与顾客之间的交换仍然以相互的需求满足为目标，而不是以获取利润或扩大再生产为目的。

3.3.3　鱼行与渔民团体

鱼行是专门从事水产品贸易的机构。作为渔民和渔获物消费者之间的联系纽带，鱼行实质是在生产力普遍提高的情况下因为渔获物剩余而成为一种商品的时候出现的。因此，鱼行很快就变成了富人和有权人剥削渔民的重要场所。

> 烟台市鱼行的形成年代无据可考。在初期，多由当地鱼商贩小本经营，待有了固定主顾后，进而发展成经营批发、加工、外运、代办客事以及专门供应渔民所需的渔具、粮食等生产资料，甚至自备渔船兼营捕捞，成为控制渔民生产的渔业资本家或鱼行主。（烟台水产志编纂委员会，1989：241）
> 鱼行为渔民与食货者中间之运转机关，遍布于沿海各渔业口岸，占据渔业上相当重要的地位。其性质，一面为渔业

的仲卖人，管理渔获物的集散工作，一面又常以资金通融于渔民，而取得渔获物之专卖权，以便提取高度利益。（山东省水产志编纂委员会，1986：463）

鱼行剥削渔民的方式主要有两种：一是借贷和控制水产品专卖权，二是征收各种杂费（张震东、杨金森，1983：85～91）。与封建船主的雇佣制不同，鱼行更多的是通过控制资本和贸易来剥削渔民，而很少关注并干预具体的生产过程。尽管渔民因为借贷关系而在渔获物出售等方面没有自主权，但渔民拥有如何生产以及是否扩大生产的权利。然而，以剥削为目的的鱼行通过各种方式损害渔民的利益，甚至如奴隶主般地掌控渔民，其结果却是使渔民因过度受剥削而无力或不愿扩大生产。[①] 与鱼行相反，渔民团体是渔业中以发展渔业为目的而设立的社会组织，如渔帮作为封建社会中比较盛行的组织，其目的是共同抵御海匪，共同救助海难，共同寻找渔场，共同缴纳税金。渔民公所是渔帮的发达形式。但这种自发性的互助组织，常常被地方恶势力把持，成为剥削者的工具。之后，又出现了由政府主持建立的渔会、渔业合作社等。这些有助于渔业发展的组织却因为政治原因、剥削者的阻碍等因素而成为空壳（张震东、杨金森，1983：72～77）。

综上所述，在工业革命和市场经济产生之前，不管是自然性

---

① 鱼行和渔民之间是一种剥削与被剥削的关系。这种剥削关系贯穿渔获物交易的始终。首先，产地的鱼行包揽了收鱼，销地的鱼行派自己的贩鲜船或介绍贩鲜船前往渔场收鱼，因此渔民无力将自己的渔获物运到市场。其次，从鱼行到渔民，整个过程由高利贷者控制。一条贩鲜船出海收鱼需要不少资金，这些钱主要靠鱼行借贷，往往是鱼行向高利贷者借入，再转借给贩鲜船。这样许多利息的负担最后还是转嫁到渔民身上。再次，鱼行直接供给渔民资金，无期无息，但条件是渔民捕获的鱼由鱼行推销。当渔民无力偿还高利贷时，只能接受鱼行的资金，也因此一辈子听任鱼行的摆布，变成鱼行的奴隶。最后，渔民不能自主决定渔获物的价格，由鱼行作价时鱼行仅付少数价款，大部分赊欠，卖掉后再结账，拖欠期长，渔民甚至一直拿不到钱。由此看来，鱼行不仅控制渔民的经济生活，甚至控制渔民的生命。参见山东省水产志编纂委员会，1986：470～472。

的家庭渔业（包括疍民）、合股渔业，还是具有封建性质的雇佣制渔业，其经济动力都是有限的。家庭渔业和合股渔业因为生存所需有限，再加上交换环境的限制，渔民捕捞的经济动力只限于生存的本能所需，渔民没有扩大再生产的欲望。具有封建性质的雇佣制渔业因为船主和渔商的剥削，渔民不仅无力扩大再生产，而且就算有也是以被动的、消极的方式来进行的。就渔业的生产力而言，这两种渔业都不利于渔业的发展，但从保护渔业资源的角度看，这两种渔业都因为经济动力不足而在有限的范围内被开发，因而其对渔业生态系统并没有造成危害。

3.4 "漏网捕鱼"的社会规范

现代意义上的渔业管理（management of fisheries）是在人们意识到渔业资源有限且遭受破坏的情况下才出现的，具体而言是20世纪50年代之后的事情。渔业管理是"信息采集、分析、规划、磋商、决策、资源分配以及立项和实施的总体过程，必要时对管理渔业活动的法律或法规进行执法，从而确保资源的长期生产力和其他渔业目标的实现"（FAO，2002：3）。

在"漏网捕鱼"时代，海洋渔业中也有很多相关的约束机制，但并不是现代意义上的渔业管理政策。不管是明令确定的渔业政策、海洋管理制度，还是约定俗成的渔家行规，其目的都不是限制渔业的发展，而是保疆安民、保护鱼类、避免风险、相互救助等。因此，这些渔业政策规范对渔业的影响可概括为两方面：一方面，通过对渔民行为（如禁海令）的约束而间接地保护了渔业资源，这成为"漏网捕鱼"的一个重要社会条件；另一方面，因为它们具有保护渔业资源的作用而成为未来渔业可持续发展的重要借鉴。

3.4.1 渔业政策

传统社会里，海洋是世界各国的自然边界线。因此，历史上很多海洋管理政策实质上都是以保疆安民为目的的。这些政策因为涉及船舶、入海准许等方面而间接地影响到渔业。在海洋渔业生产力低下、渔业资源丰富和以种植业为主的情况下，历史上大多数海洋渔业政策都是比较宽松的，而且这些渔业政策也都是以相应的认知为基础，它们的实施在一定程度上因为限制渔业发展规模而起到了保护渔业资源的作用。

3.4.1.1 渔业管理政策

为数不多的相关研究显示中国古代的渔业政策具有现代的生态管理意识。夏商周时期，夏禹的治国禁令之一是"春三月，山林不登斧，以成草木之长；夏三月，川泽不入网罟，以成鱼鳖之长"（张震东、杨金森，1983：29）。在《寡人之于国也》中孟子对梁惠王表达的经济主张中就包含了现代意义上的环保思想："不违农时，谷不可胜食也；数罟不入洿池，鱼鳖不可胜食也；斧斤以时入山林，材木不可胜用也。谷与鱼鳖不可胜食，材木不可胜用，是使民养生丧死无憾也"。这些政策和思想都是以遵循动植物的生长规律为基础的。

之后，也出现了通过控制捕捞工具和捕捞活动来保护渔业资源的政策。春秋时期，《管子·八观篇》中则有关于齐国保护渔业资源的文字："江海虽广，池泽虽博，鱼鳖虽多，网罟必有正。船网不可一裁而成也。非私草木爱鱼鳖也，恶废民于生谷也。"① 《周礼》中也记载了渔官制度，该官员的职权很大，凡捕鱼地点、时间、次数、

---

① 这段话的意思是：江河湖海的面积虽然很大，鱼类资源虽然很多，但它们都不是无限的。对于不同的捕捞对象，要用不同的渔船和网具。这样做，不是偏爱草木鱼鳖，而是为了子孙后代的长远生计。参见张震东、杨金森，1983：29。这段话的意思至少体现了当前两个关于人与环境关系的重要思想：一是人类中心主义；二是可持续发展。到目前为止，所有的所谓可持续发展的渔业管理实质上都没有脱离这个思想，甚至连限制渔船数量和控制网眼大小的做法也被沿袭了下来。从这一点看，今人不得不佩服古人的智慧。当然，现在最重要的问题是：如果这种思想被很好地继承实践了，人类社会也就不会出现当前的环境危机，那么，为什么没有被继承和实践呢？

鱼产贡品，以及资源保护等，无不在其管辖之下。"凡取鱼者，所有政令渔人掌之，以其知取鱼时节及处所也"，"渔者受政令于渔人，禀命而行，则无数罟竭泽之害。"（张震东、杨金森，1983：29~30）

但自秦汉之后，中国就一直是以种植业为主的农业大国，渔业隶属于农业。从已有的相关研究结果来看，从秦汉至明清的一段历史中，由于历代统治者不重视渔业，因而与海洋渔业相关的政令不多，没有系统、固定的渔业管理制度，相关的文献记载也很少，哪怕是在中国封建社会发展最高峰时的唐朝。但海洋渔业本身在这段时间实际上是有发展的。渤黄海区域的渔业发展史研究就证明了这一点。

纵观先秦以后本区海洋渔业的发展，人类对海洋生物资源的利用早已由被动转向主动，从早期采拾贝类为主逐渐过渡到近海捕捞，从以前单纯地利用海洋生物的食用价值发展到对其医药价值的认识和利用。另外，渔业发展的进步还表现为对鱼类知识体系的不断完善、鱼产品加工方法的多样化以及渔业规模的扩大等方面。这些事实证明了 13 世纪末以前本区海洋渔业一直处于发展当中，正是这种进步为其在 13 世纪末以后步入海洋渔业的高峰期奠定了基础。（杨强，2005：116~117）

从海洋渔业发展的事实来看，从秦汉至明清的这段历史中没有关于渔业管理文献的记载，这表明当时海洋渔业的发展是比较自由的，尽管不受当权者的重视。

3.4.1.2　与渔业发展相关的海洋管理

中国明清时代海洋渔业达到了传统社会的高峰期，同样，有关渔业发展的各种政令法规也变得极为严厉。这些政令法规大多数是以海防为目的的，尤其是著名的"海禁"，因而这些政令实质是将海洋作为国家边防线而进行控制管理的。

杨强（2005：118～148）在《北洋之利：古代渤黄海区域的海洋经济》一书中从三个方面考证了明清时期海洋渔业在渤黄海区域的高度发展状况：①捕鱼范围扩大，包括种类的增加和区域的扩大；②渔具与渔船的改进与增加；③海产品的加工与销售，作为传统的主要加工方法，干制、腌制和制酱在明清时代规模更大，技术也更趋成熟。

渔业的这种发展并没有引起统治者对渔业经济的重视。与国家海洋安全相比，明清统治者将之视为蝇头小利。雍正皇帝在1724年两广总督等人请求宽限渔船"梁头"以便渔民能在更广阔的海洋空间作业的奏议上朱批："禁海宜严，余无多策，尔等封疆大吏不可因眼前小利而遗他日之害，当依此实力奉行。"（欧阳宗书，1998：121）在《海上人家》一书中，作者从渔船管理、渔村的户籍管理、海岛渔政管理三个方面概括了明清时期海禁政策中的渔政管理，涉及渔业发展以及和渔民生活相关的渔船、渔村、海岛（欧阳宗书，1998：120～157）。

从渔业发展来说，明清时代的海禁政策显然具有阻碍作用。但换一个角度来看，这些政策也起到了保护渔业资源、维持渔业持续发展的作用。正如欧阳宗书所言：

> 必须指出的是，明清时代的渔禁与我们现代渔业保护科学意义上的禁渔期、禁渔区、禁渔线和保护区规定等禁渔是不同性质的，它纯粹是一种保护海洋安全的政治行为。但由于它限制了渔船的发展规模，又禁民私自出海和出远海，规定渔民在非鱼汛期只能在近海作业，使重要渔场处于休渔状态，鱼汛期才能带动重要渔场作业，所以在客观上就起到了现代意义的禁渔作用。（欧阳宗书，1998：16）

明清时代的政治行为之所以比现在专门的渔业政策更有效地保护了渔业资源，笔者认为原因有二：其一，在明清的封建王朝时代，政治是高于一切的力量，因此，政治行为可以影响到社会上其他所有行为，包括人们的经济行为；其二，现在的渔业政策多是基于经济发展的需求，因而对于过度捕捞等经济行为所实施的政策实质上是"头疼医头、脚疼医脚"的做法。在经济利益分配上，任何理性的博弈都会导致个人选择对自己有益而对整体有害的行为，唯有政治权力能够杜绝这种选择。但在现代民主社会里，人们普遍反对这种做法。人们更愿意在平等、民主的指导下进行博弈，寻求人与人之间关系的和谐，但把"人与自然的关系"这个造成冲突的基础给抛弃了。

3.4.2　渔家行规

除了相关政令会影响渔民的捕捞活动之外，由渔民实践经验所积累起来的各种行业规范也是重要的约束因素。对于渔家行规的内容并没有明文规定，这是人们根据海上生产的艰难及其风险世代传承的。正是这种自发性的约定俗成，在实际生活中有力地规范着渔家的生产、生活。笔者在荣成的实地调查中了解到，现在有很多行规仍然在渔船上被很严格地遵循，但也有很多规定因为条件的改变而发生了变化。笔者下面结合胶东沿海地区的渔家行规，对此行规的约束作用予以明晰。

3.4.2.1　以抵御风险为目的的行规

海洋渔业是一个高风险的行业。为抵御这种风险，渔民通过实践积累了许多行规来应对（刘志刚，2007：76～77）。

（1）父子不同船，兄弟不同船。在木帆船及其以前的时代，渔船抗风暴的能力很差。在渔村中出海的男性劳动力是家庭的主要支柱，妇女一般没有具体的、固定的生计来源。为了支撑一个家庭，"家庭男性成员不得在同一条船上工作"，这条行规在渔家生活中首先被固定下来。之后发展成父子兄弟都不得在同一条船上，以避免发生海难时男性劳动力全部遇难。

（2）登船不酒。上船出海的渔民都是豪饮之辈。这点笔者在实地调查过程中深有体会。渔民喝酒只在收网上岸之后。他们喝酒的目的：一是忘忧、压惊，即忘却出海的忧虑、压住由刚刚体验过的危险所带来的不安；二是解乏，喝多了既可以放松紧绷的神经，又能马上入睡。一旦船老大通知要上船出海，就没有人再喝酒，也没有一个人带着酒意上船。无论在海上作业多少天，船员们都不能喝酒，因为喝酒之后，行动就会迟缓，往往会因一人如此而致整船人遇难。

（3）把绳人选。在工具不够先进的年代，海上作业最危险的当属潜水作业，即荣成俗语所称的"当猛子"。在没有电话或对讲机联络的年代，在潜水员左手腕上系一条细绳，其和甲板上那位把绳的，通过原先约定的信号，如扯一下表示什么，扯两下表示什么，来实现水下与水上的联络；然后把绳的向压气和摇橹的人传达，并发出指令。显然，把绳的人掌握着潜水者的生命。因此，对把绳人的选择十分严格，不仅要征得潜水者的同意，而且必须征得船主的认可。例如，如果潜水者要用自己的兄弟把绳，船主就会予以否定。因为父子、兄弟间有时会存在利害冲突，如父嫌子不孝，兄弟或因家产分配或因家庭矛盾，而有加害潜水者的可能。在这关系生死的选择中，郎舅关系或甥舅关系成为唯一的可靠关系。因为他们一般与潜水者没有利害冲突，潜水者还有使自己亲戚幸福的责任。他们把绳时兢兢业业，不敢有丝毫疏忽。因为如果他们一旦疏忽，很可能就导致自己姐妹丧夫、失子等悲剧的发生，这是他们绝对不愿看到的。

（4）对船老大的绝对服从。渔民只要不出海，船老大和船员之间，并没有多大区别。船员可以反驳船老大的话，特别是那些辈分高的，如叔叔大爷们甚至可以斥责船老大。可一旦出了海，船老大就具有绝对权威，船员们必须服从，丝毫不能打折扣。特别是遇到风浪天，绝对把分散的意见集中统一在船老大一人的意志之下，这样全体船员才能步调一致，动作协调，战胜困难。

这些行规虽然都是针对人而言的，但对捕捞活动具有客观影响。如上述第一条行规在很大程度上限制了家庭渔业规模的扩大，最后一条行规在突出船老大的作用同时也将生产水平与船老大的个人经验紧密相连。

3.4.2.2 与保护资源有关的行规

渔民的认知和行为习惯对于保护渔业资源具有重要的作用（Haggan, Neis and Baird, 2007）。在中国，这些认知和行为习惯都表现为特定的行规。尽管这些行规本来的目的并不是保护渔业资源，但其客观的结果具有这个功能。

（1）不离圈。为避免来自未知海域的风险威胁，传统的荣成渔民从不离开自己熟悉的海域进行作业。"老虎怕离山，艄手怕离圈。"离开自己熟悉的海域，再有能耐的船老大也会一筹莫展。所以，不离圈成为渔民采取的安全防护措施之一。很显然，这种措施限制了渔民的作业范围。

（2）限定作业时间，做到防患于未然。渔民出海行网，最多不超过四个小时，就是在这短短四个小时，也要把锅、灶、淡水、烧柴和干粮带足，却又不在船上做饭。而是行网拢岸后，再搬到陆地上做。这是从救生出发的一种自我保护。

（3）限定出海季节和拒绝滥捕幼苗。渔民传统中形成的许多习惯是避免竭泽而渔。如在夏季，鱼卵孵化、鱼苗成长时，他们绝不出海，即"春捞秋捕，夏养冬斗"。夏季主要是"养"，既要保养船网工具，又要养大鱼苗，形成较长时间的休渔期。拣扇贝时，绝不拣小扇贝，不拣扇贝苗。拣扇贝的标准是每斤干贝必须在85粒以下。拣参不得拣仔参，如果误拣仔参，发现后顺手丢进海里，即使已经扣开，也要放回海里，因为海参能自己愈合伤口，继续生长。

从约束的结果来看，很多行规实质上具有保护渔业资源的作用。这种保护作用主要是通过两个方面实现的：①限制了人数规模。抵御风险的各项行规在一定程度上限制了人数规模，如在一个渔村家庭中父子兄弟不同船，就必然要求不同的父子兄弟进行组合，而一个渔村的人口数是相当有限的；再如"对船老大的绝对服从"也要求上船人数不能超过一定的界限，否则船老大一个人就很难做到使所有人绝对服从。②限定了捕捞范围。如"不离圈"就直接限定了捕捞的海域范围；为自我保护而规定的作业时间同样限定了捕捞范围，因为在四个小时的时间里，渔船航行的距离不会太远。

因此，从客观结果来看，基于渔民心理认同基础之上的渔家行规是"漏网捕鱼"的一个重要的社会规范条件。在渔民具体的捕捞活动过程中，这种机制大多数的时候比政令等正式的社会规范更有效地约束了渔民的行为选择。

3.5　"漏网捕鱼"的文化禁忌

在第二章第二节关于海洋文化的文献综述中，笔者提到广义的海洋文化几乎囊括了人类一切与海洋有关的物质和精神的活动及其成果。如"海洋文化是人类社会源于海洋的精神活动、制度行为和物质生活创造的总和，是海洋文明的具体体现"（曲金良，2009：4）。这类定义只有在宏观层面讨论学科意识或者海洋文化本身时才有意义。在具体的研究中，笔者更倾向于微观层次的内容，即与海洋捕捞相关的宗教习俗、祭祀仪式等。这些信仰与仪式等多是以文化禁忌的面目出现的，但在实际生活中，却是海洋渔民做出捕捞行为的心理依据，是渔民社会群体认同的基础，也是渔民个体心理自我认同的基础。

3.5.1　海神的作用

在当今科学主义占主流的背景下，神灵被视为人类在认识和改造自然的过程中因认识能力和思维水平低下而产生的。这些代表着愚昧和落后的文化应该受到批判和抛弃。但是，在人类科技高度发达的今天，神灵仍然存在于人们的生活中，并且对人们的行为和精神仍然发挥着重要的影响作用。这个事实表明，神灵及其信仰作为一种文化存在，与科学相比，或许更能体现人与自然关系的本质，也更能平衡人与自然的关系。

与其他所有的神灵信仰产生的原因一样，海神信仰也是人类在与海洋接触的过程中因为好奇的本性、认识的发展、活动的需求而产生的。海神信仰也同样随着人类开发海洋的脚步而嬗变，从这个嬗变的过程中我们更能清晰地看到海神信仰对渔民行为的影响。

在笔者所能找到的文献资料中，唯有王荣国的《海洋神灵》（2003）一书详尽地探讨了中国海神信仰的嬗变过程，以及它对社会经济的影响。下面笔者将在该书的基础上，简要地介绍一下海神信仰及其影响。

3.5.1.1　海洋神灵及其信仰体系

神话是人类文化最初的体现形式。海洋神话就是人类最初探索海洋时留下的文化，它随着人类对海洋广泛的接触而不断丰富。它既是海神信仰的源头，又是具体的海神诞生的基础。

在《海洋神灵》的第二章中，作者通过归纳与整理，确立了一个海洋神灵结构谱系。首先，王荣国认为，"所谓海神，是指人类在向海洋发展与开拓、利用的过程中对异己力量的崇拜，也就是对超自然与超社会力量的崇拜"（王荣国，2003：28）。在这个定义的基础上，作者描述了一个比较完整的中国海洋神灵结构谱系，如表 3 - 1 所示。

表 3 - 1　中国海洋神灵结构谱系

海神类别	神灵代表	神灵的人神化
海洋水体本位神	四海之神、潮神、港神、鱼神（鲸鱼、鲨鱼、白海豚）、海龟、海鳖	四海龙王——四海之神的人神化 伍子胥——潮神的化身 黄华大王——港神的化身
航海保护神	船神、观音、妈祖、千里眼、顺风耳、晏公、水仙王（五位水神的统称）、临水夫人、伏波将军、秦始皇、108 兄弟神	林默（林默娘）——妈祖的化身 戊仔——晏公的化身 陈靖姑——临水夫人的化身

续表

海神类别	神灵代表	神灵的人神化
渔业专业神	渔师爷（渔师菩萨）、楚太、长年公、网神	船老大——渔师爷、楚太的化身 阿六——长年的化身 海瑞、伏羲——网神的化身
镇海神与引航神	蟾蜍、南海圣王、笼裤菩萨、华山娘娘、礁神、胜山娘娘	一位老人——笼裤菩萨的化身 一位老婆婆——胜山娘娘的化身

注：本表是笔者依据该书的资料整理而成的。

资料来源：王荣国：《海洋神灵：中国海神信仰与社会经济》，江西高校出版社，2003，第29~61页。

不同的海洋神灵是不同信仰需求的载体。海洋水体本位神满足了人类认识和崇拜海洋的需求。航海保护神、引航神和镇海神满足了渔民避免风险、渴望安全的心理需求。专业神则满足了渔民祈求劳动丰收的心理期望。

3.5.1.2 海洋神灵对海洋渔业的影响

作为人类历史上最先走向海洋的人群，海洋渔民的海洋捕捞与海神信仰有着广泛的联系。很多神灵及其信仰成为规范渔民捕捞活动的直接因素。

（1）专业神及其信仰是海洋捕捞作业的直接依据。渔师爷、楚太等海洋渔业的专业神都是船老大的化身。实际生活中船老大是渔业作业丰收、安全防护的权威，因此，神化了的船老大就成为渔民实际捕捞作业的依据。

> 渔民认为，凡是望见远处云雾之中隐隐约约有船只，就是楚太出坛显灵，必然太平无事，还能多取鱼。如果在某一海区捕鱼，开始望见有隐约的船只在移动，后来船影逐渐消失，表明楚太移动了地方，意在告诉渔民本渔区鱼少或有风险，应立即起锚到别的海区捕捞。（刘兆元，1991，转引自王荣国，2003：54）

（2）渔业生产过程中的海神信仰。传统社会中海神信仰几乎贯穿海洋渔业生产的整个过程，在每个阶段都成为渔民行为选择的重要依据。

首先，出海前的信仰活动，包括两个方面：①鱼汛期的首航日子由渔民到海神庙中占卜确定，渔民在正式出海前要祭祀海神；②下海捕鱼前的其他事务也多交由神明决定，如船老大的人选通常是到海神庙"卜筊"由神明决定。③是否该下网捕鱼也多由神灵信仰所定，如东南远海的渔民在捕鱼前焚香祷祝以祈求神明保佑能获鱼且多获鱼；辽东湾的渔民追踪鱼群主要靠成为"元神"的海龟"领航"（王荣国，2003：96~112）。

其次，捕捞过程中的信仰活动。在捕捞过程中出现不如意之事，渔民们会立即举行祭祀仪式进行补救，并且认为对一些海洋水体本位神的崇拜直接保护了该种鱼类。如山东沿海渔民视为"赶鱼郎""财神""赵公元帅""老爷子"的鲸鱼（郭洋溪，1989，转引自王荣国，2003：106~107），厦门港渔民称为"妈祖鱼"的中华白海豚就属于此类（福建省水产学会福建渔业史编委会，1988：452）。

最后，捕捞结束后的信仰活动。鱼汛期结束后渔民要举行大规模的祭海仪式，俗称"谢洋"或"谢龙王"。这种祭祀一是为了感谢这些海神的帮助，二是为了下次出海捕捞时能够继续获得这些海神的保佑。

不可否认，渔民的海神信仰带有强烈的功利性，"其目的归结到一点就是平安捕鱼、多捕鱼、捕好鱼"（王荣国，2003：119）。但是，这种信仰从客观上极大地约束了渔民的行为选择，避免了渔民肆意的捕捞行为，从而起到了保护渔业资源的作用。

3.5.2 渔村祭祀与渔家禁忌

除了疍民，传统社会中的渔民都生活在海洋渔村中。作为渔民生活的聚居群落，渔村是举行各种祭祀仪式的重要场所。高风险的海洋捕捞业，非常讲究团结。因为只有整条船上的人抱成团，才能在船老大的指挥下统一步调、积聚力量共抗风险。这种团结意识很大一部分是在渔民日常生活的村落活动中形成的。因此，渔村及其文化活动对于渔民生产和生活同样影响深远。

3.5.2.1 渔村祭祀

整个渔村的祭祀活动基本是制度化的，这源于民间约定俗成的相对固定的祭祀日期与祭祀仪式（王荣国，2003：113）。渔村祭祀需要两个必不可少的条件[①]：①固定的祭祀场所。这个场所一般就是建立在村庄附近的海神庙。一般情况下，传统社会里基本上所有的渔村都会集资建自己信奉的海神庙。②权威的组织者。尽管祭祀活动"有着约定俗成自然而然形成的一套规矩，具有无形的导向性与规范性"（王荣国，2003：114），但是没有权威的组织者，这种大型活动是很难进行下去的。渔会就是最主要的组织者。

渔业作业组作为一个"特殊的海上社会"，因其成员有着相同的命运和一致的利益，他们产生了共同的祭祀活动。作为直接的行动者，渔业作业组的祭祀活动更注重实际，不管是出海前的祈求、捕捞中的占卜还是返航后的酬谢，保护身家性命和希冀渔业丰收就成为他们举行各种祭祀活动的两个主要目的（王荣国，2003：115~116）。

渔村或渔业作业组祭祀活动的最大的功能就在于增强了渔民之间的凝聚力，是渔民获得群体归属感的主要途径，也是渔民产生自我认同的主要途径。

渔村的祭神活动基本上是举家参与的。渔家是参与渔民

[①] 笔者在牛庄的调查中了解到，该村现在已经很少举行祭祀活动了。因为没有人来组织，而海神庙（龙王庙）在"破四旧"时被拆除后就再也没有重建过。而笔者在有祭祀活动的潍坊羊口镇的调查中得知，祭祀活动更多的是一种民俗文化的展示，以繁荣当地的旅游为目的，早已失去了其原初的意义。

村落祭祀的最小单位。这种以家为单位参与渔民村落的祭神仪式，不仅增强了渔村中渔家与渔家之间的凝聚力，而且也增强了渔民各个个体之间的凝聚力，从而增添了彼此征服海洋的信心与力量，海上渔业生产需要协作精神。渔村群体性祭祀的举行，就某种意义来说，它本身就是海上渔业生产群体协作精神的体现。这种群体性的祭祀活动的举行反过来进一步培养了群体合作精神。（王荣国，2003：119）

3.5.2.2 渔家禁忌

禁忌（taboo）是指人们对神圣的、不洁的、危险的事物所形成的某种禁制。危险和具有惩罚作用是禁忌的两个主要特征。大多数禁忌是人们出于自身的功利目的而在心理上、言行上采取的自卫措施。禁忌的内容多是从鬼神崇拜中产生的。在古代社会生活中禁忌具有法律一样的规范与制约作用。

作为一个高风险的行业，渔家产生了很多的生活禁忌。笔者实地调查的胶东之地，自古就享渔盐之利，渔家禁忌自然也就很平常。胶东渔民的民间禁忌大致可分为两种：一是语言禁忌，语言禁忌多是因为汉语的谐音而产生的。如帆船是渔民必备的生产工具，常年奔波于海上的渔民，最忌讳说"翻"字。因"帆"与"翻"同音，故"帆船"一律改称为"风船"。二是行为禁忌，如在风船上吃饭，吃完饭，只需将碗、筷往甲板上随手一撂即可，绝不可将筷子横放在碗上，更不能将碗倒扣，此乃船家大忌（连永升，2009；山东省长岛县志编纂委员会，1990：385）。

信仰、行规、习俗都是文化禁忌，它们或以恐惧或以惩罚或以愿望的形式在规范和约束着渔民的行为选择。在这些规范和约束之下，渔民不敢对海洋、渔业资源做出肆无忌惮的行为。这些文化禁忌是"漏网捕鱼"成为可能的社会文化条件。

科学的发展摧毁了神灵信仰、渔家行规、祭祀禁忌，也消除了其产生的所有功能。尽管现在出海渔民仍在遵守一些基本的信仰、行规和禁忌，但它们在影响渔民行为选择上的作用已经弱化了。人们已经认识到神灵是一种虚幻的存在，禁忌是一种心理的自我安慰，在科学的指引下，渔民们更愿意相信工具和自我的力量。

小结：在技术与文化之间

有限的技术是传统社会"漏网捕鱼"成为可能的一个必要条件。传统社会中技术未能得到发展或发展缓慢有两个根本原因：社会较小的生存压力和人的本能生活需求。技术只是人类用于认识自然和改造自然的一种手段，因而技术的发展和应用离不开社会的压力和人的需求。人口增长是社会压力提升的一个充分条件，如果人的需求和价值观没有发生改变，那么人口增长并不能成为社会压力提升的充分必要条件。中国传统封建社会里技术发展缓慢、社会结构稳固的一个重要原因就是人口增长所带来的压力被"分家"、皇朝更迭等社会机制消解。人的生活需求在这种循环中始终没有扩大。如果"老婆、孩子、热炕头"外加"十亩地一头牛"是大多数人的人生追求的话，那么技术是不可能得到发展的。这也是中国海洋渔业在两千多年的封建社会里一直没有得到重视的原因。很多人把这个原因归结为中国文化中的保守观念和地理特征，实质上是中国人没有向海洋拓展生存空间的需求。这也是郑和下西洋没有变成"地理大发现"的原因所在。

中国一直以农业大国自称，这表明中国的经济是以自给自足的小农经济为主的，这是一种自然经济。鱼与大米的交换展示了这种自然经济的保守性。而地主或渔商的雇佣制所内含的非理性剥削，不仅维护了自然经济的保守性，而且也压制了人们拓展生存空间的需求。同时，为实现某种政治目的的暴力控制和对传统规范的自我认同，使得人们的实践活动不是为了拓展新的空间，而是为了满足基本需求，因而人们也就不需要依靠技术的发展，而仅继承经验即可。

在传统社会里，人们的这种不追求技术发展的继承式行为选择不仅得到了经济和政治的支持，而且以信仰的内在约束和仪式的意义表达为内容的文化禁忌给予了人们一个合理的解释。如果技术是人存在的一种外在展现，那么，文化就是人存在的一种内在表达。在它们之间就是具有社会意义的经济手段和政治引导，这两者是连接技术与文化的桥梁，也即把人的内在需求转化成外在实践的中介。这种中介力量，与人的内在需求和外在实践存在一定关系：原始社会中经济和政治的力量最弱，所以，原始人的内在需求和外在实践基本上是重合的；随着经济驱动和政治引导力量的增强，也就是随着社会力量的日益壮大，人的内在需求和外在实践之间的差距也越来越大，所以，现代社会中的人总是发现自己得到的并不是自己想得到的。

第四章　现代海洋捕捞方式及其
社会条件

　　按照科学的观点，没有什么东西是确定的，也没有什么
东西能够被证明，尽管科学一直尽力地在提供我们所渴求的
关于这个世界的最可靠的信息。在不容怀疑的科学的心脏地
带，现代性自由地漂移着。

——安东尼·吉登斯

　　始于 18 世纪中期的工业革命（the Industrial Revolution）的
核心是科学技术的应用，其具体表现是机器的应用。作为一个中
介，人造的机器割裂了人与自然之间的关系，也割裂了传统与现
代。"造成目前破坏（指自然环境的破坏——笔者注）的最深层
原因在于某种意识模式，这种模式确立了人与其他存在形式之间
的彻底断裂，把所有权利都赠予人类自己，其他非人类存在形式
没有权利，其现实和价值仅仅与人类对它们的使用相关联"（托
马斯·贝里，2005：4）。这就是"现代"实践活动的逻辑。它
区别于"传统"的地方就在于人把自己放到了自然的对立面，
认为自己凭借发明创造的工具就能征服自然。但结果是不仅把自
己放进了工具所制造的牢笼，而且也毁坏了自己生存所依赖的
基础。

4.1 "一网打尽"及其方式

4.1.1 "一网打尽"及其特征

20 世纪中期，也就是工业化捕鱼的全球化之前，我们主要的焦虑不是鱼存量的状态，而是我们不确定能长期地从海洋中捕获多少鱼（Longhurst，2010：155）。但是，不到 20 年的时间，渔业管理就成为焦点，以应对全球范围内的渔业资源压力（Coull，1993：144）。20 世纪 90 年代末期，有明显的证据表明海洋渔业的世界总捕获量（如 FAO 的报告）已经开始下降（Clark，2006：1）。尽管全球性海洋渔业危机到 20 世纪末期才真正爆发，但究其根源，却要追溯到两百多年前的工业革命。

工业革命带给整个人类社会最大的影响就在于机器生产取代手工生产而成为人类改造自然的主要形式。学术界把这个现象称为"现代化"。尽管对于"现代化"的含义在学术界有多种说法，但不管从哪个角度进行定义，有一点是达成共识的，那就是工业革命是现代化的根本推动力。"工业主义的影响，并非简单地仅仅局限于生产的范围，而且也影响到日常生活的方方面面，影响到人类与物质环境互动的一般特性"（安东尼·吉登斯，2000：67）。这种"一般特性"，在传统社会体现为人类与物质环境之间的直接互动，在现代社会体现为以机器为中介的间接互动。当文化意识和制度框架将这种特性固化之后，自然就彻底沦为人利用的对象。

在海洋渔业中，人与其他生命形式之间的"断裂"表现为渔民与鱼之间的分裂。曾经浩瀚无际、波涛汹涌的大海臣服在巨大的机动铁皮船下；成群结队的鱼群，无论是巨大的鲸鱼还是微小的虾米，都在钢丝般的尼龙网中颤抖。人们不再敬畏和感激给予自身生命之源的海洋及其生物，永无止境的欲望促使渔民进行残酷无情的捕杀，直至无可捕之物。这就是竭泽而渔最初的、最根本的推动力，社会其他领域的支持条件维护并强化着这种推动力。

不管是世界范围内的统计数据，还是区域性的个案考察，都显示海洋渔业资源正在这种作业方式下走向枯竭（参见第一章1.1.1.1、1.1.1.2）。与其他所有的环境危机一样，海洋渔业资源枯竭的根源是人类的不当行为。"海洋生物的生存受到了多方面的威胁，而大多数都是直接来自人类的活动"（帕姆·沃克伊莱恩·伍德，2006：64）。人类这种不当的环境行为就是现代社会海洋渔业所采用的"一网打尽"的灭绝式捕捞方式。

所谓"一网打尽"，是指海洋渔民在现代科技和市场化的指引下利用高效的机械工具无限制、无选择地采捕海洋渔业资源的生产活动。与"漏网捕鱼"一样，技术同样是"一网打尽"成为可能的必要条件，是现实中渔民行为选择的前提条件。只不过这种条件在工业化、市场化等因素的共同作用下对个体具有更大的强制力。

作为同一类型的环境行为，与"漏网捕鱼"相比，对于"一网打尽"也可以通过三个特征加以把握。

（1）这是一种无范围限制的全球性捕捞活动。以动力机为动力的大型渔船可以将人带到世界海洋中的任何一个角落。雷达可以让渔民在浩瀚无际的大洋中，即使在阴雨天气也能准确地辨识方向。当前先进的卫星导航系统不仅仅具有辨别方向、确保安全的功能，还具有多项服务功能。"北斗卫星导航系统在渔业领域的应用，渔民可获得天气、海浪、赤潮、鱼汛、渔市价格等增值信息，并迅速发布渔获物的信息，提高生产效率，降低交易风险，增加渔民收入。"（胡刚等，2010：62）

（2）这是一种无时间限制的全年候捕捞活动。强大的动力能够将渔民带到任何海域，而具有强大抗风抗暴能力的铁皮船（钢壳船）可以让渔民在恶劣的条件下进行作业。渔民不再是在某个区域等候鱼汛期的到来，而是在全球范围内追赶着鱼群，就像人们赶集一样，哪里有鱼汛就奔向哪里。

（3）这是一种只有欲望激励而无有效约束的肆意性捕捞活动。工业化为满足人类不断提升的欲望提供了可能，而市场经济使这种欲求得到了满足，并且是只有激励而没有约束的满足，体现在海洋捕捞业上，就是大功率的机动渔船、细密而坚固的渔网、先进的探鱼仪等为人类捕捞最多的鱼、最大的鱼以及在最深的海域中作业提供了可能。渔业市场以价格为工具不断地激励着人们去实现这种可能。而在对捕捞行为的约束上，传统的信仰和习俗在科学主义的冲击下成为表面的艺术文化，取而代之的法规公约在实践中却往往是一纸空文。同时，市场使渔民在生产活动中更愿意相信自己，也更在意自己，海洋中所有的资源都是被利用的对象，这就是市场对人的影响。"将劳动与生活中的其他活动相分离，使之受市场规律支配，这就意味着毁灭生存的一切有机形式，并代之以一种不同类型的组织，即原子主义的和个体主义的组织。"（卡尔·波兰尼，2007：172）

4.1.2　"一网打尽"的主要体现方式

作为一种生产活动，与传统捕捞方式的"漏网捕鱼"相比，除了少数依靠高科技产生的捕捞作业方式，如无网捕捞，"一网打尽"的大部分作业活动都沿袭了传统的方式。在具体的实践作业上，两种相同的捕捞方式的差别只在于后者的规模更大、捕捞能力更强而已。但是，"一网打尽"之所以是一种灭绝式的捕捞方式，除了规模更大、力度更强外，主要还是因为它体现了人们在人与渔业资源之间的关系上选择了以人为中心的行为方式，这种方式完全忽视了渔业生态系统。

4.1.2.1　远洋捕捞——以拖网作业为主的捕捞活动

尽管小型渔业在世界范围内仍然占据着主导地位，但是远洋捕捞在总产量中所占的比重正在加剧提高。这可以从两个方面来证实：①小型捕捞船的数量。2004年年底世界捕捞船队包含约400万个船舶，其中130万艘为不同类型、吨位和功率的有甲板船舶，270万艘为无甲板（敞舱）船舶。事实上所有带甲板的船舶为机动船，只有约1/3的无甲板船舶为机动船，一般有舷外发动机。余下的2/3为由帆和桨（橹）推进的不同类型的传统小船（FAO，2006：6）。②公海渔业的增长趋势。公海渔业是指在世界各国的专属经济区以外进行的捕捞活动，一般从沿岸起200海里以外。因此，对一个沿海国家来说，公海渔业都是远洋渔业。在公海捕捞的鱼类为大洋性种类。从1976年到2000年大洋性种类的捕捞产量增加了约2倍，从300万吨增加到850万吨（FAO，2002：13）。

　　与积累了数千年的、丰富多样的近海捕捞作业方式相比，远洋捕捞的作业方式要少得多，其作业方法也简便得多、有效得多。在所有的渔法中，拖网渔业是世界各国渔船动力化之后捕捞业中最普遍、最主要的作业方式①，"这是因为：①世界海洋大陆架面积极广，底层鱼类资源丰富，群体较大而又特别集中，最有利于海底拖网生产；②拖网生产几乎没有季节限制，可以常年作业；③拖网生产比其他渔业生产操作技术简便，在渔场上可以纵横拖曳运用自如，不受海况影响；④拖网生产比其他渔业生产更需要动力，不但渔船本身需要强大拖力，还要求网具具备足够的卷扬力。"（张震东、杨金森，1983：172）

　　这四个原因其实也是导致现代拖网渔业成为一种灭绝式捕捞方式的最好体现：没有季节性限制，没有地理性障碍，在强大动力的带动下"纵横拖曳运行自如"，将"特别集中"的鱼类一网打尽（见图4-1"双船拖网作业简图"）。

---

① 拖网渔业主要有船拖网和地曳网两种，其中船拖网中又有双船拖网和单船拖网之别。参见张震东、杨金森，1983：146。笔者在实地调查中了解到，现在远洋捕捞中单船拖网的比较少，近海捕捞中单船拖网的比较多。双船拖网是当前远洋捕捞中的主要作业方式，至少在笔者调查的胶东半岛如此。笔者在实地调查的渔港中看到的大型捕捞船全部是成双成对的，而且两条船的功率也是一样大的，尽管两条船之间也有头船和二船之分。

图 4 - 1   双船拖网作业简图

　　注：在大陆架的海域内一般都采用底拖网，即渔网是沿着海底进行拖曳的，这对海底物理环境破坏较大，目前在近海浅海处一般都禁止拖网作业。在水深的大洋中，入网水深可分为上中下三层，一般上层在 20 米之内，中层在 20 ~ 100 米，下层在 100 米以下（这是笔者在实地调查中得到的数据，不一定科学）。当前大多数远洋拖网都在中层。当然，选择在哪一层作业也与要捕获的鱼类习性相关。

　　拖网作业能够做到一网打尽，除了作业方式外，与网具结构直接相关。下文"尼龙网"的内容将详细叙述现代拖网网具的材料和性能，其中耐磨和坚韧等特性是防止鱼群逃逸的最重要保证。笔者在牛庄调查时，一位老渔民详细地描述了现在拖网网具的结构。依据他的描述，结合文献资料，笔者大致描绘了一张 600 马力的双船拖网网具的简易图，见图 4 - 2。结合图 4 - 1 的作业方式，我们能够很轻易地看出这种拖网网具配上渔船动力所具有的强大捕捞能力。

　　从图 4 - 2 的数据中，笔者也终于明白了为什么被调查的渔民总会谈论起在拖网作业中经常会捞上来一些稀奇古怪的"玩意"（包括"古董"之类的死物和奇特的海洋活物）。甚至有的渔民说有时候在捕捞作业的时候捕不到鱼，就会在行程中随便拖，希望能捞上来一两件值钱的古董或奇怪的"玩意"。想想这个画面也就觉得这种想法是很正常的：两条相距 500 ~ 1000 米的并行大船，拖着一张渔网（渔网有着周长 200 米、高 10 米以上的网口和直径 1 厘米网目的网囊），纵横拖曳自如而又快速地穿行在大海上，还有什么能够逃离那个巨大而又细密的"黑洞"呢？

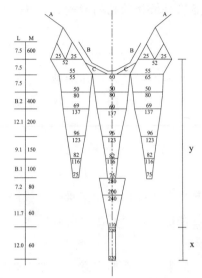

图中数字表示网目数量
L：每节网衣的长度
M：网目的大小（毫米）
A：曳纲绳
B：浮子的纲绳
C：沉子的纲绳
x：网囊
y：网身

曳纲长度与渔场水深的比例

渔场水深（米）	曳纲长度/水深
30	16~20
40	15~18
50	14~16
60	13~15
70	12~13
80	11~12
90	10~11
100	9~11

图 4-2 双船拖网网具结构简图

注：这是一个将网身剖解的平面图。网口的上面是挂着浮子的纲绳，下面是挂着沉子的纲绳。这样两边船一拉，网口就张开了。浮子纲的总长度会决定网口的大小。网身分成了多节网衣。每节网衣都是上面宽，下面窄。如网囊上面的那一节网衣中，连接网囊的狭边目数是 110 目，上面宽边的目数为 240 目。这样的结构就是为了防止进网之鱼回游。网囊是鱼群的最后归宿，上下一样大，像一个圆桶。最后面是用纲丝打的一个结，上网之后把这个结一打开，渔获物就直接掉落到甲板上了。曳纲绳就是连接到渔船上的绳子，主要是拖拽渔网，它的性能还会决定一次最多能捕获的总重量。

资料来源：山东省海洋水产研究所、山东省水产学校编《山东省海洋渔具图集》，农业出版社，1990；上海市水产学校捕捞教研组：《双船拖网的网图和捕捞技术》，《海洋渔业》1983 年第 3 期，第 129~131 页；陈广栋等：《185-200 马力双船鳀鱼变水层拖网捕捞技术》，《海洋渔业》1992 年第 6 期，第 271~274 页。图中的数据与当前的数据有所差距。据老船长 NYQ 的描述，现在 600 马力以上的拖网渔船所用渔网的网口边的网目最大直径可达 18 米，网身总长达 200 米，囊网长达 20 米，网目可小至 10 毫米。

4.1.2.2 海域之间的"围追堵截"

掌握鱼群的洄游规律对传统捕捞业来说至关重要。尽管过去海域的界限并不明晰，但因渔船的动力有限，捕捞船只能在一定海域范围内活动，并且这种活动只有很小一部分是在大洋（也就是现在所说的公海）中进行的。如果不掌握好该海域内的鱼汛期，了解渔场的地理位置，就可能错过最佳的捕捞时间，这样就会使全年的捕获量大大下降。

对于现代海洋捕捞业来说，各海域内的渔场仍然是作业的最重要场所。只不过与传统捕捞业不同的是，现在的捕捞业在强大渔船动力的带动下已经突破了海域间的界限。大型捕捞船队已经不再局限于某个海域，而是在全海域内追逐着洄游的鱼群。强大的远洋捕捞船队将世界范围内的渔场年复一年地"扫荡"着。"在20世纪后半叶，世界捕捞量增长4倍，虽说大大满足了人类对动物蛋白质日益增长的需求，却把渔场推向继而又推过其极限。现在，在新的世纪，我们已不能再指望海产捕捞量会有任何增长。"（莱斯特·R. 布朗，2005：6）

海域管理成为希望所在，但事实远不如人意。为加强海域间管理而制定的各种国际公约，以划定海域权属为主，但其结果却与最初的意愿相背离。1982年《联合国海洋法公约》制定的关于"200海里专属经济区"等海域权属的规定，其目的是更好地进行海域管理，以保护渔业资源。但当前的实际情况是，离岸200海里专属经济区之外的公海成了各国捕捞船队竞相争夺资源的战场，而200海里之内的海域中不断上演着某国的渔政船与另一国的渔船之间相互追逐的"游戏"。

> 《1982年联合国海洋法公约》不完善，体现在以下三个相互关联的因素：
>
> ·该公约没有授予区域渔业机构管理权限；
>
> ·该公约开辟了许多新的纪元，如沿海国重新宣布对海洋空间延伸区域的主权权利，这已经成为许多沿海国最优先的考虑；
>
> ·世界渔业资源的一般状况在当时没有引起特别的担忧。结果是，许多区域渔业机构事实上在有效渔业管理方面无法开展活动。（FAO，2004：89）

这三个因素中第二个因素是导致世界各个沿海国家制定海洋大开发战略的源头。几乎所有国家的海洋开发战略中海洋渔业发展规划都是在自己的海域中实行的保护性开发，而将全力开发的对象放在了公海中。为了将海洋鱼类这种游动性的公共性资源变成自己国家或一个国家内某个区域的经济资源，海域之间的"围追堵截"就成了当前海洋捕捞业中最常见的现象。FAO 关于"共享鱼类种群的养护和管理"的分析展现了人类在处理这个问题上的艰难，"共享鱼类种群是被两个或以上国家（或实体）捕捞的种群……粮农组织估计全球海洋渔业产量的三分之一以这类共享种群为基础，并且认为对这些种群的有效管理是实现长期可持续渔业的极大挑战之一"（FAO，2006：121）。

4.1.2.3　"兼捕"：鱼苗与鱼粉

如果说强大的捕捞工具和"围追堵截"的捕捞方式是海洋鱼类"噩梦"的开始，那么"鱼粉"作为一种产品的问世就是海洋所有鱼类"噩梦"的终结。因为"鱼粉"是由小型鱼类和幼鱼（鱼苗）制成的，海洋鱼类没有了后代，"噩梦"自然也就不会再延续。

> 1950 年，一种名为鱼粉的产品问世。它是由秘鲁鳀制成的，鱼粉作为蛋白质的滋补品被推向市场，并且被用来为牲畜提供营养，包括牛、鸡、猪等牲畜。在鱼粉销售的起步阶段，人们对这种产品的需求量并不大，所以只有 7000 吨的鳀鱼用在这一方面。到了 1962 年，人们对鱼粉的需求猛增，使该鱼的产量达到 650 万吨。1970 年，对这种鱼的捕捉量再创新高，超过了 1120 万吨，占全世界所有捕鱼量的 22%。（帕姆·沃克伊莱恩·伍德，2006：41）

这只是鱼粉产品发展的初期阶段。现在鱼粉的制作远不再限于秘鲁鳀，同所有的其他饲料一样，现代的加工技术几乎可以将所有的鱼类加工成鱼粉。就是因为鱼粉市场的存在，所以现在的捕捞船几乎将所有它们能从海里拖曳出来的鱼类都捞上来了。反正所有不能作为经济鱼类贩卖的生物，都可以作为鱼粉产品的制成源。于是，传统上属于"兼捕"（bycatch）① 的生物如今成了主要的捕捞对象之一。从经济学角度看，这种捕捞属于"生长型过渡捕捞"。②

捕获幼鱼或杂鱼在当前已经非常普遍，这与鱼粉加工业的需求紧密相关。下面所描述的情景是笔者每次去渔港码头实地调查时都能见到的。

两条相连的大型捕捞渔船缓缓地驶入港口，停靠在码头边。渔船船主和渔商们早已在码头守候。渔船一停靠，船长就指挥渔工们从船舱里把渔获物一筐一筐地搬运到甲板上。

---

① 所谓"兼捕"，是渔业捕捞的伴生物，指在对渔业对象的捕捞过程中捕获、抛弃或伤害其他海洋生物资源的行为或现象。几乎所有类型的渔具（无论网具或钓具）对捕捞对象的选择都是有限的。捕捞能力越强大，被捕获的兼捕物就越多。如墨西哥湾的虾拖网每年要捕获红笛鲷幼鱼 1000 万~2000 万尾，相当于各年龄组总数的 70% 以上。参见沈国英等，2010：290。笔者在实地调查中了解到，传统捕捞中幼鱼是尽量被避免捕捞的对象，一是因为幼鱼没有什么经济价值，二是因为渔民都知道捕获幼鱼是一种"杀鸡取卵"的行为。

② 所谓过度捕捞系指资源种群的捕捞死亡率超过其自然生长率，从而降低种群产生最大持续产量的行为或现象。根据性质的不同，过度捕捞可以区分为生物学过度捕捞和经济学过度捕捞，后者中增加了对捕捞成本的考虑，前者通常又可分为三种类型，即生长型过度捕捞、补充型过度捕捞和生态系统过度捕捞。生长型过度捕捞是指鱼类尚未长到合理大小就被捕捞，从而限制了鱼群产生最大产量的能力，最终导致总产量下降的现象。降低捕捞死亡率（即降低捕捞力量）和提高初捕年龄（即增大渔具的网目尺寸）是解决生长型过度捕捞的关键。补充型过度捕捞是指由于对亲体（产卵群体）的捕捞压力过大，资源种群的繁殖能力下降，从而造成补充量不足的现象。合理增加产卵群体的生物量（如根据鱼类的繁殖规律合理设置渔期和禁渔区）是使捕捞过度的资源种群恢复到可持续发展水平的重要方法之一。生态系统过度捕捞是指过度捕捞使生态系统的平衡被改变，大型捕食者的数量减小，小型饵料鱼的数量增加，生态系统中的物种向小型化发展，平均营养级降低的现象。参见沈国英等，2010：286~293。

一般而言，冰块越多的鱼，数量越少，筐里装的鱼越贵，反之，则是最便宜的鱼。最先搬出来的是最有经济价值的鱼类，有的一个筐里只装了两三条此类的鱼，而冰块倒是放了半筐。之后，搬出来的筐里的鱼越来越多，冰块越来越少。早在渔船进港之前船主就已经和渔商商量好了鱼的价格，因为渔获物的种类及其重量在渔船准备回港之前，船长就已经通过无线电告知了船主。于是，开着小车的渔商买了最贵的几类鱼，用塑料盒子密封装好放到车里。开着密封罐装车的渔商购买了所有的经济鱼类，用塑料盒子装上放进密封冷冻的车厢里。

剩下的就是最后搬运出来的，也是最多的用于做鱼粉的杂鱼，这些鱼什么类型的都有，它们有一个共同点就是体型都如成年人的小拇指一般大小。装得满满的、只有鱼没有冰块的鱼筐整齐地摆在甲板上，足有数百筐之多。一个长长的、装着传输带的支架伸到了甲板上，支架的另一头高高地翘在一辆大卡车的车厢上空。渔工们把一筐筐的杂鱼像倒垃圾一样倾倒在传输带上，转动的传输带飞快地将这些杂鱼运送到最高点，然后将之高高地扬起像撒花般地把它们甩落于车厢中。到处都是掉落的小杂鱼，有的被车轮或人脚压成了泥状，有的漂浮在码头渔船边的海面上。船主正在与船长计算着这次航程的得失，并谋划着即将开始的航程。渔商们站在一边闲聊着。渔工们在紧张地忙碌着。晚上看管渔船的老渔民弯身捡起一条不知名的小鱼，将之捻在手里对着它轻轻自语，语气中充满着叹惜与无奈。大约一小时之后，满载的卡车在码头边上的电子秤上过秤之后扬长而去。渔工们把散落在地的鱼筐规整后码齐在甲板上。船主和船长开始忙着准备下一次航行。一车从制冰厂运来的冰块"哗啦"一声倒在甲板上，渔工们用工具将它们运送进船舱。在加油、理网、补充食物等之后，渔船将在翌日早上起航。（笔者依据实地观察整理而成）

FAO 将用于制作鱼粉的这类渔获物称为"低值／杂鱼",即"质量低、价格小或消费者不喜好的商业价值低的鱼类。其被用于供人消费(常常为加工品或腌制品)或直接或通过生产鱼粉／油喂养牲畜／鱼"。据保守估计,在亚洲将这类鱼用来作为动物／鱼饲料的量占捕捞渔业产量的 25%,其中中国和泰国是 100%(FAO,2006:116 - 117)。20 世纪 80 年代在笔者调查的渤黄海区,渔获物中幼鱼就已经占到 70% ~90%(黄良民,2007:26)。

综上所述,"一网打尽"的灭绝式捕捞方式绝不仅仅是市场经济激励的产物,也绝不仅仅是捕捞工具改进的结果,因为在捕捞过程的诸多环节中,渔民可以做出其他的选择。但是他们选择了对于他们自己当前最有利而对未来和整个人类最不利的行为方式。这是一种文化模式的结果,不是某个个体所能左右的。与"漏网捕鱼"一样,"一网打尽"之所以在人们已经认识到其危害的情况下仍然盛行,也是因为这种行为选择有其相应的社会条件。作为社会中的一员,渔民的行为选择受制于这些条件。

4.2 "一网打尽"的技术支撑

科技革命是现代社会变迁的主要动力。任何一次重大的科技进步都会带来整个社会的变化。蒸汽机、电、塑料等都是具有划时代意义的产物。现实社会中,任何一项具体的环境行为都离不开相应的技术支撑。与传统社会中简单的人与自然关系不一样,基于科技的工具成为现代社会中人与自然的中介,成为支撑人与社会、人与自然、社会与自然之间关系的桥梁。具体到海洋捕捞活动中,人的经验已经退居到了次要的位置,先进的工具才是有效活动的保证。

4.2.1 尼龙网与机动船

4.2.1.1 尼龙网

在现代远洋捕捞活动中,拖网是最主要的作业方式,但就对海洋生境的危害来说，刺网中的流网作业比拖网作业更甚。这种流网作业所使用的网具不仅规模巨大，而且是用耐磨经用的尼龙绳编织而成的。"商业企业用尼龙绳和聚酯绳来制造网。两种合成网线能够使用数百年。在夜里，船只将数千米长的流网放入水中来捕捉各种各样的鱼，包括鲑鱼和鱿鱼。到1993年，中国台湾、朝鲜和日本的渔民每晚投放4.8万千米的流网，足够环绕地球一周了。"（帕姆·沃克伊莱恩·伍德，2006：39）

与传统的棉麻网相比，主要由尼龙编织成的渔网拥有三个显著的优点。

（1）抗腐蚀性强。第三章中谈到传统的棉麻网的一个最大缺点就是在海水浸泡的时间一长就会腐烂，所以要经常晒网。而由尼龙编织成的渔网则具有强大的抗腐蚀能力。

（2）耐磨。渔网在作业过程中不仅要与海底底面进行摩擦，而且在收网、拉网的时候要与辅助机器之间不停地摩擦。传统的棉麻网之所以每作业完一次就需要补网，就是因为网线容易断。而尼龙具有高强的耐磨性，以及较强的弹性。"像蛛丝一样细，像钢丝一样强，像绢丝一样美"，就是对尼龙的一种赞誉。

（3）承重量大。渔网网绳在拖曳和起网时都要看它的承重性能。棉麻网的承重力弱，如果一网产量过大就会使得渔网破裂。尼龙网网兜一网至少可以装载3吨以上。[①]

除了在使用上方便、耐用之外，尼龙网在价格上相对来说也比较便宜。市场上一般的尼龙渔网以公斤计购买。渔民自己可自由选择网目大小不同的渔网以及类型，而且渔网产家可以按要求生产。

> 现在的渔网很经用。我家两条大船上的主要渔网已经用

---

① 1991年的时候，荣成市185～200马力的拖网渔船捕捞鳀鱼时平均网产量达到2.8吨，这说明一网至少能装3吨。参见陈广栋等，1992：273。

了 3 年多，都没有换过。现在家里废弃的这些渔网主要是因人为操作不当强行拉断的。更多的是因为我换了船，马力大了，渔网也就要改成大号的。3 年前我买渔网时是 25 元 1 公斤，我要了 1000 多公斤。我把渔网类型和数量告诉厂家，把钱汇给他们，东西就直接给送过来了。现在的渔网价格和油价一样也涨了，一般的要 30 元 1 公斤，质量好的要 35 元 1 公斤。当然，再牢固的渔网也会破的，因为经常会在海底拖到一些比较锋利的硬物，主要是沉船，有时候还会捞到没爆炸的鱼雷。渔网只要不是破得很厉害，自己就可以修补。（访谈记录NLS20080915 - 2）

尼龙网的特性确保了渔船的持续作业，也保证了"漏网之鱼"没有逃逸的可能。有时候因为传统的棉麻网一网的捕获量太大，渔民不得不把网割破，以免挣扎的鱼群把整张网挤破。有清朝顾炎武描述山东无桩张网捕鱼之情形为证，即"若鱼多过重，拽不能胜，则稍裂网，纵鱼少逸去，然后拽之登岸，可得杂鱼巨细数万，堆列若巨邱，贩夫荷担云集，发至竟日鱼方尽"〔（清）顾炎武，《天下郡国利病书》卷四十二《山东八·捕鱼》；转引自王荣国，2003：91～92〕。这种情形在尼龙网的时代根本不可能出现。

4.2.1.2 机动船或机帆船

所谓的机动船或机帆船就是指以动力机及与其相配套的辅助装置为动力源的船舶。机动船是工业革命的一个直接后果。蒸汽机的发明结束了人类对畜力、风力和水力的依赖。1807 年美国人罗伯特·富尔顿成功建造了第一艘商用汽船。海洋渔业的动力化很快就随之而来。"世界渔业动力化是先从单船拖网渔业开始的，这种渔业在 1882 年首创于英国，以后盛行欧美。"（张震东、杨金森，1983：172）

尽管小型船舶至今仍然占据世界捕捞船总数量的大部分，但没有装置发动机而靠帆和桨（橹）推动的渔船已经不到总数的一半。而且这类渔船属于劳动力分散的家庭，其生产效率非常低。

以笔者的实地调查得来的数据做比较能够明晰两者之间的差距。一艘装有 8 马力的"舢板"只能在 20 海里作业，一天一个来回，有时会打桩"下笼了"作业，有时会拖网作业。每天的捕获量不定。用渔民自己的话说就是"看运气"。运气好的时候一天最多能有 50 公斤的渔获物，其中大概有 20 公斤是可以直接卖给小贩的经济类渔获物，剩下的就只能自己吃和卖给做鱼粉的了。运气不好的时候，一天也就不到 10 公斤的渔获物，所得连消耗的油钱都不够。这样，在每年近海捕捞时期最佳的休渔期[1]，最好的年景也就是平均每天能有 30 公斤左右的渔获物，这样三个月总共也就大约有 3 吨的产量。而一条 620 马力的大型捕捞船的货物承载量是 90 吨，尽管现在出海一次基本没有满仓的情况，但是运气最好的时候，一个来回（正常是 5 天左右，最长也不会超过半个月）也能有 50 吨左右的渔获物，当然其中大概能有 30 吨是用于做鱼粉的渔获物（参见前面关于鱼粉装卸场景的描述）；运气不好的时候，最少也能有 20 吨左右的渔获物。如此，每年 8 个月（3 个月的休渔期和 1 个月的春节假期里不出海）的作业期，若按平均产量每月 35 吨左右计算，则一年总产量能有 280 吨左右。

由此，我们可想而知大型捕捞船的捕捞能力有多强大。这种强大就是以坚固的渔网和强大的机动力为基础的。与传统木帆船

---

[1] 笔者在牛庄的实地调查中了解到，"家庭渔业"式的近海作业的黄金时期一般都在大型捕捞船靠港休整的休渔期（每年的 6~9 月）。这是因为①如果大型捕捞船不出海，新鲜的海产品价格就会上升，这样正好适合一天一卖而没有储存的"下小海"作业；②如果大型捕捞船不出海，近海的渔业资源相对就会增多一些，因为在大型捕捞船出海回港的路上他们都会违规作业，因此大型捕捞船队所过之处，基本就没有什么剩下的。所以，很多近海作业的小型渔船每年就在休渔期间作业，其他时间是不出海的。

相比，机动船或机帆船有三个特点确保了实现"一网打尽"的可能（关于渔船的详细数据参见表 4 - 1 "山东机动渔船重点船型主要技术指标"）。

（1）航速快。机动船的航速与发动机的性能及所使用的燃料相关。最初是蒸汽机，之后是内燃机再后来是现在的核动力机，每次改变都会极大地提高船的航速。现在民用的船舶都使用内燃机，因此燃料的类型就非常重要。当前的渔船一般都使用柴油，因为柴油燃力大。一条燃柴油的、功率 620 马力的渔船正常航行的船速是 11 节①左右，在拖网作业时船速有 9 节左右。如此的速度，一星期就可以绕渤海一圈了（环渤海海岸线总长 3784 公里）。

表 4 - 1　山东机动渔船重点船型主要技术指标

项目＼船型	200HP 木质渔船	200HP 木质渔轮	VQX801	404	VSY812	VQY814	8101
总长（米）	32.08	32.28	32.31	38.65	38.90	26.40	41.00
设计水线长（米）	29.32	29.89	27.62	35.68	35.68	24.11	37.50
两柱间长（米）	28.80	29.00	26.00	34.00	34.00	23.00	35.00
型宽（米）	5.41	5.80	6.70	7.00	7.00	5.36	7.20
型深（米）	2.83	2.93	3.65	3.70	3.75	3.06	3.70
平均吃水（米）	2.29	2.10	2.90	2.90	2.90	2.16	2.80
满载排水量（吨）	244.1	225	263.4	345.4	345.4	140.8	370.8
装鱼量（吨）	58.5		83	90	85		100
设计航速（节）	9.5	9	9	11	12.5	11.5	12
自持力（天）	22		20	28	20	23	20
船员人数（人）	16	23	19	22	23	13	26

---

① 海船（包括军舰）的速度单位被称作"节"。现在国际标准是 1 节等于 1 海里／小时，1 海里等于 1.852 公里。1 节也就是 1.852 公里/小时。"节"的代号用英文"knot"的词头"kn"表示。海里是海上的长度单位。它原指地球子午线上纬度 1 分的长度，由于地球略呈椭球体状，不同纬度处的 1 分弧度略有差异。1929 年国际水文地理学会议上通过用 1 分平均长度 1852 米作为 1 海里，当今国际上普遍采用了这个标准。中国承认这一标准，用代号"M"表示。现代海船的测速仪已非常先进，有的随时可以显示数字。

续表

项目	船型	200HP 木质渔船	200HP 木质渔轮	VQX801	404	VSY812	VQY814	8101
马力		热球式		250	400	600	450	600
建造年份				1960	1960	1970	1971	1975

注：空缺之处是因原文如此。笔者也依本书需求删除了部分内容。

资料来源：山东省水产志编纂委员会：《山东省·水产志资料长编》，1986，第260页。

（2）续航能力强，航程远。以动力机为推动力之源的渔船，只要有足够的燃料，就可以持续航行，不需要像木帆船那样必须要有休息时间或依风力情况才能续航。渔船所装载的食物等资料也足够使用 15～30 天。

（3）抗风暴能力强。机动船或机帆船都是铁皮船或钢壳船，最高能抵御八九级风暴。能在六七级风暴情境下作业。这样大大降低了气候对捕捞时间的限制，延长了捕捞的时间。

4.2.2　雷达、探鱼仪与无网捕捞

机动船和尼龙网在作业过程中能够最大效力地发挥作用，这是与当前捕捞的辅助工具密切相关的。这些先进的辅助工具不仅提高了作业和行驶的安全系数，也提高了鱼群追踪和辨识的能力。

首先，雷达的使用不仅使方向确认的准确度大大提高，而且也使得渔船在夜间行驶和作业的安全系数大大提高。罗盘尽管仍然是渔船必需的工具，但主要是在雷达可能出现问题的时候被使用。观看雷达指示仪是渔船船长最重要的工作之一。雷达在渔船上主要利用无线电波进行侦查和定位，尤其是在夜间，雷达能够快速地探测到海底的障碍物和渔船周围的其他船只，并测出渔船与它们之间的距离。这样就大大降低了在比较恶劣天气的夜间里渔船相撞的概率，也降低了在作业过程中受海底物阻碍的概率。

其次，探鱼仪就像渔民在海里的千里眼。探鱼仪可以识别和定位鱼群。传统渔民靠经验寻找鱼群，利用竹筒等简陋的工具辨

识鱼群，这些经验和工具受到如天气、风浪等客观因素的影响。现代探鱼仪则是利用声、光、电等技术发现和确定鱼群位置的电子仪器。根据技术手段的不同，探鱼仪可分为超声波探鱼仪、激光探鱼仪和遥感探鱼仪三种。① 探鱼仪的发明，可以使渔民不论白天黑夜、天气阴晴都能有效地发现海洋水层中的鱼群。在最新科技的引导下，探鱼仪在探测范围、测试能力、方位定向、速度等方面都得到了极大的提高。

在雷达和探鱼仪的帮助下，人类终于实现了"无网捕鱼"的梦想。无网捕鱼的具体做法是：将渔船驶至渔场后，打开探鱼仪，测知鱼群的所在方位、游弋速度、方向以及深度，再将船驶近鱼群，打开诱鱼设备，如通过灯、声音、电场等诱集鱼群，待大量的鱼群被诱集到船边时，启动脉冲电流或调节集鱼灯的光线，把鱼诱集到一个很小的范围，再启动船上吸鱼泵，吸鱼泵瞬间便会像抽水一样将鱼吸到船上（朱晓东等，2000：214～215）。

这种不用渔网的捕捞方法绝对是人类捕捞史上一次质的飞跃。首先，它不用渔网。自古是先有渔网，才有捕捞。几千年来渔网都是捕捞时必备的工具，为此，人类发明了各种各样的网具以适应不同的作业环境。其次，"无网捕鱼"完全克服了以往捕捞作业的一个最大障碍——海底地理。对于任何形式的有网捕鱼来说，海底地理都是一个难以克服而又必须面对的难题。

---

① 超声波探鱼仪利用超声波来探测鱼群。超声波在海水中传播，当遇到鱼群、海底或其他物质时，产生不同的反射回波，接收、放大反射回波，再经分析就能显示有无鱼群。激光探鱼仪利用光的折射原理等来探测鱼群，如美国发明的机载激光探鱼仪，可在飞机航速每小时 100 千米时使用。激光束覆盖宽度为 75 米，每小时搜索海面面积为 12 平方千米。渔业遥感技术通过安装在飞机或卫星上的传感器来测定与鱼群分布有关的海况，间接地发现鱼群，然后通过无线电通信与渔船联系，告知鱼群集中的海域位置。渔业遥感探鱼是一种综合的探鱼技术，其特点是探测范围大、速度快、信息量大。参见朱晓东等，2000：209～212。

4.2.3　吊车与冰块

渔船的捕捞辅助工具，尤其是起网机对于捕捞效果有很大的影响。鱼群在落于渔网之后的拼死挣扎的力量是巨大的，"鱼死网破"是双方都不得利之事。传统依靠人力起网，速度慢，落网而后逃逸的鱼较多。因而人们不断通过改变网具的设置来改善这种状况。与其他捕鱼法相比，拖网作业是比较简单的。它之所以能够在现代远洋捕捞业中占主流地位，就在于渔船的强大机动力、坚固的渔网和快速起网的渔机（主要就是以吊车为核心的配置装置），这些因素使得这种简单的作业变得极其高效。

从手拔到半机械的绞缆轳辘滑车再到全自动的液压机，起网速度的加快不仅缩短了作业时间，而且也大大增加了渔获物。20世纪70年代后期，胶东半岛的烟台、荣成等地就在20～60马力的机动船上安装了液压流网起网机，"该机运转平稳，起网速度快，每船带网量可增加20%，比手拔网缩短起网时间1/3。同时，用深水对虾流网作业，能多带网，少掉虾，经济效益大大提高"。在拖网作业上，20世纪70年代初期，该地600马力以上的拖网渔轮就普遍使用了5吨×75米/分（即一分钟能够将5吨重的东西提升到75米的高度）的液压绞钢机（《烟台水产志》编纂委员会，1989：133～134）。

大量的渔获物自然就要求更高的储存水平，显然，依靠盐来腌制数十吨的鱼首先在经济上就是不理性的。制冰技术的提高产生了更廉价实用的冰块，冰藏取代盐藏成为海产品保鲜的主要手段。笔者在实地调查中发现，大型渔船每次靠岸卸货之后，主要补充物之一就是冰块。在渔港码头，有专门的制冰厂为它们提供冰块。

冰藏是普遍使用的保鲜方法，具体又分散装冰鲜和箱装冰鲜。散装冰鲜是将渔获物冲洗分类，将较低级鱼类一层冰一层鱼均匀撒在鱼舱内。散装冰鲜保持时间短，底层鱼因挤压容易变质，群众渔业多用网袋。箱装冰鲜是将优质鱼虾摆放在特制的木箱或塑料袋箱内，然后根据保鲜时间需要施放碎冰，保鲜时间长，即多放冰，保鲜时间短，即少放冰。冷冻保鲜是先将渔获物装箱冰冻，然后放入鱼舱冷藏，采用此法可较长时间保持渔获物的原来鲜度。（烟台市地方史志编纂委员会，1994：1061）

相较于盐藏，冰藏的保鲜功能要强大得多。尽管冰藏在保鲜时效上不如盐藏①，但是机动船的船速弥补了这个缺陷。对于消费者来说，"新鲜"是人们吃海鲜时最看重的一点。正是这种需求加速了捕捞业的运转速度。快速地捕获、快速地运送、快速地消费，数不清的渔船匆忙往返于大海与渔港，数不清的运输车来往于码头与冷冻厂、酒店之间。这是每年捕捞季节在渔港码头要上演的繁荣景象。

发达的现代技术可以确保这种繁荣景象的出现。"所有的现代捕鱼技术就是要在每次远洋时都尽可能带回最多数量的鱼"（帕姆·沃克伊莱恩·伍德，2006：35）。冰冻技术就是为了使更多的渔获物的鲜度能保持更长的时间，以满足更多消费者的需求。

综观上述，对个人而言，技术展现了其强大的强制力，现实中的个体在技术力量面前无选择之余地。但对整个人类社会而言，技术要成为现实的推动力，则需要其他相应的条件予以支持。当前社会中许多先进的环保技术得不到广泛应用的事实证明了这一点。"在科学这一亚文化的领域中，事情常常偏以另外的方式存在，对新知识来说具有最大价值的东西却不会有直接明显的实用

---

① 渔民的经验告诉笔者，尽管都是简单的储存保鲜，在渔船上使用盐藏，如处理得当可保持15天内不变味，而冷藏大概最多也就能保持7天左右。因为在渔船上保鲜储存并不像加工业那样要先把鱼清洗干净再进行包装冷冻，而只是把渔获物分类后直接装入带冰块的筐里，用做鱼粉的渔获物都不用装冰块的筐，就是直接装筐里后放到船舱的冷冻室里而已。用盐藏的话，必须经过简单处理之后再腌制保存。

结果"（罗伯特·K. 默顿，2001：48）。在人类社会中，技术条件本身仍然更多地体现了人与自然之间的关系问题，而经济动力、制度约束和文化模式才是影响人与人之间关系的强有力的条件。

4.3　"一网打尽"的经济刺激

"19世纪工业革命的核心就是关于生产工具的近乎神奇的改善，与之相伴的是普通民众灾难性的流离失所"（卡尔·波兰尼，2007：35）。再随之产生的就是这些民众对自然资源的无情掠夺，少数的富人和当权者掠夺并享用了民众大多数的劳动成果，对不公的控诉和生存欲望的刺激进而再次逼迫着无奈的民众对自然进行更大规模的无情掠夺。"人类落入了某种控制之中，这种控制不是来自新的动机，而是来自新的条件。简言之，就是来自市场领域的紧张压力；从那里延伸到政治领域，从而将整个社会都囊括进来"（卡尔·波兰尼，2007：228）。然而，从人类社会整体的角度看，大多数人都将这种强大的欲望刺激条件看作能够极大地促进经济社会发展的资源配置方式，实践证明也的确如此。至少在海洋渔业领域，市场的刺激是"一网打尽"成为可能的最强大的动力。只不过，刺激的结果显示的只是经济的极大发展，却没有实现资源尤其是自然资源的最优化配置。

4.3.1　渔船主与现代渔工

渔船的社会性质决定着渔业的生产组织方式。FAO 的统计表明，目前全球约400万艘海洋捕捞船分为两类：约130万艘主要从事大洋捕捞的大型带甲板的机动船和约270万艘只在近海作业的小型船舶（其中约90万艘装有发动机，约180万艘是没有发动机的传统渔船）（FAO，2006：6）。几乎所有在近海作业的渔船都是个体渔业，部分大型捕捞船也只为个人所有。纯粹以渔业公司的现代组织方式生产的渔船在数量上是少数，尽管他们拥有强大的生产力。

个体渔业的生产组织方式基本上延续着传统的做法。在第三章中笔者讲到过新中国成立前山东沿海的个体渔业状况（见第三章3.3），它与现在笔者实地调查中了解到的海洋渔村的个体渔业至少在渔业成员的经济成分类型划分上是极为相似的。笔者下面将以三个实地调查点中最具传统海洋渔村特征的牛庄村民社会分化状况为例来阐述一下当前个体渔业的状况。

表4-2　牛庄户主的职业分类及其收入状况

户主职业	户数（户）	年收入（万元）
个体养殖户/大型捕捞船船主	0/7	50~150
养殖队长/大型捕捞船船长	1/3	6~50
普通养殖工/大型捕捞船的渔工（雇佣工）	8/13	2~4
"下小海"渔民	8	2~4
退休渔民/其他有薪水者	10/13	0.4~1
无固定收入或没工作收入的村民	15	0.12左右
总计	78	

注：船主的收入与船的大小有关系，大型捕捞船是指120~620马力的渔船，一般是功率越强，载重能力就越大，捕捞能力就越强。7户船主中有3户独立购买了两条一样大功率的渔船，他们自己是不出海的。另外4户是与他人合伙购买渔船，他们自己也是自家渔船的船长，本统计表中只把他们当作船主，未将船长计入其中。10户外地人都是雇佣工，其中8户是普通养殖工，2户是大型捕捞船的渔工。退休渔民是指公司改革之前就已经退休的原渔业公司的职员。其他有薪水者包括离退休的公务员3人、公司离退休的行政人员4人和正被居委会雇用的6个50岁以上的村民。无固定收入者是村里5个做小本生意的村民，而没有直接经济收入的村民是10户鳏寡户，主要是上了年纪的寡妇。除了这些上了年纪的寡妇外，其他的户主都是男性。

资料来源：笔者依据2008年在牛庄的实地调查所得数据整理而成。

笔者以户主的职业为标准统计了一下目前牛庄户主的经济成分，如表4-2所示。在68户原籍家庭中，经济收入的差异明显很大。依据表4-2和表4-3，按照马克思主义的阶级划分标准，个体养殖户和大型捕捞船船主就是典型的"资本家"，因为他们根本就不参与实质的劳动。养殖队队长和大型捕捞船船长就是他们雇用的生产管理者，两者之间有明确的协约。大型捕捞船船员和普通养殖工人（即使是本村的村民）都是典型的无产阶级，他们依靠出卖他们的劳动力来获得报酬。只有"下小海"的渔民才是真正意义上的海洋渔民，他们拥有自己的生产资料，而且主要依靠海洋资源生存。而那些没有任何生产资料的村民，往往也是因为年龄或性别问题而无法出卖自己的劳动力，他们本来可以通过在滩涂上的传统作业（如捡贝壳、捞小虾等）来糊口，但是，他们唯一可以依靠的这点传统的公共产权资源在2003年的改制中也被当地政府和公司以土地的形式承包给了个人。因此，他们唯一的生存来源就是公司因征用了他们少量的土地而给予的补偿费。对这些传统上依靠海洋生存的海洋渔民来说，海洋作为一种资源已经与他们没有任何关系了。尽管各种法律明文规定他们享有村庄附近海域的各种相应的权利，但他们无法从这些权利中获得一点利益。

表4-3　两条620马力捕捞船的人员及其职责、年收入

职位	年龄（岁）	年薪（万元）	籍贯	初始工作年龄	工作职责
头船长	44	纯利润的40%	当地	17	找鱼、指挥、协调、联络等，相当于企业的CEO
二船长	41	6	当地	20	听令于头船长，管理渔船，相当于部门经理
两个大副	40、45	5	当地	18	类似管家
两个轮机长	38、40	4~5	当地、外地	17	负责看管、操作机器等
两个大管轮	35、40	4~5	外地	18	负责操作、维修机器等
两个厨师	39、40	4.1~5.1	当地	17	做饭
两个水手长	34、36	3.8	当地、外地	18	出苦力
4个纹车	28、30	3.7~3.8	外地	18	出苦力

续表

职位	年龄（岁）	年薪（万元）	籍贯	初始工作年龄	工作职责
10 个水手	21	3.5	外地	17	出苦力

注："头船长"也被称为"母船"船长，二船是跟随头船行动，主要起到协调和运输的作用。因此，"头船长"是最重要的，因而其收入一般在 10 万元到 50 万元左右。主要看他与船主是如何订立协议的。每条渔船上都有 10 个水手，主要做搬运、上网等苦力工作。

资料来源：笔者依据 2008 年、2010 年在牛庄的实地调查所得数据整理而成。

　　这就是海洋渔村与土地型村庄的最大差别。同样作为一种生存资源，对个体的村民来说，海洋与土地的差异太大了：一块土地（自然资源）而不是一把锄头（生产工具）是一个农民的生存依靠，但是一个渔民的生存依靠是一条渔船（生产工具）而不是一片海域（自然资源）（唐国建，2010：89）。

　　由此，原本渔村的渔民相互之间是平等的合作关系，现在却变成了市场经济体制下的雇佣关系。这种雇佣制在生产组织形式上与封建船主或渔商的雇佣制是一模一样的（参见第三章3.3）。但其与当前市场经济体制下的雇佣制还是有三个不一样的特征。

　　（1）船主与船长之间是平等基础上的契约性雇佣关系，即船主相当于公司的董事长，而船长相当于公司的总经理。船主无法像过去封建船主那样通过各种方式控制船老大，然后逼迫他们出海。船主只能依靠市场法则通过经济刺激的方式留住并促使船长多劳（如表4-3所示）。船长之所以有时候能够拿到50多万元的年收入，就是依据其与船主的提成协议。笔者调查的这艘620马力的大型捕捞船船长与该船船主的基本协议是：①年固定收入10万元，不管该年的真正收入如何；②将每次渔获物所得利润的10%作为提成奖励。船主雇用的船长要么是自己的亲戚，要么是自己的朋友。这样既可以确保"肥水不流外人田"，又能保证渔船的安全。① 因此,船长有一个本子专门记录每次捕获的渔获物,出售渔获物的时候也只有船长和船主知道究竟有多少。船上其他的人员一般都不知道他们究竟捕获了多少鱼。

(2)船员领取的是出海前就定好的固定工资,而不像传统雇佣制那样是从渔获物中获得的提成。如海岛 C 县在 1945 年之前船主对渔民的剥削方式是采取"小伙账"的分配法,即"在总收入中双方各得 50%,但劳力所得的一半中,要扣除生产费用之后再按人平均分配,船主所得约占纯利的 66%"(《烟台水产志》编纂委员会,1989:83)。但是,现在船员即渔工是向船主领固定工资,与渔船总收入没有直接关系。在被雇佣之前,船员就已经和船主协商好了工资,这个工资标准往往依据当时的渔业劳动力市场状况而定。如果船员对船主给的劳动报酬不满意,船主就雇不到船员。笔者在牛庄实地调查中就目睹了一幕船主与船员就雇佣一事所进行的协商。参见"一起雇佣船员的事件"。

一起雇佣船员的事件

每年休渔期过后,即 9 月开捕之后,渔船主最担心的就是休渔期之前的船员不再来了。几乎每年都有这样的情况,船主为此不得不临时到处找人。今年船主 NLS 的两条渔船上就差了三个人,为此 NLS 不仅自己在招人,而且也到处托亲戚朋友介绍人来。下面就是 NLS 和一个船主朋友介绍过来的河南人渔工 H(40 岁左右)进行的劳资协商。

船主 NLS:你以前出海过吗?晕船不?

渔工 H:在 Y(NLS 的那个船主朋友)的船上做了 4 年

---

① 如果船主不上船,整条船就由船长说了算。但当渔船逃逸到国外、出现事故或违法行为时由船主负责。因此,除了一定的经济激励外,船主也只能以两种方式来确保船长能负责任:其一就是靠亲戚朋友的关系;其二就是给渔船和船长买保险。

了，不晕船。

船主 NLS：船员证等证件还能用吗？

渔工 H：都能用，没有过期。

船主 NLS：那你在我这能做多长时间呀？要多少钱？

渔工 H：我只能做 3 个多月，春节前我必须回去。3 个多月 28000 元。

船主 NLS：28000？有些多哦，我船上一般的船员每个月平均也就 5000 多点。

渔工 H：不多。现在物价都上涨得这么快。这个价有人给我开过，因为是 Y 介绍你的，我才先选择到你这的。

船主 NLS：好吧。你能马上就上船吗？春节之后你还能来吗？

渔工 H：能。不过春节过后我就不来了。

（事后 NLS 感叹："现在政府对这个劳工市场没有任何管理，由于近年来愿意上海讨生活的人越来越少，渔村的人也不愿意自己的后代上船，所以，招收船员就越来越难。船主为了招到足够的员工，就只能以高价来作为诱饵。"笔者依据访谈资料 NLS20101004-1，以及实地观察资料整理而成）

（3）船长（船老大）与船员（渔工）之间的关系是平等的互助关系，他们都是船主直接雇用的员工，只是各自的职位不同。船员也不像过去那样由船老大召集起来（传统船老大的这种召集实质上体现了船老大对船员的权威性控制），因此，现代船长只是履行其管理者的职责，而很难对船员进行权威性的控制。从下面一位船长所说的故事中可以清楚地看出两者之间的关系。参见"一条鱼所引发的纠葛"。

一条鱼所引发的纠葛

有一次我带的船在渤海海域的一个渔场里捕鱼，结果与辽宁的一条渔船因为一条很值钱的大鱼发生了纠葛。那条鱼本来是在我的渔网里，但是在起网的时候让其逃逸了，结果在追捕的过程中让辽宁的船给捞了。于是，我和对方的船长双方把船靠在一起争论起来。结果谁都不让谁，两个人在船头就打起来了。但是，我船上的人都没有上去帮忙，只在边上看着。对方的船上倒是上来两个帮忙的。最后还是我打赢了，把鱼抢了回来。这条鱼是我一个人抢回来的，其他船员打架的时候都没上，所以，卖了钱他们自然都没有份。（访谈记录 NLE20101004 - 1）

虽然都存在剥削，但是传统与现代的雇佣关系导致的后果是截然相反的。第四章中已经分析了渔船主的残酷剥削阻碍了渔业的整体发展，却有利于保持渔业资源的可再生利用。现代个体渔业的雇佣关系却刺激了渔业的发展，但这种发展是以渔业资源的过度开发为代价的。至少上面分析的三个与捕捞活动直接相关的行为主体身上就体现了这一点。

（1）渔船主只关心成本与收益，即燃油价、渔工工资、渔获物的数量和价格等是他最关注的东西。至于海洋中还有多少鱼可捕，"那我可不懂，我也管不着，我只要不亏本就行，要亏了我就不干了"（船主 L 的话，2010 年 10 月 4 日访谈记录）。因此，船主认为船长即使捞不到有价值的鱼，多捞些做鱼粉的小鱼也行。"即使我不捕捞小鱼，别的船也会捕，那同样出海一次，他就会赚得比我多，他就会出更高的工资雇好的渔工，购买更好的捕鱼设备，那我就竞争不过他，这样很快我就没法做了。"（船主 Z 的话，2010 年 10 月 4 日访谈记录）

（2）船长因为额外提成的刺激只会更加卖命地捕鱼。这种卖命捕鱼与过去船老大因为有把柄在渔船主手中而不得不为之的状况不一样。过去船老大卖命捕鱼是消极的行为，在没有渔船主的直接监督之下，这种行为的有效性肯定是要打折扣的。现在船长的卖命捕鱼则是一种积极的行为，因为船长清楚地知道自己捕获的渔获物越多就越能获得更多的报酬。"至于以后有没有鱼可捞，我可管不着，现在能赚点是点，实在没鱼可捞，那我再做别的活吧，反正都是卖命赚钱。"（船长 NLE 的话，2010 年 10 月 4 日访谈记录）

（3）渔工们直接忽视了有没有鱼可捕的问题，也就不关心究竟应该怎样捕捞作业的问题。首先，他们只是渔船主雇来的劳动力，在生产过程中没有发言权，与捕捞量的多寡也没有关系，只要拼命干活就能按期拿钱；其次，对于这些主要依靠出卖劳动力来获取报酬的渔工而言，之所以到海船上来吃苦，不过是因为这里的工资比做其他的劳动赚得更多而已。如果有其他的工作自己能做并且赚得又多，肯定就不会上船了。所以，"以后没有鱼可打了，那就做别的嘛，反正以前也是种地的，出来打工就是为了赚点钱，至于做什么就不重要了。"（渔工张的话，2010 年 10 月 4 日访谈记录）在笔者调查的十数位渔工中，几乎所有的种地出身的渔工都是这样的想法，而那些在海洋渔村中长大的渔工除了感到稍微惋惜之外，也只能无奈地表示"只能如此"了。

4.3.2 渔业公司的生存与发展

如果个体渔业中的船主、船长和渔工多少是因无奈才"竭泽而渔"的，那么，现代渔业公司就是专门为"一网打尽"而设置的。"公司在自相矛盾中既担负追求自己金融利益的任务，也担负推动人类事务进步和为人类生活提供安全舒适的使命，它们是给这颗行星造成灾难的主要工具之一。"（托马斯·贝里，2005：138）

现代海洋渔业公司就是海洋渔业资源趋向枯竭的主要源头之一。与具有传统性质的个体渔业相比，海洋渔业公司有一个重要的特征，那就是其性质是商业渔业。对传统的渔业社区而言，商业渔业的进入具有几个明显的破坏性作用：①商业渔民涌入传统渔业产生了混合的管理系统，在这一系统中公共产权资源管理机构常常停止运行；②商业渔民和传统自给性渔民经常为使用资源而进行竞争；③商业渔民所使用的强有力渔船和捕鱼装置对传统渔民来说具有极大的破坏性，商业性捕鱼产生污染，使鱼类的栖息地环境恶化，并导致过度的捕捞和对鱼类食物链的干扰；④社区领袖把社区渔业资源使用权卖给商业渔民，但并不把收入分配给社区中的每一个人，这引起了当地社会的不平等（托马斯·思德纳，2005：607~608）。

　　商业渔业是渔业公司的基本运行模式。商业渔业是为满足日益增多的人口对海洋食物的需求增加而出现的（Sainsbury，1996：2-4）。商业捕捞技术与海产品的加工和运输技术是商业渔业成为可能的两个重要基础条件。作为一种基本运行模式，商业渔业是以市场需求为导向的，以渔获物的价格为准绳实行产销一条龙服务。捕获有经济价值的渔获物，按照成本收益的关系调整生产规模，是渔业公司的两条基本原则。

　　第三章中已分析到，受交易市场、产品储存等因素的影响，传统海洋渔业，尤其是"家庭渔业"主要是自给自足的个体渔业经济。商业渔业是伴随着渔业公司的发展而逐渐壮大的。尽管在此之前商业渔业也存在，但规模是非常有限的。渔业公司自己采取的运行模式是商业渔业，它的出现与运作在很大程度上也促使了现在具有传统性质的个体渔业进入商业渔业的体系中，即渔业公司控制的鱼市场已成为所有渔业类型的指南针。

　　传统海洋捕捞业的渔获物销售主要有两个渠道：其一是第三章所说的"鱼行"（参见第三章 3.3）；其二是渔民自销与贩卖。"渔民的自销与贩卖是沿海水产贸易的主要方式之一。自销是指渔民在当地鱼市或船头将渔获物自行销售。贩卖是指渔民将渔获物经一定的销售渠道出售。根据销售渠道的不同，贩卖可分为鱼贩销售、贩鲜船销售和代理店销售。""从渔民自行销售，到经鱼贩、贩鲜船、代理店销售，渔获物参与市场流通的程度依次增高，而渔民参与市场交易活动的程度下降。在自行销售中，渔民有权决定买主和渔获物的定价。在鱼贩和贩鲜船销售中，渔民只需将渔获物抛售给鱼贩和贩鲜船，至于渔获物此后销往何处、以何种价格销售，渔民无从得知。渔民在销售中的主动权因此被削弱。而在代理店销售中，渔民不仅失去了定价权，而且要向代理店缴纳一定的佣金。随着市场化程度的提高，渔民逐渐退出了水产品的交易环节。"（山东省水产志编纂委员会，1986：463）

现在的"家庭渔业"采取的仍然是自销与贩卖的方式。第三章提到的"下小海"的近海渔业基本上采取的是当天捕获当天出售的形式，聚集在码头的小贩是购买渔获物的主力。拥有大型捕捞船的家庭式渔业也是以自销的方式出售渔获物。笔者调查的渔船主 NLS 自己联系熟悉的鱼贩或海产品加工公司，每次渔船回港卸货，他都会先联系买主，然后与之一起去码头验货交易。

现代海洋渔业公司在自产自销的同时还通过对海产品的加工掌控鱼市场。首先，现代海洋渔业公司拥有自己的大型捕捞渔业船队，这些船队游弋于世界各地的渔场，日夜不停地劳作，以发挥船队最大限度的捕捞能力。其次，渔业公司因运输、储存和销售的需要都配有相应的部门或子公司，自家捕捞船队的渔获物是加工和销售的主体，同时，通过购买和加工个体渔民的渔获物来掌控鱼市场的价格。如 1932 年，青岛渔业公司兼办鱼市场，其经营业务包括八个方面：购买渔船，采捕鱼类；设立鱼市场，竞卖鱼类；设冷藏库，存储鱼类；设金融部，方便渔民；制造贩卖各种鱼类；引领渔区养殖水产；筹设工厂制造水产；其他有关渔业的一切事项。其中，青岛鱼市场水产品交易程序显示，渔业公司通过控制交易环节而控制了整个鱼市场（山东省水产志编纂委员会，1986：474～482）。

显然，当前的渔业公司不论在生产规模，还是在对鱼市场的控制力度上都要比以前强大得多。正是渔业公司的这种强大刺激了渔业市场的不断繁荣。作为渔业市场的主体，渔业公司实际上不仅控制着捕捞业的规模和力度，也已经控制了人们对海产品的需求欲望。但由各个渔业公司组成的庞大市场又具有自己独立运行的逻辑，市场竞争规则而不是公司的发展规划成为支配一切行动的准则。这就是市场体系的强大魔力。因此，在考察世界各地商业渔业崩溃后，渔业科学家将为什么未能有效制止过度捕捞的原因主要归结于一点，即短期的经济利益优先取代了科学式发展（Schiermeier，2002：662 – 665）。

4.3.3 市场供求与捕捞作业方式

从三个实地调查的海洋渔村的微观层面看，海洋捕捞的作业方式与当地的市场供求关系紧密相关。如南庄捕捞业的衰退有两点主要原因：①渔业资源缩减，劳作成本高于成果收益；②交通不便，近海捕捞收获量少，拿出岛外去卖不划算，岛内又没有需求市场。而东庄的近海捕捞业仍然比较红火的原因恰好就在于它靠近城市，有一个庞大的新鲜海产品需求市场（见附录1），即使因渔业资源减少从而渔获物量减少，但是，渔获物价格的提升仍然使近海捕捞的低效率作业方式得以维持。而牛庄所在的荣成是在海洋渔业总值上连续 22 年居全国前茅的县（市），因此，海产品市场极为发达，因而其与整个海洋渔业市场的发展紧密相关，即当前首要的发展模式——远洋捕捞成了当地捕捞业的主要方式。

从整个海洋渔业市场的宏观层面看，作为"一网打尽"的主要体现形式，远洋捕捞在渔业生产总值的贡献量上正在加大。然而，就其主要的作业形式来说，拖网作业的经济效益相比其他的作业形式来说却是最低的。

　　海洋捕捞的经济效益由各种作业形式的经济效益构成，大体如下：拖网作业一般年份的总成本占总收入的 60% ~ 70%，纯益为总收入的 30% ~ 40%；流网（包括围网）作业一般年份的总成本占总收入的 40% ~ 50%，纯益占总收入的 50% ~ 60%；定置网作业一般年份总成本占总收入的 50% ~ 60%，纯益占总收入的 40% ~ 50%；钓钩产量低，成本占总收入的 30% ~ 40%，

> 纯益占总收入的 60%～70%，若按人平均计算，则产值低，因而纯益绝对值小。（烟台市地方史志编纂委员会，1994：1051）

为什么经济效益低下的拖网作业能成为远洋捕捞的主要形式？张震东、杨金森将其归因为四点（参见第四章4.1）。然而通过仔细分析就会发现他们归纳的四点原因其实是拖网作业的特征，或者说是与其他作业形式相比的优势所在。真正的根源实质上在于市场的作用。从这个方面看，与其他作业形式相比，拖网作业的四个特征可以归为一点，即能够快速而又大量地生产。而这一点恰好最符合现代市场经济的要求。"现代产业体系的第二个方面是把效益和生产力优先作为人类追求的目标……除极少数例外情况外，那些不能满足这些目标要求的，或者有碍于其至高无上地位的任何目标，都极少有机会被广大公众或其领导人认真对待"（唐纳德·沃特斯，1999：344）。

因此，其他具有地域性的多种捕捞方式（以不同的渔具和渔法为内容）由于效率低下而无法适应市场的需求，既不被政府所倡导，也不为渔民所喜爱。一旦海洋捕捞业作为海洋产业的一部分被纳入市场体系，生产效率就成为其首要追求的目标。各种各样传统的网具设置和渔法都是根据特定的地理环境和要捕获鱼类的特征等因素而定的，因而，不同的地域有不同类型的渔船、网具和渔法。[①] 但是，使用这些网具和渔法时有的不能快速地收获，有的不能大范围地作业，有的产量太低。只有拖网作业是最简单有效的，同时也能保证高产量的作业形式，因而，尽管它对海底环境和渔业资源的破坏力极其巨大，但在市场需求的强大推动之下仍然成为远洋渔业中最主要的作业形式。

---

① 烟台市木帆船从推进的方式上，可分为靠腕力摇橹推进的舢板筏子和借风力驱动的各种类型帆船，如瓜蒌、櫂子、排子、燕飞、马槽、盖桥等20多种。渔具渔法种类更多，各种网渔具、钓渔具和杂渔具达100多种。参见《烟台水产志》编纂委员会，1989：128～134，138～153。

4.4　"一网打尽"的政策维护

政府干预渔业资源这种公共性资源的利用已成为现代社会的一个普遍共识。渔业管理是政府干预中最重要的直接控制手段，而渔业补贴则是政府干预渔业的一个软控制手段。但是，这两个主要的手段实施的结果并没有达到保护资源、实现可持续发展的目的，相反，管理的失效和补贴的刺激成为"一网打尽"重要的社会规范条件。不得不说这是一个巨大的讽刺。

4.4.1　禁渔期与"偷鱼"

4.4.1.1　渔业政策的失调：禁渔期与"偷鱼"

禁渔期是在认识到鱼类繁殖生长规律的基础上共同约定的在鱼类产卵和生长期间不得进行捕捞活动的一项制度。在传统的"漏网捕鱼"时代，这项规则被俗称为"休渔期"，"休"表明它是基于渔民关于鱼类习性的共同认同基础上的行为。现代社会将之称为"禁渔期"，实质强调了它是一项明文规定的、带有外在强制力的和惩罚措施的制度规则。

在第三章的3.4中笔者提到，在中国传统社会里，人们很早就掌握了鱼类的产卵及生长繁殖等规律。尽管没有明文的政策法规规定休渔期的期限，但是渔民们共同遵循这一规律。这种遵循行为在笔者调查的胶东半岛沿海渔民中至少延续到了20世纪60年代（参见第三章图3-2关于"胶东半岛的传统渔区作业图及其详解"）。而这个时期正是该区域由传统的木帆船渔业全面转向现代机帆船渔业的阶段。在伏季休渔，这与木帆船渔业作业条件密切相关。"伏季水温高，鱼虾分散索饵，麻、棉网具易腐烂，不利于捕捞生产，传统上称伏季为伏闲。"（烟台市地方史志编纂委员会，1994：1045）

现代的禁渔期制度或休渔期制度，是在人们认识到过度捕捞的基础上建立实施的一项制度。就中国而言，直到1995年政府才在东黄海全面实行伏季休渔制度，1999 年将休渔范围扩大到南海（黄良民，2007：193）。但事实上，各海区的渔业资源此时已经面临枯竭的境地。新中国成立之后东海区的渔业发展就是一个明证：东海渔业资源在 20 世纪 50 年代到 1967 年总捕获量在 80 万～100 万吨，投入总捕捞力量 50 万～80 万马力，平均 1.32 吨／马力，捕捞强度与资源再生能力相适应；1967～1974 年，捕捞强度不断增长，资源再生能力已不适应捕捞强度的增长，平均为 1.07 吨／马力；1974 年以后出现了渔业资源从捕捞过度向衰退的方向转化，单位产量下降至小于 1 吨／马力。目前渔获物中低质小杂鱼比重占渔获量的 50% 以上（黄良民，2007：27）。

与其他现代捕捞限制政策相比①，禁渔期即限制捕鱼的季节，是难以监控捕捞量时所采用的另一种间接方法。这种方法有几个缺点：①"一定的限制（特别是捕鱼季节以及总量配额的限制）倾向于鼓励在渔业'开放'的短期内进行竞争式（derby-style）捕鱼"；②"多余的捕捞能力在一年的部分时间里可能是闲置无用的，或转移到其他区域，从而导致其他区域的过度捕捞"；③短期的捕捞季节降低了捕捞物的商业价值，因为在一年的大部分时间里这些捕捞物只能以冰冻的状态售卖；④这种政策工具导致渔民在恶劣气候下捕鱼，增加了捕鱼活动的风险（托马斯·思德纳，2005：603）；⑤从近海的"下小海"状况来看，这种政策促使近海小型渔业加大捕捞力度。

事实表明，禁渔期的实施的确只起到了"暂养"的作用，但未能达到保护资源实现可持续发展之目的。不仅"开捕后万船竞发，捕捞强度未减，休渔成果很快趋于完结"（黄良民，2007：195），而且在这一期间，必然会产生违规行为，如"偷鱼"。这种违规行为作

---

① 降低捕鱼成本的补贴政策、财产权的划定（如方圆 200 英里的禁捕区）、捕鱼执照、捕捞量配额制、进入限制、技术限制（渔法限制、渔船数量控制、渔网网眼大小）等都是与现代捕捞相关的限制性政策。参见托马斯·思德纳，2005：598～604。

为一种冒险行为，往往比正常的同类行为展现出更大的破坏力。

4.4.1.2　"偷鱼"现象

"偷鱼"是在禁渔期制度实施期间出现的一种现象。传统社会里，作为一种开放性的公共资源，获取渔业资源是每个人的正当权利，因此，自然也就不存在"偷鱼"。"偷鱼"是指在明确规定实施禁渔期的海域内进行捕捞作业的行为。由于各地和各国的禁渔期不一样，所以当前"偷鱼"有两种表现形式。

一是在本国禁渔期内的相关海区进行捕捞作业。鱼群洄游规律与鱼类的繁殖规律是一致的，因此才有了产卵渔场、索饵渔场。前文提到的海域间的"围追堵截"就是基于这些规律之上的行为，"偷鱼"也是如此。各海域的禁渔期一般都是该海域内产卵渔场的成形期，是鱼类繁殖和幼鱼生长的重要时期，因此，每个海域的禁渔期时间略有差异，并且每年的时间也略有差异。如在 2005 年中国沿海海域伏季休渔期时间安排中，北纬 12 度以北的南海海域（含北部湾）休渔时间为 6 月 1 日 12 时至 8 月 1 日 12 时，休渔作业类型为除刺网、钓业和笼捕外的其他所有作业类型；北纬 35 度至 26 度 30 分海域的休渔时间为：6 月 16 日 12 时至 9 月 16 日 12 时，休渔作业类型为拖网和帆张网作业。[①]

这种时间差为渔民"偷鱼"创造了机会。因为禁渔期的管理是通过本地的渔港停泊检查为主的，即由当地的政府工作者在禁渔期开始的时候到渔港中检查本地登记的禁渔期内不能作业的渔船数量和类型，如果查到规定的渔船没有停泊在渔港里，那么就要追查该渔船的去向。一旦查实了该渔船在禁渔的海区内作业，就要对此进行惩罚。如笔者在牛庄了解到的惩罚是这样的：以船主 NLS 的捕捞船为例，这是两艘 620 马力的大型拖网捕捞船，如果在禁渔期内被查到出海捕鱼的话，就会收回全年的燃油补贴（2010 年 NLS 的两艘渔船的燃油补贴总共 83 万元），并最高加以

---

① 中国渔业政务网，http://www.cnfm.gov.cn/info。

每条船 10 万元的罚款。① 在这样严厉的惩罚制度下进行"偷鱼",
一旦被抓是得不偿失的。

第二种形式是禁渔期间到别国海域中去"偷鱼"。目前,在各
国相邻海域渔船与渔政船之间发生冲突事件已经司空见惯了。《联
合国海洋法公约》及其相关规定、各海域相邻国相互合作执法等
都是为了控制这些事件,但实际效果并不理想。如中国自 1999 年
南海实行休渔以来(至 2006 年),南海渔政队伍共抓扣外国侵渔
渔船 135 艘(黄良民,2007:195)。专属经济区等海域划分不仅
给予了所属国开发该海域的更大权属,也增加了相邻国对该海域
的流动性资源,尤其是渔业资源的争夺程度。利用他国的休渔期
进行"偷鱼"已经成为引发国际海域争端的一个重要导火索。

国际社会将第二种形式的"偷鱼"称为非法、不报告和不管制
(IUU)捕捞,认为这类捕捞活动给全球的渔业、海洋生境等构成了严
重威胁,应该加强对这类捕捞活动的控制(FAO,2008:71)。

4.4.2　海洋管理制度的约束力:权属划分与竞争开发

自哈丁提出"公地悲剧"以来,人们认识到所有具有公共性
的自然资源在被利用时都遭遇了"公地悲剧"。为了避免悲剧,人
们寄希望于人为干预尤其是公共政策的力量。

海洋管理是随着人们对海域重要性的认识水平的提高而得到加强
的。在 15 世纪的"地理大发现"之前,海洋对于人类来说是一个神秘
而强大的存在,谁也没有想过要控制海洋,使之成为自己国家的属地。
1608 年荷兰法学家雨果·格劳修斯(Hugo Grotius)提出"海洋的自

---

① 《山东省伏季休渔管理执法规程》中"处罚标准"第二条规定:对在伏休期间
无捕捞许可证、擅自进行捕捞的,一律按《渔业法》第四十一条规定没收渔获
物和违法所得,150 马力以上渔船,每船处 3 万~10 万元罚款,40~149 马力
渔船,每船处 1 万~5 万元罚款;39 马力以下渔船,每船处 0.5 万~1.5 万元
罚款;情节严重的,可以没收渔具和渔船。见威海政府门户网站,www.
weihai. gov. cn,2010 - 5 - 20。

由"这一理念,之后西班牙、葡萄牙、荷兰、英国等传统海洋强国在世界各个海域发生了海权争夺事件,争夺的结果使所有的沿海国家意识到控制与海岸线直接相邻的海洋区域的必要性。于是,领海的法律概念被普遍接受,并且很快在沿海各国转化成了具体的控制措施(Cicin-Sain & Knecht,2010:28-30)。1890 年美国人阿尔弗雷德·塞耶-马汉的《海权论》使世界各个强国认识到海洋权的重要性,随后,沿海国家对邻接其海岸线的海洋空间开始了长达一个世纪之久的"圈海运动"。这一运动始于 1945 年美国总统杜鲁门宣布的对大陆架资源的管辖权,到 1982 年《联合国海洋法公约》产生时运动达到了最高峰,形成了现在海岸线外 200 海里的"专属经济区"(Cicin-Sain & Knecht,2010:30-31)。参见图 4-3"海域权属图"。

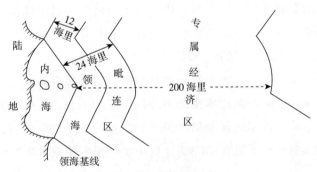

图 4-3 海域权属图

注:①海岸基线通常是海岸带的平均低潮线,穿过河口和海湾开口,在特殊情况下,是沿复杂海岸的外沿某些点延伸。②领海指一个沿海国家的主权延伸到的与其陆地国土相邻的海域,对群岛国家来说,是指与其群岛水域相邻的海域。根据 1982 年《联合国海洋法公约》规定,每个国家都有确定其领海宽度的权力,但最多不能超过自海岸基线起 12 海里。沿海国家的主权延伸到领海上的领空、领海的海底和底土。③毗邻区指与一国领海相邻的区域,自海岸基线起向海不超过 24 海里。在这一区域,一个沿海国家为防止有人违反其海关、财政、移民或卫生等法律可以行使必要的控制权。④专属经济区指领海之外,紧邻领海,但不超过自海岸基线起向海的 200 海里界限。在专属经济区内,沿海国家有对海底、底土及相邻水域内的所有生物和非生物自然资源进行勘探和开发、保护、管理的主权权利。

资料来源:Biliana Cicin-Sain & Robert W. Knecht:《美国海洋政策的未来》,张耀光、韩增林译,海洋出版社,2010,第 341~343 页。

相应地，海洋管理政策也有一个从地方到国际、从某个领域到全面管理的发展过程。但就目前的状况来看，沿海各国的单项管理已见成效。在海洋全面管理方面，目前还没有哪个国家实践出一套完整而实效的制度政策。"海洋管理体系（制度）的最基本形式适用于整个海洋区域内的某一单项活动的开展（如在某一州的 3 海里海域范围内的捕捞活动），实际上它也适用于有限的海洋区域内的所有活动（如由某一海洋保护区制定的、在保护区内有效的管理制度）。第一种海洋管理形式——单一目标管理——是迄今为止最普遍的"（Cicin-Sain & Knecht，2010：15 - 16）。国际海洋管理目前也同样更多地停留于单项管理或者区域管理的引导方面，"区域渔业管理组织在促进养护和管理鱼类种群的国际合作方面发挥着独特作用。这些组织代表着治理跨界或国家管辖区之间共享种群、国家管辖区和公海之间或只分布在公海的种群的最现实的方式"（FAO，2006：52）。

但从海洋法及其相关管理政策的实施效果来看，尽管很多国家都认为有必要采取这些措施来遏制情况的恶化，但是因为各种因素，其中因国家之间的资源争夺和国家的发展战略规划，这些措施的实施受到了阻碍。FAO 分析印度洋捕捞渔业管理的状况时指出：

> 在面临违法情况下，多数国家依靠数量不大的罚款或撤销捕捞许可作为威胁；然而，在该区域内绝大多数国家的认识是：提供的资金不足以对所有渔业规定进行执法，对不遵守的处罚不严厉或不高，难以起到威慑作用，以及被发现的风险太低不足以促进渔民遵守渔业规定。（FAO，2006：130）

总的来说，国际海洋法只在资源权属划分上起到一定的积极作用。这是因为每个沿海国家都意识到必须对海洋资源这种开放性的公共资源进行权属划分以便管理。但是，海洋法的另一个目的，即保护海洋资源，不仅没有实现，反而因为资源权属的划分而加剧了资源的开发和国家间的竞争，海洋法在这个问题上没有任何作为。

4.4.3　渔业补贴：一个以经济发展为目的的政策

现代社会中，在渔业资源日益减少的同时，燃油费、船员工资等捕捞成本却在增加，大型捕捞船队也同样在增加。这种现象并不符合市场运行的规则。笔者在实地调查中发现，船主无一不感叹"油价涨得太快、工资太高而渔获物越来越少"，可又发现这些船主都在谋划明年是不是应该换条更大功率的渔船。这种看似矛盾且背离市场准则的现象，主要是由政府的干预措施——渔业补贴造成的。

"渔业补贴的作用继续受到政府和民间社会的极大关注"（FAO，2006：60），历年FAO的渔业政策管理分析中都会提到这一点。"可以将补贴定义为一种政府的政策，这种政策是通过改变市场的风险、回报和成本的方式来使某些活动或团体获益""补贴政策的主要特点就是以扭曲市场运作的方式来使一些群体的受益超过别人"（Iudicello，Weber，and Wieland，1999：60）。这是人为干预渔业市场的结果。

补贴的最初目的是促进经济的发展，但是其结果导致了资源的过度利用，更不可思议的是补贴的资金来自纳税人。因此，地球理事会在1997年的一份题为"给不可持续的发展发放补贴"的研究报告中指出："人类每年要花数千亿美元，补贴其毁灭自身的活动，这真是匪夷所思。"（转引自莱斯特·R. 布朗，2003：200）

渔业补贴至少从三个方面导致了海洋生物资源的过度开发：①一些渔业补贴直接导致出现更多的捕捞渔船；②补贴鼓励使用更先进的技术来提高开发自然资源的能力；③通过降低鱼类渔业资源的价格，补贴阻碍了渔业资源的高效利用（Iudicello，Weber，and Wieland，1999：60）。

FAO 在 2006 年的《世界渔业与水产养殖状况》（FAO, 2006: 131 - 136）中分析了"捕捞船队燃料补给"问题，其结论是悲观的。[①] 渔船燃油补贴只是现实中多种渔业补贴类型中的一种而已。如有研究者将现代渔业工业补贴分为以下五类：第一种类型是直接提供收入支持或价格支持，或者给渔业中临时销毁的船舶提供补助金，这类补贴是从经济边际的角度来鼓励渔民从事渔业的；第二类是降低生产商的可变成本，这类补贴包括燃料免税，为捕捞船队吸引了投资，并且确保了边际性捕捞作业仍然存在；第三类是针对资金使用的补贴，为的是将资金吸引到渔业的投资中；第四类，当政府无法掌控一种公共资源的开发时这种类型的补贴就出现了，许多政府无法控制外国船队进军本国的渔业，同时也无力控制国内渔民在捕捞和销售渔获物方面的任何事情；第五类是间接使捕捞船队受益的补贴，此类补贴包括一个国家造船业的一般性补贴、政府对渔港和鱼类加工业的补贴措施（Iudicello, Weber, and Wieland, 1999: 61）。

与发达国家相比，中国渔业补贴政策最近几年才普遍实施，但影响同样巨大。笔者在 C 镇实地调查中了解到，自 2006 年中国政府开始进行渔船燃油补贴以来，大型渔船数量不减反增，而小型渔船数量却急剧下降。对此，许多传统的小型渔船船主在说到燃油补贴政策时表达了不满。而大型渔船船主在感叹油价过高的同时也表示，如果没有国家的燃油补贴，现在出海捕捞肯定是亏本的。中国农业部黄渤海区渔政渔港监督管理局的工作人员在 2010 年关于燃油补贴的调查报告中称：

> 渔业是一个高耗能、高风险的产业，燃油成本占整个捕

①　这个结论是引用石油输出国组织（OPEC）前主席谢克·亚曼尼的一个预测，即"石器时代没有因缺乏石头终结，石油时代将在世界耗尽石油很久之前终结"。

捞成本近70%左右。据山东荣成提供的数据：一对450马力拖网渔船一天耗油量约2吨，按年平均出海作业时间250天计算，年耗油量500吨左右，按照2007年船用柴油价格每吨6000元计算，仅柴油成本就高达300万元，而450马力渔船年收入400万～500万元，仅燃油费就占总收入的60%～75%，扣除各种应收规费、加冰、加水及船员工资等直接费用，尚不包括渔船折旧，只能保本经营或略有盈余。

资料来源：参见牛玉山、谭业国、张忠国《燃油补贴政策深得人心》，《中国渔业报》（渔业二版），2010年6月25日，http://www.farmer.com.cn/wlb/yyb/yy2/200806250249.htm。

由此可见，作为政府干预的两个最重要手段之一，渔业补贴与渔业管理一样都是现代捕捞业"一网打尽"成为可能的最重要的社会政策条件。只不过渔业补贴显得更直接一些，因为它直接通过对渔业市场的干预来不断提升捕捞能力。渔业管理的相关法规政策尽管在整体上是失效的，但是在区域或单项活动的管理中还是取得了一定的成就。《联合国海洋法公约》及与其相伴随的一系列规则本来是为了更好地强化海域管理，但是结果导致了各个沿海国家更大强度地争夺和开采渔业资源，这是人们不愿意看到的结果。

4.5　"一网打尽"的文化认同

文化的维模功能是人类独有的。对于任何一个生活于社会之中的个体所做出的任何一种行为都能找到其相应的文化依据。因为任何一个个体都会给其行为一个合理的解释，这个解释就是社会文化给予行为主体的自我认同。传统渔民将海洋和鱼类视为与人一样的生灵，这实质就是在为其捕捞行为寻求合理的解释，其中最典型的就是他们把渔获物视为海洋神灵的"恩赐"。然而，对于任何一个渔民来说，现代社会的"一网打尽"都是一个自我毁灭的过程。因为渔民身份与鱼是相互依存的：没有鱼可捕，也就没有了渔民这个职业。现实中渔民选择了这种自我毁灭的捕捞方式，技术给他的行动提供了工具，市场促发了他的行动，政策为他的行动提供了保障，而文化则为他的行动提供了合法性解释。那么，是什么样的文化条件在支持着渔民的这种自我毁灭的行动呢？

4.5.1 超越神灵的自我

传统社会转向现代社会的标志是工业主义的盛行，这种盛行最初源自人类对自我意识的反思。这是西方社会从传统转向现代的起点——文艺复兴运动的主题。文艺复兴运动使人类自我意识发生了两个重大的转变："首先，人性取代了神性的中心地位，人所追求的只是人自己"；"其次，个性取代人类意识的中心地位，主体意识最终落实在个体上。"（邴正，1996：52~53）

这两个转变推动了人类征服自然、认识自然的工业革命的发展。文艺复兴倡导的是一种人文主义精神，其核心是提倡人性，反对神性，主张人生的目的是追求现世的幸福；倡导个性解放，反对愚昧迷信的神学思想。现代文化的两大支柱理念由此产生并实践至今，即"知识就是力量"和"理性统治一切"。工业革命及其成就是"知识就是力量"的明证，而"理性统治一切"成为人类现代自我意识的核心，人依此将自己与神灵（自然）相分离。

传统的人是对神灵（自然）的一种敬畏性存在，现代的人则是超越神灵（自然）的一种理性存在。这种超越神灵（自然）的自我意识改变了人对神灵（自然）的态度，而这种改变在现实中改变了人的行为取向。第四章关于中国渔民的海神信仰及其作用的分析，展现了人类对神灵（自然）的敬畏是如何影响到人们的现实行为选择的。在西方文化的冲击下，中国传统文化发生了巨大的变迁。这种变迁在海洋文化中最明显的体现就是海神信仰的弱化和习俗规范的淡化。"海上渔民都相信科学，一天三次收听天气预报，导航和通讯设备齐全，迷信鬼神和跪求仙灯者均已绝迹。"（山东省寿光市羊口镇志编委会，1998：337）

　　海神信仰的弱化使渔民在捕捞对象上没有了顾忌，鱼类的经济价值是渔民选择是否捕获的唯一依据。在捕捞过程中"兼捕与抛弃"已经成为当今世界海洋其他非鱼类生物资源遭受损害的最重要的一个新问题（FAO，2010：83）。许多遭兼捕的生物资源如海龟、鲸鱼、鲨鱼、海鸟等在传统社会里都是渔民神灵信仰的对象或者被视为人类的朋友。不仅如此，海洋环境在渔民眼中也不再神圣，渔民可以因为多种原因向海中抛弃渔具等物品。

　　　渔民面临的各种压力是造成放弃或遗弃渔具的直接原因，包括：执法压力导致非法捕鱼者放弃网具；生产压力（包括危险的天气条件造成的）导致渔民放弃或遗弃网具；经济压力导致渔民将不需要的渔具丢弃在海里而不是放在岸上；空间压力造成遗弃或损坏网具。间接原因包括岸上没有废物存储设施以及存储设施不易使用和昂贵。（FAO，2010：130）

　　以此对比传统渔民因为信仰和习俗而做出的选择时，我们会发现只用"迷信"两字是不能概括出那种神秘而又神圣的力量所包含的意义的。

　　　祖辈相传不准把饭碗随便丢到海里，破碗和破碟不得任意掷入海中，都应带回岸上。这意味着渔民热爱自己所从事的海上工作——爱惜自己的饭碗。如果青年人不慎掉了饭碗，轻者罚他设法捞来，重者降低分红，甚至调离本船。（福建省水产学会《福建渔业史》编委会，1988：444）

　　传统渔民正是因为有这样的信仰和习俗才找到了自我。对海神的信仰抑制了渔民在海洋捕捞过程中的肆意行为，对习俗行规的遵循展现了渔民主体之间的相互认同。渔民个体的自我意识就是在对海洋及神灵的敬畏中、在祭祀仪式上的渔民与神灵的互动和渔民之间的互动中得以形成，并转化成选择现实行为的依据。他们在保护海洋、守护神灵的同时也找到了自己的归宿。

与西方人循序渐进地发展自我意识不一样，中国人的自我意识不是分析性的和批判性的，而是以反复体验来直观地把握自我本质。因此，中国文化追求的是整合而不是分化，是和谐而不是反抗（郦正，1996：101~103）。但是，这种重复体验的文化不具备自我拓展的能力，因而在西方人追求不断更新的文化冲击下，在现实力量，尤其是在科技等强大的物质力量面前土崩瓦解了。发展，尤其是快速发展成为人们追求的目标，自然环境中的一切都是实现这个目标的条件而已。

4.5.2 文化传承的断裂

如果说科技等力量是导致渔民传统文化传承断裂的外在因素，那么，渔民自身的代际流动趋向就是这种断裂的内在因素。"龙生龙，凤生凤，老鼠的儿子会打洞"，说的不仅仅只是种类的划分，更主要的是一种生存技能的传承。体现在社会的个体身上，就是以谋生技能为核心的文化传承。

现在村里30岁以下的年轻人几乎没有人上船出海了。有本事的都跑到大城市里生活去了，没本事的也在陆地上找个活混口饭吃，实在不行也是出海跑运输。没有人愿意再做打鱼的活。再年轻一点的孩子，父母都不愿意子女像他们一样，而是想尽办法让自己的孩子干别的活讨营生，只要不出海捕鱼就行。弄得现在很多村里的年轻人虽然在海边长大，竟然不会游泳，还晕船。（访谈记录LYQ20080802-5）

老渔民在叹息，而年轻的渔村村民则多是期望去城市里生活。这与西方发达国家的情况是一样的。与辛苦且充满风险的出海捕捞相比，城市里的任何一个工作都要比其舒适。这可以从下文的访谈内容中得知。

对一位年轻的、有过出海经历的渔村村民的访谈

被访者 LS，男，21 岁，老船长 LYQ 的孙子，船长 LLD 的儿子，现为海洋运输学校学生。

调查员：你们村和你同龄的人有多少？你们中有上船出海打鱼的吗？

LS：加我一共五个。就我一个有过出海打鱼的经历。

调查员：其他人呢？

LS：两个女的，一个做酒店服务员，一个好像在威海卖化妆品。三个男的，一个当兵，一个在船厂做电焊工，再就是我，我是学完了电工又开始学海上运输的。

调查员：你从几岁开始对你爸他们做的事感兴趣的？他们是定期出海回来吗？

LS：小时候听爷爷讲他们出海的故事，觉得挺有意思的。从小就没怎么看到俺爹，总在外面，一个月就能看见一回两回的。

调查员：你第一次和他们出海是什么时候？

LS：2007 年，那次没有船员证，出去一天一宿，还晕船，哎呀，那次还晕船！

调查员：你到现在为止出过几次海？

LS：两次。第一次是在 2007 年，那次还晕船呢。再就是 20 天前去的一次（大概是 2010 年 9 月），这次是有了船员证去的，过了五天六夜。

调查员：你在船上做什么？

LS：我不在船员行列，什么也不用干。闲的时候，到处看看，顺便捡个鱼虾吃。

调查员：你看船员们都做些什么？

LS：一般是早上两点钟收网，之后给鱼分类冷藏，天就亮了。每天都是重复作业。

调查员：半夜也分鱼吗？

LS：一天24小时，两条船下四网，一条船两网，轮番作业，人休息，机器不歇。

调查员：你爸想让你出海吗？

LS：俺爹说干什么也别干捕捞，他反正是干够了，上渔船不是个好营生。

调查员：你感觉你能适应那种生活吗？

LS：五六天可以适应，长时间待在船上就没法过了。

调查员：那你为什么很难适应出海捕鱼的生活？

LS：干渔船随叫随到，只要船长按铃一响，就得干活。反正没事就得抓紧时间休息，有时候你可以一直休息24个小时，甚至没有活你还可以休息48小时，但有活的话就得连续12个小时工作。

调查员：你觉得没法适应船上的生活，是因为太累，还是太寂寞？

LS：太累！寂寞倒没什么。

（访谈记录 LS20101004－1）

在理性的指引下，人们追求现代化村庄建设和现代化生活的同时，直接将传统抛弃了。伴随渔民代际流动趋向的不仅仅是渔村人口的流失，更主要的是与渔业、渔村、渔民相关的一切文化传统的断裂。这种断裂最现实的体现就是：渔民不把自己当渔民，渔民的后代不想当渔民，捕鱼的人不是渔民。因而，对于行为主体来说，现代捕捞活动仅仅只是一种经济性活动，它与生存和身份、意义和价值、行动和禁忌、过去和将来、自我和他人，等等，都没有了关系。

表4-3所展现的捕捞渔船船员结构基本上是现代远洋捕捞渔船的一个典型模式：第一类人是40岁以上的渔村原居民，他们大多从18岁开始就上船出海了，除了捕捞之外没有干过别的营生，兼之文化程度又较低，因此，尽管知道捕捞辛苦且发展势头越来越不好，但也只能选择熬一天是一天；第二类就是40岁以下且主要是不到30岁的内地渔工，他们全是内陆种植业出身，上船出海打鱼对他们来说只是一种赚钱的手段，从来没想过要一辈子打鱼，甚至很多人在做了一年后就不再来了。

对于那些打了一辈子鱼的老渔民而言，"渔民"这个词语正从他们的日常生活中逐渐地消失，这是他们不愿看到而偏偏即将成为现实的事情。在中青年渔民群体中，出海捕鱼在他们这一代就算是终结了。在更年轻的村民那里，捕鱼活动只是上辈人相传的故事而已。

因此，祖祖辈辈所积累的捕捞经验和渔家行规都已经被现代人抛弃，就算是得到遵循，也只是表现在形式上，根本起不到内在的约束作用。很多年轻人甚至已经不知道渔家的基本礼俗和禁忌，他们也不想去知道那些。上年纪的老渔民已经没有什么影响力了，身体好点的成为休渔期或渔船靠港短暂停留时看管渔船的老头，身体不好的成了村中闲聊者或园艺工作者。

传统的信仰体系及载体（龙王庙之类）早已在"破四旧"时被彻底捣碎了。尽管现在也有很多渔村建起了龙王庙，并且经常在传统的日子举行一些仪式，但是，这些庙宇和仪式活动已经成为一种真正的"仪式"，是为了所谓的风俗旅游或者文化保护之类的，渔民不再是主体而成了看客。

小结：在需要与欲求之间

与其他所有领域一样，科学技术在海洋捕捞业中展现了其强大的力量。至少从表面上看，正是大功率的钢壳渔船和细密坚韧的渔网保证了渔民们能够无惧风雨、无视距离、无畏海浪地在海洋中肆意驰骋且任意搜捕他们想要的东西。海洋中最凶狠的鲨鱼、最巨大的鲸鱼也抗拒不了机动船的轰鸣，游得最快的旗鱼（平均时速 90 公里／小时）、体型微小的虾虎鱼（成熟后短于 1 厘米）也逃脱不了尼龙网的束缚。

因此，科学技术成了人们反思"竭泽而渔"的首要攻击对象。但事实上，科学技术只是"一网打尽"成为可能的必要条件，即如果没有高科技的支持，人们只用木船、麻网和竹筒子是不可能实现对海洋鱼类的"一网打尽"的；但如果有高科技的支持，人们未必就非得选择"一网打尽"。"从本质上讲，科学技术作为调节人与自然关系的中介或手段，自身并不是一种独立的力量，科学技术的能动调节作用总是在与一定的价值观共同作用下体现出来的。"（雷毅，2004：14）

科学技术的发展是人类拓展生存空间的本能需求。"本能提出了原初的生存需要，促使人以自然为活动对象……精神与社会之所以发展，其原始动因就是为了满足本能的需要"（邴正，1996：127）。科学技术为人类认识和改造自然提供了工具，人类利用这些工具拓展了自己的生存空间。如果没有经济条件的刺激和政治条件的引导，科学技术给人类提供的也只能是工具，而不可能是一种征服自然的力量。作为一种人类改造自然的环境行为，海洋捕捞业的复杂性也证实了这一点。

社会、经济和体制给渔业管理、鱼类物种以及水生环境自身带来许多复杂问题。例如，渔业一般面临以下复杂性：（1）多个冲突的目标；（2）渔民和捕捞船队多个团组之间的冲突；（3）多个捕捞后阶段；（4）复杂的社会结构、社会文化对渔业的影响；（5）体制结构，渔民和规定之间的相互作用以及社会－经济环境与更大范围经济的相互作用。（FAO，2010：144）

事实上，正是市场的刺激与竞争、政策的引导与维护把人的需要变成了欲求。作为一种现代社会中的资源配置方式，市场竞争将压力分布于每个个体身上，同时与之相配套的私有观念以刺激个体的物欲为动力来促使个体承担这种压力。看似辅助实为引导的补贴政策为个体承担压力创造了条件，但这种政策与其他制度改革的政策（如生产资料的再分配）一起把个体完全推进了市场。由此，一个主要由人自己构造的世界形成了，自然不仅站在人的对立面，也成为世界运行的绊脚石。

在这个人为的世界里，由需要所产生出来的欲求反过来控制了需要。无限制的欲求配以无止境的发展，导致了人类自我的迷失。"原始人了解自我是简单的同一，种田的就是农夫，打猎的就是猎手。但是，在文化充分发展的情况下，'我是谁'的问题复杂得几乎一言难尽。"（邴正，1996：155）与此同时，"在一个主要由人造风险所构筑的世界上，几乎没有为神灵的感召留有一席之地，也没有为来自宇宙或神灵的巫术般的慰藉留下什么活动的余地"（安东尼·吉登斯，2000：97）。没有神灵和自然的对照，人在这个世界里就成了真正的"孤家寡人"，自然也无法给自己在这个世界里确定自己的位置。这就是人的需要和欲求之间的社会力量（经济的、政治的和文化的）扩张的结果，它不仅企图征服自然，也在压倒构成它本身的人。

第五章 海洋捕捞方式转变的
原因与影响

囚人，告诉我，是谁铸的这条坚牢的锁链？

"是人，"囚人说，"是我自己用心铸造的。我以为我的无敌的权力会征服世界，使我有无碍的自由。我日夜用烈火重锤打造了这条铁链。等到工作完成，铁链坚牢完善，我发现这铁链把我捆住了。"

——泰戈尔

作为一种环境行为，海洋捕捞方式的转变与其行为实践所依赖的社会条件、自然环境是分不开的。首先，捕捞主体——海洋渔民是社会中的成员，其意识与行为都会受到社会因素的影响。同时，行为实践的社会环境因素（技术的、政治的、经济的、文化的）在特定的社会中有自我运行的逻辑。其次，捕捞活动的自然环境——海洋环境和海洋生态系统有自我运行的逻辑，同时它还因社会因素的干扰而发生变化。同样，海洋捕捞方式转变的影响因素也具有自然的和社会的双重特性。

5.1 海洋捕捞方式转变的原因

第三章、第四章的分析性描述显示，从"漏网捕鱼"转向"一网打尽"绝不是因为技术发展的结果。技术的应用以及如何使用受制于社会的经济条件、政治环境和文化规范。从个体渔民的角度看，这些社会因素以及相互作用所构成的社会力量是如此强大，以至于渔民在选择具体的捕捞方式时几乎没有了个人的意愿。这些社会因素包括因人口增长而产生的生存空间拓展需求、因政治政策而产生的资源有限所有，以及渔业经济市场化所产生的压力。它们既是海洋捕捞活动的基础，也是导致海洋捕捞方式转变的强大驱动力。

5.1.1　拓展生存空间的需求：悖论式的行为选择

当前人们关于海洋渔业资源枯竭达成了一个共识，即人口增长和人的欲望膨胀是过度捕捞的原动力。人口增长导致对食物的需求增加，而广袤无垠的大海中储存着大量的食物资源，尤其是具有可自我再生能力的渔业资源成为人类首选的重点开发对象。同时，随着市场刺激与政策诱导，人们对海洋生物资源的各种需求欲望被挖掘出来，为满足这些欲望，人类就发明并运用各种技术去开发和利用海洋资源。终于，人类的这种无限制开发利用超越了海洋生物资源的自我再生能力，也就是超越了海洋环境的承载力，渔业资源枯竭问题就出现了。正如布朗所描述的：

> 海洋渔业历来是动物蛋白质的重要来源，没有人确切知道海产品捕捞量比渔场的可持续产量超出了多少……没有人知道过度捕捞已经到了什么程度，但同过度开采地下水一样，人们过度捕捞的目的是为了在短期内提高食品的产出量，时间长了注定要导致渔场衰落。（莱斯特·R. 布朗，2003：86）

不可否认，人口增长所带来基本食物需求和因欲望膨胀所导致的过度消费需求是人类加大资源开采力度的最初原动力，这一点在海洋捕捞上至少体现为三个方面：①食用鱼的供应量增长的速度快于人口增速。自 1961 年起，食用鱼总供应量年增速为

3.1%，而同期全球人口增速为每年 1.7%。2007 年，水产品占全球居民摄入的动物蛋白的 15.7% 和所有蛋白消费的 6.1%（FAO，2010：64）。②绝大多数海洋生物物种濒危都是人类膨胀的欲望需求所导致的，如对鱼翅的消费欲求导致了鲨鱼的濒危，这是一个全球公认的事实①。③捕捞工具及其相关仪器的改进都是以满足人类更多的需求为目标的，这一点在深海鱼类资源的开发上体现得尤为明显。②

　　站在生态学的角度看，人类如果仅仅因为"人口增长的需求"这种原动力而过度地开采海洋渔业资源的话，那么，这是一种正常的自然现象。就如自然界中，当某一群体数量增加以后，人类就需要开辟更广阔的空间来获取更多的食物。这与自然界其他种群的数量变动规律是一样的。因此，从这个角度看，当人类种群增长过快、密度过大而超越其所在的环境承载力，人类种群的衰退或灭绝就属于正常的自然现象。因为它遵循了自然的规律，即自然界对生存于其中的生物有一个限制，这个限制就是任何一种生物在自然界的生存空间都是有限的。

　　生物学和生态学将这个空间限制称为"环境承载力"，这是基于生态系统的立场而产生的一个概念，笔者认为，从人与环境之间的关系来看，用"生存空间"这个概念更能揭示其内在的本质。"环境承载力"强调环境本身就存在一种被动的、客观的约束力量，而"生存空间"不仅强调了这种约束力量，也强调了人的能

---

①　所谓鱼翅（fin），就是鲨鱼鳍中的细丝状软骨，是用鲨鱼的鳍加工而成的一种海产珍品。中国篮球明星姚明等人在"保护鲨鱼——从拒绝鱼翅开始"的系列环保广告中发出的口号是："没有买卖，就没有杀害"。这句话揭示了市场的强大力量，而广告的内容暗示的是消除吃鱼翅的欲望才是解决问题的根本之道。市场是以需求为导向的。

②　深海渔业资源（deep-sea fishery resources）随着齿轮技术的发展和导航仪器的改善在 20 世纪 90 年代得到深入开发。最著名的深海渔业是捕捞一种名为 orangeroughy 的深海鱼类，20 世纪 80 年代中期这种鱼大小平均在 1 千克左右，到 20 世纪 90 年代初期就下降到了 200 克。参见 http://www.fao.org/fishery/topic/12356/en。

动性一面，即人在自然界的"生存空间"拓展可以由人自身来决定。

基于环境、社会与人的统一关系，结合已知的生物学和生态学知识，笔者认为，任何一种生物的生存空间都可以分为物理性生存空间和生物性生存空间。前者是指生物生长和繁衍的地域场所，是一种绝对的空间，即一种生物的物理性生存空间对其他生物来说具有排斥性，如一只老虎的食物领地对于其他肉食类动物就具有排斥性。后者指生物生长和繁衍的生态场所，是一种相对的空间，即这种空间以该生物所在的食物网（food web）为依托。一般而言，在同一食物网中一种生物的生存空间与其他生物的生存空间是一种依存关系，最典型的就是寄生类生物。由此，生物的生存策略事实上就体现为该生物在占有一定的物理性生存空间的基础上如何寻求生物性生存空间的问题，而环境危机则预示着该生物的物理性生存空间遭到了破坏或其生物性生存空间受到了压缩，或者两者兼而有之。

具体到本书所探讨的主题，从前述人口增长的要求来看，海洋捕捞方式之所以转变，首要的原因就是人类拓展生存空间的需要。人类向海洋扩展的最初目的是获取食物，因此，人类向海洋环境寻求的生存空间主要是生物性生存空间。当然，围海造田之类的行为则展现了人类拓展双重生存空间的需要。但是，对海洋鱼类等生物资源来说，人类所选择的生存策略，即从"漏网捕鱼"转向"一网打尽"，主要是在压缩鱼类的生存空间，具体表现在以下两个方面。

第一，捕捞海域扩大体现了人类对海洋鱼类的物理性生存空间的挤占。人类由于日益增长的食物需求将生存空间从陆地拓展到海洋，这种拓展随着海洋开发科技的演进而不断深入。人类捕捞活动从近海到大洋、从大陆架到深海区不断发展，这是在地理上压缩鱼类种群生存空间的表现。对于海洋渔业生态系统而言，人类的这种深入扩展就是一种外在的干预。如果这种干预力量未能超过鱼类自我更新能力或没有破坏鱼类的生存环境，那么，人类的捕捞行为将相当于海洋鱼类所在食物链中的一环，起到一个调节生物链中鱼类种群数量的作用。就如传统的"漏网捕鱼"，一是停留于近海区域，二是有选择性地捕捞。这种方式实质上就如狮子捕获野牛一样，即在追逐野牛群的过程中捕杀那些跑得慢或被挤在外围的野牛，这是合乎生物种群调节规律的。

第二，捕捞种类及体型大小的选择体现了人类正在压缩海洋鱼类的生物性生存空间。科学技术的发展使得人类在海洋生态系统中的影响不断扩大。站在海洋鱼类种群的立场，这种扩大就是不断地挤压鱼类种群的生存空间，破坏鱼类种群的自我调节系统。从大鱼到小鱼，从食用鱼种到鱼粉加工鱼种，这是在压缩鱼类种群的生物性生存空间。反过来看，渔船、渔网等则是人类拓展自我生存空间、压缩鱼类种群生存空间的工具。所以，现代的"一网打尽"实质就是人类利用先进的工具无限地压缩海洋鱼类种群的生存空间以此拓展人类自我生物性生存空间的行为，即获得更多的食物。

从宏观层面来看，人类对海洋鱼类生存空间的压缩引起了海洋环境的变迁（以渔业资源枯竭为内容）。由于海洋环境是人类拓展生存空间的基础，因此，以渔业资源枯竭为内容的海洋环境变迁反过来又阻碍人类拓展生存空间。自然界中不同物种在生存空间的拓展方面都有自己的方法，这就是物种的生存策略。

不过遗憾的是，自工业革命以来，人类与蒲公英相比[①]，人类的能动性和自我意识使得人类在与自然的较量上选择了对抗自然。这种对抗最明显的就是人类不断地依靠自己的能动性去改进工具，

———————————

① 面对大自然各个物种的竞争状态，不同的物种会选择不同的生存策略。蒲公英就有一种典型的生存策略，即杂草策略或 r 策略：它常在路边等环境中生存，繁殖能力强，带绒毛的籽粒有很强的扩散能力，使它的后代不断追逐新环境。同时它在春天萌发，当别的植物开始生长时，它已经开花结果，完成了生命史，避开了与其他植物的竞争。

增强自己的力量，以此来对抗自然的压力。海洋渔业资源枯竭的事实证明，人类选择的这种生存策略是建立在一个错误的认识基础之上的，即人类只有通过挤压其他物种的生存空间才能获取更大的生存空间。事实上，从已知的生态学知识中可知，作为海洋生物食物网中的一员，人类与其他物种的生物性生存空间是相互依存的，尤其是在同一食物网中的物种，这种相互依存体现为互惠互利、一损俱损的关系。人类希望通过获取更多的鱼类资源来获得更多的食物，因为更多的食物意味着更大的生存空间，而更多的渔业资源是建立在鱼类种群更广阔的生存空间基础上的。反过来，鱼类种群的生存空间越小，鱼类种群数量就会变得越少，人类能获取的渔业资源就越少，人类基于食物拓展的生存空间就越小，即人类的生存空间也就在缩小。

这就是人类实施过度捕捞这一环境行为的悖论："一网打尽"的目的是给人类拓展尽可能大的生存空间，但是这种拓展压缩了鱼类种群的生存空间，其结果反而压缩了人类自己的生存空间。这个悖论的产生源于人们将人类社会中的物理性空间挤占规则搬到了自然界。一旦这种"挤占"成为人类与生物界其他物种争夺生存空间的主要方式之后，弱势物种就会退却，随之就是该物种因空间被压缩而衰退或灭绝。《大象的退隐：中国环境史》（Elvin，2004）一书是对这个论点的经典注解。

在自然界中，食物链与食物网是限制个别物种无限增长的铁律。作为自然界的一个物种，人类同样摆脱不了这条铁律。现实案例中，南庄的海水养殖的三个发展阶段验证了这条铁律。牛庄的渔民不断向更远、更广阔的海域拓展，近海捕捞业的时间被压缩在休渔期的两三个月里等，这些也证明了海洋渔民的生存空间随着海洋鱼类资源的萎缩而萎缩。然而，在拓展生存空间的压力下，渔民们在现实中不得不通过改变生产方式（主要体现为捕捞方式）来面对这种困境。悖论循环的结果就是技术越来越先进而环境变得越来越糟糕。

5.1.2 渔业资源的有限所有：海洋管理政策的反功能

不管是国家间的还是一国内的海洋渔业管理政策，其目的都是通过调整渔民的行为选择来达到人与鱼之间的和谐共存状态。但是，目前已有的以区域权属划分和控制为主的管理政策，实质上都是以解决人与人之间的冲突为目的的。这些政策的实施对个体渔民而言，强化了个体关于"渔业资源的有限所有"状态。其结果就是渔民为追求渔业资源的实质"所有"状态而选择了与渔业管理政策目的相背离的捕捞方式。

5.1.2.1 专属经济区与公海的设置

因其流动性，海洋渔业资源一直作为开放性的公共自然资源而存在，其产权是属于所有人的。这个特征也使得海洋一直作为一种"公地"而存在，因而，就如加内特·哈丁所描述的草场退化一样（Hardin，1968：1243 - 1248），人类对海洋渔业资源的开发利用也不可避免地会导致渔业资源枯竭这样的"公地悲剧"。正是为了避免或者消除海洋资源开发利用的"公地悲剧"，国际上主要以海洋区域划分来明确权属，而国家则主要以渔业法等政策法规来直接控制渔民的捕捞活动。但是，第四章的分析表明，海域的权属划分和国家的微观调控不仅没有很好地控制渔民的捕捞活动，反而成为"一网打尽"的社会政策实施的条件。

200 海里以内的专属经济区等区域权属划分实质上就是沿海各国对原有的公海进行的"圈地运动"。将 200 海里以外的海域划分为公海，就是一种公地的设置。美国的渔业管理发展史很好地证明了这一点。20 世纪 70 年代中期，在苏联、波兰等技术装备先进国家的渔船船队的捕捞作业中，美国至少有 10 个商业性渔场陷入严重枯竭的境地。为了防止这种过度捕捞行为，美国在 1976 年采取"单独行动"，议会通过了《马格努森渔业保护和管理法》。"《马格努森渔业保护和管理法》（Magnuson Act）确立了美国对所有的鱼类、溯河产卵的物种和大陆架生物海洋资源〔除了在新建立的渔业保护区（FCZ）之内发现的高度迁移性的海洋生物]的独家管理权。这个渔业保护区从领海的 3 海里界限延伸到 200 海里的近海"（Cicin-Sain and Knecht，2010：71）。由此可以看出，200海里以内的专属经济区划分实际上就是将原有的公海设定为沿海国家的"私有领地"，以便强化国家的管理权。

在认识到人类现代海洋捕捞方式危害的基础上，划分国际的专属经济区和国内的渔业保护区等海域的功能区的目的就是通过强化管理来防止过度捕捞的出现或使已经衰退的鱼类资源得以恢复。这是受地理学中空间组织思想的影响，将陆地上土地利用的功能区划分搬到了海洋中，将距离作为划分的依据。但是，"我们逐渐意识到距离不是简单的概念而是一个理解多样空间组织的复杂思想；我们也逐渐意识到每一个在技术上受到驱动的距离关系变化，都伴随着相应复杂的互相依赖的网络。联系和相互依赖的整个系统随尺度的变化而显著不同，个人或社区尺度上的真实在区域或国家的尺度上可能并不完全真实。"（苏珊·汉森，2009：159）

海洋捕捞技术的提升首先就体现为个人或社区尺度上真实区域的扩大，即渔民的捕捞范围扩大了。专属经济区和渔业保护区实质上就是通过制度的强制力以距离为依据来压缩这个扩大了或者正在扩大的捕捞范围。但是，不仅仅是因为技术的支持而弱化了距离的制约，更重要的是伴随着距离制约的弱化产生了一系列相互依赖的网络，包括世界沿海各国渔民之间的竞争关系、海洋渔业市场对个体渔民的影响、（一国）渔业管理者与（另一国）渔民之间的冲突、各个国家渔业管理者之间的关系、其他渔业相关的利益团体与渔民主体之间的利益关系，等等。制度上的区域划分实质是强制性地分割这些网络主体之间的相互联系，其结果必然与制度设置的目的相背离，即无法发挥协调冲突的功能，相反，它加剧了这些网络主体之间的冲突。

现实中，《联合国海洋法公约》的出台及实施就是加剧这种冲突的根源。1982 年《联合国海洋法公约》的条款授权沿海国家在离其海岸 200 英里的专属经济区内控制资源的开发。随后一些关于享用权的条约明确指出外籍渔船有权在远海作业。来自欧洲、日本、俄罗斯、韩国和中国台湾地区的渔船都和非洲国家就捕捞金枪鱼、鱿鱼、鳕鱼、章鱼和虾类达成了协议。如今，这些渔业资源中有的已被过度捕捞，有的已经捕捞殆尽。非洲国家在参与这种协议的过程中往往允许捕鱼船以低价进行捕捞，而受这些协议影响最大的捕鱼人和捕捞团体通常被排除在协议范围之外，几乎得不到任何好处。（希拉里·弗伦奇，2002：75～76）

由此可见，公海的设置不仅没有达到预期的目的，相反它还直接导致了捕捞活动从传统"漏网捕鱼"的近海作业转向了现代"一网打尽"的远洋渔业，并给"一网打尽"披上了合法性的外衣。因为对于沿海各国的渔民或船队而言，由于渔业资源的流动性，这种设置改变的不过是渔业资源的"有限所有"状况，即从传统技术导致的使用层面的"有限所有"转向了现代法规导致的制度层面的"有限所有"。"在大多数捕鱼的地方，水体没有所有权，而鱼的移动性太强，在实践中不可能对它们界定产权。"（托马斯·思德纳，2005：56）

5.1.2.2　渔业资源有限所有的后果

图 4-3"海域权属图"展现的就是海洋渔业资源在制度层面的"有限所有"。举例来说，以中韩的黄海海域为例，对于中国渔民来说，在黄海中洄游的鱼群如果处于中国的专属经济区以内，那么这些鱼群就是中国渔民共有的；如果处于中韩的专属经济区之间的公海，那么这些鱼群就是中韩渔民共有的，即谁捞到就属于谁的；如果游进了韩国的专属经济区之内，那么这些鱼群就属于韩国渔民共有的，中国渔民要是追入捕捞就属于违法行为。反之，对于韩国渔民来说亦如此。这是民族国家的主权制度所导致的资源有限所有。同样的道理，一个民族国家之内不同区域之间的权属划分制度也会导致资源的有限所有。

作为一种开放性公共资源，海洋鱼类在制度层面上属于同一群体中的每一个渔民，但在使用层面上则是由渔民个体私有的捕捞工具决定。图 5-1 "基于生产工具的海洋资源配置图"展现的就是海洋渔业资源在使用层面的"有限所有"。以牛庄的村民为例，国家法规规定海洋渔业资源是属于全民所有或集体所有，对没有渔船、渔网等基本生产工具的村民甲来说，由于他们无法从海洋中获取任何鱼类，所以制度层面的资源所有权对他们而言没有任何意义；对于拥有 8 马力渔船及相关网具的村民乙来说，可以任意捞取 20 海里以内的渔业资源，捞到了就是自己的，捞不到只能怪自己没用，但 20 海里之外的资源对于自己是无用的；对于拥有 20 马力以上的渔船及相关网具的村民丙来说，只要是共有的渔业资源就有可能属于自己。

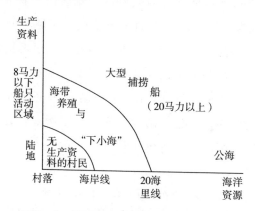

图 5-1　基于生产工具的海洋资源配置图

注：该图是笔者依据在牛庄的实地调查资料整理而成。渔船的马力与活动范围在现实中并不必然如此，即也有 20 马力及以上的渔船只在 20 海里之内海域活动的，但 20 马力以下的渔船是无法到 20 海里以外海域活动的，因为渔船航行距离与渔船功率、油料储备等密切相关。

因此，对于沿海不同层次的渔民来说，渔业资源在制度层面的"有限所有"与使用层面的"有限所有"的实现方式是不一样的。首先，在制度层面是以民族国家的强制力为后盾来实现的。传统的海洋渔业资源是公有的，这是"自由之海洋"的体现。专属经济区等海域权属划分实质是国与国之间制度层面的"有限所有",相对而言,就是通过国家力量将资源私有化,名义上是强化管理,实质是排斥他国渔民享有传统的公有资源。其次,在使用层面上则是以制度或者制度改革的方式来实现的。渔船及其网具的个体所有权确认在中国是通过制度改革实现的(唐国建,2010:84~89)。生产工具的所有权确认在海洋资源配置上体现的就是使用层面的"有限所有",这同样也是将原有的"公共资源"转化成现在名义上的"公共资源",即实质上的"私有资源"。

同样都是将资源私有化,两个层面的所有权意义对不同层次的渔民是不一样的,即在制度层面将责任归于政府,而在使用层面将利益归于个体。对于任何拥有先进生产工具的某国渔民来说,制度层面的有限所有实质上就是别的国家限制其获取资源,于是"偷鱼"就成为他们争取机会的主要手段,海域之间的"围追堵截"就是他们采取的主要捕捞方法。当然,通过两国的渔业协定而允许渔船进入本国海域内作业的情况也是常有的,这是一种合法的渠道,但是这种合法的渠道是有限制的。① 对于那些只拥有在近海作业能力的渔民来说,制度层面的有限所有具有维护自己利益的功能,因为国际政策拒绝了他国渔民的侵入,而国内关于渔

---

① 威海市海洋与渔业办公室在 2009 年 12 月 13 日发布的《关于 2010 年中韩渔业协定水域入渔指标分配等有关问题的通知》中,指出分配原则是"实行以公开抽签为主,行政分配为辅"。根据分配原则,对在涉韩入渔和渔业安全救助中做出重要贡献的渔业企业和部分渔船,可以直接分配。但直接分配给渔业企业的入渔指标数量不得超过该企业中有资格入渔渔船数量的 50%,直接分配给部分渔船的入渔指标中,市级不得超过其入渔指标的 3%,县(市、区)不得超过其入渔指标的 5%。这些参加直接分配的渔业企业还必须具备三个条件:①该企业具有独立的法人资格,其申报的渔船归该企业所有,船籍与该企业相符,有专职的涉韩管理人员;②安全生产管理严格规范,入渔业绩好,自 2001年以来,为涉韩、日入渔和远洋渔业开发做出过重要贡献;③其申报的渔船经过资格审查后,符合入渔条件的渔船达到 6 艘以上(含 6 艘)。此外,所有申请入渔的渔船都必须具有"一证、一书、一标志",等等。这些限制条件使得大量渔船被排除在入渔渔船之外。这些规定本身就是在制度层面和使用层面强化渔业资源的"有限所有"。详细参见中国威海政府门户网站,http://www.weihai. gov. cn/xxgk/xxgk_default. asp? id = 258063。

业保护区之类的政策实质上通过限制大型捕捞船的作业来保护小型渔业的利益。

尽管所有权的意义不一样，但它们导致的结果在社会层面和个体渔民身上却是一样的，这个结果体现在渔民的捕捞方式选择及其结果上。不管是制度层面还是使用层面，能否将资源的"有限所有"状态转化成现实的"实质所有"状态，即如何实现资源的私有化，仍然要看自己的能力，这个能力就是个体的捕捞力量。于是，就出现了目前这种状况：沿海各国渔民不断提高自己的捕捞能力以便在公海或者"偷鱼"行为中获取更多的渔业资源；政府为了防止过度捕捞或者维护本国渔业资源，通过不断制定法规来将资源"私有化"，以确保管理成为可能。但这种基于私有化的管理反过来又刺激了渔民为了将资源转化成"私有"而进一步提高捕捞能力。这就是当前人们只看到了"私有化"（体现为制度层面的政策力量）有利于促进生产力的提高，而没有看到生产力的提高会进一步强化"私有化"（体现为个人层面的市场力量）。两者的相互强化带动了社会经济的整体发展，提高了人类整体的生活水平，却是以加剧贫富分化（个体层面私有化的必然结果）和自然资源过度开发（生产力提高的直接结果）为代价的。制度层面的"有限所有"实质上体现为对穷人或弱国的剥夺，这是贫富分化产生的主要途径；使用层面的"有限所有"实质上鼓励了人们加强对资源开发的力度，这是过度利用资源的主要驱动力。

5.1.3 渔业经济的市场化：个体无法抗拒的社会力量

5.1.3.1 渔业公司的力量

作为社会分工和商品经济发展的必然产物，市场自出现之始就不断扩张。经济自由主义不仅是一个社会致力于创建市场体系时的组织原则，它也在促使生产领域、流通领域、贸易领域的"无限的行动主义"出现的同时，使市场体系本身不断扩大并形成自我运行的逻辑（卡尔·波兰尼，2007：142~157）。

渔业公司通过各种方式将与渔业相关的各个要素纳入渔业市场，而渔业市场又与其他的市场如油料市场、制造业市场、股票市场等紧密相连。这个庞大的体系以大众化的需求为导向按照自由竞争的原则自我运行着。大众的需求有的是起源于人原始的欲望，但现代社会里更多的是因为市场的刺激所产生的。

发出刺激的最主要工具就是现代社会里的广告。无数新奇的广告通过重复的暗示、宣讲、视觉等诱导人们产生某种需求欲望，市场依据这种需求聚集人力和物力，以满足大众的需求。下面的这段话就是一个很好的例证，它清晰地描述了市场引导下过度捕捞的全过程。

过度捕捞遵循一种典型的形式。一种鱼或贝壳受到大众的青睐后，为了在新的市场上占有一席之地，成千上万的渔民就开始捕捞这一品种。最早动手的渔民迅速出海，盯准这一新品种而获得巨大报酬。经济回报刺激了人们的热情，其他的个人和公司通常出钱，投资购买昂贵的捕鱼设备，希望借此获得同样的利润。

开始时，鱼的数量很多，所以捕捞收获巨大。此外，许多被捕的鱼类的体积较大、年龄较大。就在人们开始广泛捕捞几年之后，情况发生了改变。渔民们发现鱼的平均体积小了，因此他们必须捕捉更多数目的鱼来寻求平衡。在捕捞上来的鱼群中，已经再也看不到体形较大的鱼了，因为体积较大的鱼类早就在最初的几年被捕光了。随着所有成年鱼类被捕光，剩下的鱼就只有幼体了，其中绝大多数还未成为可以繁殖的成熟体。还有，渔民必须要航行很远，花很长的时间，并且努力地工作，才能获得他们想要的。在大约几年内几乎没有人计划要捕捞鱼了，而与预计相距甚远的捕鱼量与经济上的投入和人们的努力根本不成正比。（帕姆·沃克伊莱恩·伍德，2006：40）

个体对于市场的这种强大力量，只能无奈地服从。"随着捕捞力度和资本化的增加，渔民们借款投资更大的渔艇和更昂贵的捕鱼装备。甚至那些认识到鱼类存量将要被耗竭的渔民也继续捕捞，因为他们需要偿还借款"（托马斯·思德纳，2005：608）。就像笔者在前面描述过的渔船主 NLS，他这样的个体渔船主明知道捕捞幼鱼是一种目光短浅的行为，但在市场的竞争压力下不得已而为之。船主 NLS 在鞍山渔业公司改制的 2002 年贷款 30 多万元买了两条 200 多马力的渔船，到 2004 年再贷款 50 多万元加上卖旧船的钱购买了现在的渔船，因此还清贷款就是他扩大生产的主要目标之一。在这种情况下，几乎所有的人都认识到，如果完全由市场来主导生产，无鱼可捕就必将成为事实。于是就有了政府对渔业市场的更广泛干预，这就是现代社会或者说始于 20 世纪 70 年代的现代渔业管理。

事实上，以大型拖网作业为主的现代远洋渔业公司，其产生就源于渔业市场化的要求。渔业市场化就是要将传统自给型小型渔业（subsistence small-scale fishing）转化成现代的商业渔业。现代渔业公司作为渔业市场化的主要工具，不仅公司之间相互竞争，而且渔业公司还通过控制渔获物的价格、油料和网具等技术物品的供给来将所有的传统小型渔业都纳入它们所制造的"市场经济"。在市场竞争的压力下，传统小型渔业不得不放弃缺乏经济效益的"漏网捕鱼"方式，而选择适合市场需求的"一网打尽"的捕捞方式。从下面这段关于现代渔业公司的本质性概括中，我们可以了解到现代渔业公司是如何导致"一网打尽"普遍化的。

　　尽管公司不断发展、合并和相互竞争，但在公司行为上来说都是统一的。当它们相互竞争、威胁和支持时，公司之间的张力驱使每个公司的活动更加激烈。这种在它们多样性的压力中的相互支持，就是构成"市场经济"的东西。它们依赖于相同的资源基础、相同的市民和相同的媒体技术；它们互相服务；它们致力于相同的市场经济。它们对任何国家或者国际的政府性规定，有着共同的反对立场。它们尤其反对任何基于环境保护而对它们的活动所进行的限制。（托马斯·贝里，2005：139）

正是源于现代公司的这种强大力量，当无数现代渔业公司的大型捕捞船队在全球海域四处扫荡的时候，全球的渔业市场也在随着它们的每一次下网和收网而波动。许多被卷入市场的传统自给型小型渔业在这种波动中破产。由于渔业资源作为一种公共物品而无法明晰产权所产生的外部性，即渔业公司通过市场自由竞争的规则将自己的成本，尤其是环境成本转嫁给了这些小型渔业。因此，尽管政府通过制定政策来干预渔业已成为人们的共识，但是，在现实实践中，政府干预的政策失灵与自由市场竞争的市场失灵一样，给环境和弱势群体带来了更大的困境。

5.1.3.2　以市场为导向的政府政策与渔村改革

渔业市场化所导致的外部性问题要求政府通过政策进行调节，但是，政府的干预并没有为渔民减轻来自市场的压力，相反，基于市场的环境政策迫使渔民卷入更大的更具风险的市场之中。"连坚定的市场信徒都承认渔业是一个非常需要制定政策的领域。尽管政治家一直都很活跃，但被采纳的政策经常与那些实际需要的政策背道而驰。一个最好的例子是补贴，当捕捞量下降时，通过补贴来帮助渔民购买更多设备（如船只、渔网及技术）。麻烦在于更有效的设备加速了存量的损耗，因而增加了市场失灵中的政策失灵，最优政策的设计并不简单。每一位渔民给其他渔民带来了外部性，递减的存量增加了捕鱼成本并减少了未来捕捞。"（托马斯·思德纳，2005：59）

从理论上说，政府补贴"可以在解决环境问题方面提供激励"，但在实践中，"各种补贴被认为是加剧了经济上的无效率和环境上的不可持续"（罗伯特·N.史蒂文斯，2004：45）。之所以如此，是因为当前的政府补贴政策不是以公平分配资源为目的的，而是以市场为导向，以追求渔业经济效益为目的。在第五章中，笔者已经详细地阐述了渔业补贴作为一种社会政策条件是如何使"一网打尽"成为可能的。

在中国，除了政府补贴之外，以资源产权为核心的村庄制度变革也是以市场为导向的，它也是促使海洋捕捞方式转变的一个重要根源。在现有社会体制中，海洋渔村与其他类型的村庄一样，都属于农村范畴。因此，新中国农村制度的变迁在海洋渔村中也基本上是一样的。① 但是，由于资源特性之间存在差异，相同的制度变革导致了不同的结果。

以本书案例中牛庄所属的鞍山为例。从附录1中可知，鞍山在1998年公司改制之前与一般村庄没有多大的差异。1998年开始的公司改制，与土地型村庄1978年开始的包干到户，基本上是一样的。因为生产资料（如渔船）之于渔民，与土地之于自耕农的意义是一样的，因此，公司改制将渔船等生产资料卖给或转包给个人，与土地由家庭承包在形式上是一样的。唯一不同的是，土地承包主要体现在使用权上，而在海洋渔村的改制中渔船被卖给个人则是将"渔船作为生产工具"，这主要体现在所有权上。当然，养殖场的承包与土地承包是一样的，因为海水养殖场与土地是一样的，都是属于国家和集体所有的自然资源。这也是渔船可以卖，而养殖场只能承包的原因。

2003年是鞍山发展出现转折的一年。在这一年里，公司将绝大部分亏损的企业卖给或转包给了个人。附录1中关于鞍山集团下

---

① 按照时间顺序，中国农村制度（以土地制度为核心）的变迁历程是：1952年之前的土地改革——1952年开始的互助组、初级社（合作社）、高级社（人民公社）——1978年开始的家庭联产承包责任制（俗称"大包干"或"包干到户"）——20世纪90年代中期之后伴随着"30年不变"的延包政策所产生的再集体化（表现为土地征用和股份制改造）、与土地流转等现象相关的已经实施的或正在讨论的制度安排。详细参见温铁军，2003：12～15；韩喜平、杨艺，2009：50～54；万振凡、肖建文，2003：1～6；刘金海，2006：1～87。

属企业 1998 年和 2009 年的对比显示，公司原有的两大重要支柱产业——捕捞业和养殖业都被分离出去了。从现有的这些企业性质来看，已经很难说鞍山集团是一个以海洋资源为依托的企业集团。捕捞公司的几十条大型捕捞船都被转卖给了个人，当然这些人都是鞍山人。一万亩的海带养殖场和十几公里长的滩涂也都被转包给了个人，其中一万亩的海带养殖场被四个家庭分割承包了。其余的塑料厂、鱼粉厂、制冰厂等作为一种生产资料也都由个人按照"市场规则"购买了。这实质就是将原来的集体经营模式转向了家庭经营模式。

> 家庭经营的缺陷在于经营规模的不经济……家庭经营的生产功能将随着农业生产函数的不断变化而变化，终究要找到适当的联合方式。应当按照市场经济的需要和国家政策的取向，引导农民打破小农经济的封闭性。在自愿的基础上，以合作组织或股份制公司等形式建立利益共同体，共同利用服务业、加工业、销售业，或采取"公司＋农户"的形式建立产供销的一体化，加强市场竞争地位，降低交易成本。（余展、张太英，2003：71~72）

20 世纪 90 年代以来，土地型村庄改革基本上都遵循上述这样的逻辑。可是，从上面鞍山的改制来看，海洋渔村的改革逻辑恰恰是相反的，因为改革的一个结果就是家庭经营。由公司统一经营的企业基本上都倾向了商业，而与渔业相关的产业则回归到家庭作业的方式。如果按照市场逻辑进行推理，鞍山的改革是合法且合理的。大集体式的捕捞公司和养殖公司虽然保证了一定程度的公平，但是效率却是低下的。按照市场规则进行改制，可以提高效率，但公平问题就凸显出来了。因为改制不仅改变了村民对生产资料（主要是生产工具）的占有状况，也改变了他们对自然资源的占有状况和他们的身份。

　　首先，"一网打尽"的方式需要大量的自由劳动力和广阔的市场来支撑，而传统的自给型小型渔业都是在固定区域内按固定的方式生产和交易的。因此，必须将小渔船的所有者变成大型渔船的渔工，并有明确的社会分工。牛庄制度改革的最显著结果就是村庄出现了明显的群体分化现象（唐国建，2010：84~89），这种分化正好符合捕捞方式转变的要求：少数有资本、有关系的人成为大型捕捞渔船的船主；少数有经验、有能力的渔民成为大型捕捞渔船的船长；多数有出海经验而又没有资本的渔民和外来人员构成了渔工群体；少数年龄偏大（40~55岁）的渔民仍然艰难地延续着传统的"下小海"作业。他们共同构成了当地的捕捞渔业市场。

　　其次，村庄改制的结果是加剧了贫富分化，为了效率失去了公平。从村庄制度改革的本意来看，改革的目的是促进生产力的发展。因而，捕捞业改革的主要方式就是将生产资料中的生产工具私有化。但正如图 5-1 "基于生产工具的海洋资源配置图"所展示的，对于海洋捕捞业而言，生产工具的类型表示着资源占有的范围。与土地资源做比较的话，拥有 100 马力渔船的渔民就相当于拥有 1000 亩土地的农民，拥有 8 马力渔船的渔民只相当于拥有 10 亩土地的农民，而没有渔船的渔民与没有土地的农民是一样的。因此，这种依据市场规则进行的生产工具私有化的改革实质上剥夺了穷人的社会福利。"从这种角度来看，私人化或圈地是对穷人公民权的剥夺，有可能会加剧他们的贫穷，因此应该予以强烈反对。"（托马斯·思德纳，2005：98）

　　这种"应该予以强烈反对"的制度改革恰恰是市场经济发展的要求。与政府补贴的直接激励不一样，渔村制度改革是捕捞方式转向"一网打尽"的间接性条件，它通过推动渔村社区变迁来满足"一网打尽"的市场需求。反过来，市场机制又会加深、加速渔村社区的社会变革，以适应进一步的市场需求。这就是以利益为核心的市场体系施加给政府的压力，而以发展为追求目标的政府往往会尽其所能地去满足市场的这种要求，哪怕这种满足是以牺牲环境和弱势群体利益为代价的。

应该说，自商品经济占据统治地位以来，自由市场的资源配置与政府政策的目标规范就一直处于博弈状态。这种博弈状态的变化取决于政府的政治目标，当发展经济成为政府的主要政治目标时，那么所有政府制定的政策目标规范实质上都是为了满足自由市场的资源配置要求；若实现民众的福利成为政府的主要纲领，那么政府的政策目标规范就会以调节自由市场的资源配置面目出现，而其实践的效果与前者是一样的。这就是为什么在当今社会中环境危机已经得到普遍认同的状况下，国际社会和民族国家的基本政策仍然是以继续开发自然的"发展"为宗旨的。所以，现实情况就是"任何对工业、商业或者金融机构所做的政府性规范的努力，都被看作是对经济秩序正常运转的干涉。政府的主要目标是利用公共基金和资源去资助这些私人公司对自然世界的掠夺。"（托马斯·贝里，2005：168～169）

因而，我们能看到的事实就是我们生存的环境在发展、反思、博弈、均衡、发展的循环中变得越来越糟。"如果允许市场机制成为人的命运、人的自然环境，乃至他的购买力的数量和用途的唯一主宰，那么它就会导致社会的毁灭。"（卡尔·波兰尼，2007：63）

5.2　海洋捕捞方式转变的影响

海洋捕捞不仅是人作用于海洋及其渔业资源的一种摄食行为，也是人类社会中技术工具、经济目标、政治制度、文化规范等因素通过相互作用而形成的一种社会行为。因而，对海洋捕捞方式的转变最直接的影响是针对海洋环境而言的，但其最终的影响却施加于人自身。

5.2.1　海域承载力与海洋渔业资源的枯竭

环境承载力是当前人们评价人类环境行为影响自然环境的一

个重要视角。"环境承载力是环境系统功能的外在表现，即环境系统具有依靠能流、物流和负熵流来维持自身的稳态，有限地抵抗人类系统的干扰并重新调整自组织形式的能力。""它反映了人类与环境相互作用的界面特征，是研究环境与经济是否协调发展的一个重要判据。"（唐剑武、叶文虎，1998：228）

海域承载力是海洋环境承载力的体现，这是一个较为综合的指标。海域承载力是指一定时期内，以海洋资源的可持续利用、海洋生态环境的不被破坏为原则，在符合现阶段社会文化准则的物质生活水平下，通过自我维持与自我调节，海洋能够支持人口、环境和经济协调发展的能力或限度。海域承载力包括两层基本含义：一是指海洋的自我维持与自我调节能力，以及资源与环境子系统的供容能力，此为海域承载力的承压部分；二是指海洋人地系统内社会经济子系统的发展能力，此为海域承载力的压力部分。①

与海洋渔业发展相关的指标体系只是衡量海洋承载力的一个重要部分。单就海洋捕捞业而言，海域承载力主要体现为鱼类种群的自我再生能力。人们提出了许多重要的概念来展现海洋环境的承载力对人类行为的约束，如最大可持续产量、最适宜承载能力、最适宜产量②等。当前，世界沿海各国控制海洋过度捕捞的政策都是基于对海洋鱼类种群自我再生能力的科学评估而制定的，

---

① 关于海域承载力的理论、评价方法和定量化研究等内容参见韩增林、狄乾斌、刘锴，2004：50~53。

② 最大可持续产量（maximum sustainable yield）指可以长期持续而又不减少存量的科学捕捞量，其可以保证一种不被耗竭且永久再生的资源。最适宜承载能力（optimal carrying capacity）指某一栖息地在不降低自身继续发挥功能的能力之前提下，支撑某一物种种群维持健康状态的能力。关于最适宜产量（optimal yield），从渔业产量这一角度看，"最适宜"这个词的意思是一个能够产生最大整体利益的渔获量，尤其是在食物生产和休闲娱乐机会方面。它考虑了海洋生态系统的保护；是在相关社会、经济和生态因素限制下不断降低的渔业最大可持续产量的基础上提出的；它有助于遭受过度捕捞的渔业资源恢复到与该资源最大可持续产量一致的生产水平上。参见 Biliana & Knecht，2010：342。

如中国政府所实施的总量控制①，这种控制主要体现为减少渔船数量、缩短捕捞时间和禁捕某些鱼类。

从"漏网捕鱼"转向"一网打尽"，其内容展现为捕捞力度的加强、捕捞时间的延长、捕捞范围的扩大。这都是以与渔业相关的科技发展为前提的。捕捞力度体现为使用大功率的机动渔船和细密坚韧的渔网。全天候的作业以及偷捕等行为都是延长捕捞时间的表现。而深海开发、某种特殊用途的鱼类捕捞将传统的捕捞范围扩大了。这些都降低了海洋鱼类种群的自我再生能力，导致了鱼类种群的衰退与灭绝。

海洋渔业资源枯竭是海洋捕捞方式转变最直接的结果。从第一章中关于世界和中国的海洋捕捞的宏观描述中可知，海洋渔业资源枯竭主要体现在三个方面。

（1）海洋捕捞产量呈现下降趋势。参见第一章表 1-1，自 2000 年世界捕捞总产量达到 8680 万吨的最高点之后，捕捞总产量在最近十年都呈现出下降的趋势。在微观层面也是如此。下面是牛庄一个进行"下笼子"作业的渔民的叙述。

> 从 1978 年开始搞承包制时，我就自己买木头造了一条船单干了。以前我是在集体的农业队搞副业，但我父亲是渔民。从那时到现在，我的船已经换过三次了，最开始就一条手摇的小木船，现在是 1997 年换的 8 马力的小舢板。"下小海"就是比较自由，也没有在大船上那么辛苦。天气好才出去，而且也主要是休渔期这两个多月比较忙，能出海就尽量出去，因为一年就这两个月挣钱，等大船一出海，东西就便

---

① 《中华人民共和国渔业法》第二十二条规定：国家根据捕捞量低于渔业资源增长量的原则，确定渔业资源的总可捕捞量，实行捕捞限额制度。国务院渔业行政主管部门负责组织渔业资源的调查和评估，为实行捕捞限额制度提供科学依据。中华人民共和国内海、领海、专属经济区和其他管辖海域的捕捞限额总量由国务院渔业行政主管部门确定，报国务院批准后逐级分解下达。

宜了，鱼也少了。我一般每天凌晨4点左右就下海了，10点左右回来。主要是下笼子作业。地点比较固定。笼子一般是今天去下，明天去把笼子里的东西捞出来，然后再放回去。判断地方主要是靠自己的记忆和经验，一般走熟悉了就像在陆地上种地一样，不会找不到笼子的。下笼子的地方往往是在鱼群洄游的路线上。80年代时，虽然工具比较简陋，但是那时的鱼还是比较多的，每天最少也能捕获50多公斤的渔获物。现在渔船安装了动力机，渔网也比以前好了，但是鱼越来越少了。每天出去收笼子都得看运气，运气好点能有20~30公斤的渔获物，运气差的时候好几个笼子里什么都没有，这种状况几乎每次都有。现在经常是渔获物全卖了还不够油钱。村里面其他下小海的人都这样。所以现在像我们这种人，有些趁还能上船出海，就放弃下小海而上大船打工，从事远洋捕捞去了。像我这样年纪大一点儿的，就只能这么熬了。为了省油钱，现在出海的时间也越来越少了。（访谈记录 YC20080801-1）

从上述内容可以看出，在捕捞能力上升的同时渔获量却在下降。这就是捕捞力量（fishing effect）① 超过了海洋渔业资源的最大可持续产量所导致的结果。这也是鱼的生态包袱（eco-rucksack）② 加重的体现。简单地说，就是现在人们吃一条鱼所要投入的成本

---

① 所谓捕捞力量或捕捞努力量，通常指在特定时间内投入渔业捕捞生产的工具设备的数量和强度。参见沈国英等，2010：282。
② "生态包袱"是德国著名学者魏兹舍克（Weizscker）创造的一种计算资源浪费的方法。它计算生产每单位产品所需要的物质投入总量，总投入与产品重量二者的差值被称为该产品的生态包袱。按照这种方法计算，一个10克重的金戒指总共需要投入3.5吨的物质，即它的生态包袱是3.5吨。参见〔奥地利〕陶在朴，2003：29。因为无法获知一条海鱼需要投入多少物质，所以无法计算它的生态包袱。但按照这种计算的思路，我们可以想象得到现在到深海中捕获一条鱼的生态包袱肯定与生产10克金戒指的状况差不多。

比以前可能高出数十倍。

（2）渔获物中鱼的种类在减少，鱼的体型在小型化。世界海洋捕捞产量总体维持稳定，但捕捞种类变化明显。如在海洋捕捞主要种类的排序上，2000 年排第一的是鳀鱼（1130 万吨），2008 年则是秘鲁鳀（740 万吨）（FAO，2002；2010）。能捕获的有经济价值的鱼类物种已经越来越少了，这一点在区域性渔业中体现得尤为明显。如南庄所在的海岛县长岛，小黄（花）鱼和带鱼都成了"历史上的主要捕捞资源"（山东省长岛县志编纂委员会，1990：89）。区域渔业如此，全球海洋渔业也如此，这体现在"低值/杂鱼"在海洋渔业总产量中的比例上升（FAO，2006：116）。这实质就是过度捕捞导致的"按食物链向下捕捞"[①] 现象。因为有高科技的支持，"按食物链向下捕捞"能够实现使用更小网目的渔网捕捞，甚至是"无网捕捞"或者炸鱼式的捕捞。

（3）许多重要的渔场鱼汛期消失。在鱼汛期，到渔场进行捕捞是传统捕捞业的主要方式。如烟台渔民用"谷雨三日满海红，百日活海一时兴""立了夏，加吉、鲅鱼抬到家"等谚语来形容每年从谷雨到夏至的鱼汛期，这被俗称为"大海市"。作为捕捞生产的黄金季节，"大海市"是决定全年渔业丰歉的关键，产量占全年的 60% ~70%。但是，境域近海历史上形成的 4 个渔场中有 3 个资源曾经极为丰富的渔场由于过度捕捞、鱼类资源枯竭而无法形成鱼汛，如在石岛渔场中 20 世纪 60 年代前产量较高的小黄鱼、带鱼、鲨鱼、毛虾、青鱼等近年来几近绝迹（烟台市地方史志编纂委员会，1994：1045 ~1046）。

综上，从海域承载力的角度看，"一网打尽"的捕捞方式是不符合海洋鱼类生态规律的。它所运用的捕捞工具以及全年候的捕

---

① "按食物链向下捕捞"指当一些热带底层沿海渔业中更大和更有价值的鱼类（经常是具有更高营养级的肉食性种类，如鲷、鲨鱼和鳐）被过度捕捞时，渔民改为捕捞大量的低值种类（经常是具有较低的营养级的种类，如鱿鱼和海蜇）。参见 FAO，2006：114。

捞时间极大地超越了海洋鱼类的自我再生能力，其结果必然是海洋渔业资源的枯竭。

5.2.2　传统渔业社区的瓦解

海洋捕捞是居住在一定区域中的渔民为了获取生存资源所进行的一项生产性活动。因此，捕捞方式的转变必然会影响到渔民及其所在的社区。这种影响就是传统渔业社区的瓦解，它主要体现在个体渔民身份认同的困境和渔民群体之间的人际关系紧张。

5.2.2.1　渔村传统的断裂与渔民身份认同的困境

对个体渔民来说，从"漏网捕鱼"转向"一网打尽"展现了工业化对个人的强大控制力。这种控制力的后果直接体现为渔村的变迁，而落实到个人身上则体现了渔民身份认同的困境。

工业化对渔村社会而言，最大的冲击是打破了渔村的"传统式惯例"。"传统式惯例，它内在地充满了意义，而不仅仅是为了习惯而习惯的空壳……总的说来，就其维系了过去、现在与将来的连续性并连接了信任与惯例性的社会实践而言，传统提供了本体性安全的基本方式。"（安东尼·吉登斯，2000：92）

就渔民个体的自我意识而言，渔村传统的断裂导致了渔民的本体性安全的丧失。缺乏本体性安全意识的渔民个体在现实中就会感到处处都是威胁，自我利益的最大化就成为其行为选择的唯一标准。这就是"渔民"知道"一网打尽"是一种自我毁灭的行为，但仍然在如此做的原因。渔村传统的断裂将渔民的行为及其结果相分离了，这种分离的结果就是个体渔民的身份认同困境：渔民不把自己当渔民、渔民的后代不想当渔民、捕鱼的人不是渔民。

老船长说：捕捞公司没了，退休金变成了社保局的保障金，海里有没有鱼已经和我没关系了；村庄没了，孩子们都搬到楼房上去住了，习俗礼仪都变成了纯粹的"仪式"；孙子进城了，捕捞的经验变成了渔民的故事，祖辈积累的东西没有了传人。我成了一个看渔船的老头，不再是一个经验丰富的船老大！

船主说：什么东西值钱，我就捞什么！别人怎么捞，我就怎么捞！只要不亏本，我就捞下去！至于以后有没有鱼捞，那不是我考虑的事情，也不是我能解决的问题。

船长说：船主要我捞什么，我就捞什么！船主给我什么工具，我就用什么工具捞！只要船主给我钱，我就捞下去！我只负责掌舵、找鱼，找到了鱼，说明我有本事、运气好。没有了鱼，只要船主继续雇我，拖海泥我也干。

渔工说：船长叫我做什么，我就做什么；让我怎么做，我就怎么做。反正我只是拿固定工资，捞什么鱼、捞多捞少都与我没关系。上渔船捞鱼和上工地搬砖是一样的，都是混口饭吃。

"下小海"的渔民说：小船斗不过大船，所以，大船出海我就在家，大船回港我就出海，大船捞大鱼，我就捞虾米。反正干什么都得靠自己，怎么赚钱就怎么搞。

渔民的儿子说：反正我是不会上船捕鱼的，出海看看风景还可以，要是让我一年有大半年在船上待着，不累死也得闷死。城里的生活多好，不仅舒适而且也安全。（笔者依据实地调查资料整理而成）

现实中的个体渔民无法清楚地认识到自我身份认同危机这个问题，或者对他们来说这不是一个问题。当传统的信仰和习俗失去了规范渔民行为选择的作用后，渔民们顺从了市场的逻辑和政策的引导。所以，虽然他们有时在困惑自己的身份，但这并不影响他们日常的行动。这是因为追求最大效益的市场经济、追求永续发展的政策规范、追求主体自我的价值观念将渔民这个行为主体与捕捞的对象——鱼、捕捞的环境——海洋以及捕捞活动本身分割开了。这就是马克思所描述的"异化"。

可以说，笔者在三个海洋渔村中发现村民在涉及渔业发展问题时，都有一种悲观的情绪，即使那些每年可以赚上百万的大型捕捞渔船船主，也是如此。当这些行为主体不再将海洋及其渔业资源视为他们以及他们后代依赖生存的基础时，那么，他们自然而然就会以短期的效益为最重要的追求目标。并且他们用个体最理性的方式来规避海洋渔业资源枯竭所带来的可能危机，即在自己现在可以捕捞的时候尽量达到最大生产能力，而对于未来则坚决不让自己的子女再以捕捞作为生计方式。

因此，当渔民看到小小的幼鱼被成筐成筐地像垃圾一样倾倒入卡车中时（见第四章关于鱼粉装卸场景的描述），没有人在哀叹（除了那个无能为力的老渔民）；当渔民驾着几百马力的大轮船拖着数百米宽上千米长的渔网在大海中肆意驰骋的时候，没有人会关注落入网中的那些和人一样有着生命的物体究竟是什么；当渔村文化习俗节中各种仪式在锣鸣鼓喧中举行而四周荧光闪闪时，真正的渔民在一旁或者乐呵地"看戏"或者忧愁地"看天"（即算计着出海的事情）。

这实质就是渔民身份认同困境导致的最严重的后果，即反过来更加强化了渔民对"一网打尽"的选择。这与陈阿江研究水污染问题时所提出的"从外源污染到内生污染"的社会文化逻辑是一样的，即外源污染不仅污染了环境，也污染了人，使原本受污染的人变成了制造污染的主体（陈阿江，2007：36~41）。在海洋捕捞上也同样如此，"一网打尽"式的捕捞使渔民不仅网尽了海底的生物，也彻底破坏了传统渔业和渔村的生态规律和价值规范，村庄中传统"漏网捕鱼"的渔民们或被动或主动地采取了同样灭绝式的捕捞方式。

5.2.2.2　渔民群体之间的人际关系紧张

在从"漏网捕鱼"向"一网打尽"的转变中，技术是一个基础性的前提条件，市场与政策起着促动与维护的作用，作为行为主体——捕捞渔民群体身份及其观念的转变才是最重要的因素。相应地，海洋捕捞方式转变最显著的自然后果是以渔业资源枯竭为内容的人与自然之间的冲突加剧，而其最显著的社会后果是以人际关系紧张为核心的人与人之间的冲突加剧。

（1）全球范围内的商业渔民之间的冲突

远洋捕捞在世界沿海各国的渔业中所占比例越来越高，而远洋捕捞船队基本上都属于沿海各国的大型渔业公司，也即在世界各大渔场，尤其在公海渔场中进行捕捞的主体是商业渔民。从捕捞业来看，专属经济区等海域权属规定实质上就是针对他们的捕捞活动而做出的。前面说过专属经济区的设立实质是将原有的公共资源进行国家层面上的私有化，这种人为设定的制度层面的资源有限所有状态必然会导致渔民主体为了实现资源的个体所有而弱化使用层面的有限所有程度，即他们通过提升捕捞力量或"偷鱼"的方式来加大捕捞力度，以尽可能多地获取渔业资源。如此，商业渔民之间的竞争性冲突不仅体现在有形的海域捕捞活动中，也体现在无形的全球渔业市场竞争中。FAO 的统计结果表明，在多数欧洲国家、北美和日本，由于受产量下降、捕捞数量减少、技术进步使生产率提高等因素的影响，海洋捕捞业的就业率下降显著，如在挪威 2008 年海洋捕捞业雇佣人数比 1990 年下降了52%。同时，由于捕捞业对发达国家年轻人的吸引力正在降低，很多工业化国家的捕捞公司开始在其他地区雇用人员，在欧洲，来自转型经济体或发展中国家的渔民正在替代当地渔民（FAO，2010：28 - 29）。

全球商业渔民之间的冲突始自工业化捕鱼的出现，而当前的全球化进程加剧了这种冲突。只在近海作业的传统"漏网捕鱼"因范围有限，不会导致两国之间的渔民为争夺资源而发生冲突。但远洋渔业成为主流之后，一切都改变了。这一点从日本的渔业发展史以及对中国的侵渔史可以得到证明。

日本自明治三十八年轮船拖网传入后，因与沿海渔业发生重大冲突，乃于一九一一年制定取缔规则，划定禁渔区域，即划定日本沿海之一定区域内，不准渔轮曳网捕鱼，于是此种渔业不得不向远方探索渔场。一九一四年又扩大禁渔区域，其捕鱼地点不得在"东经一百三十度以东朝鲜沿岸禁止区域以内"，无形中即以渤海、黄海为其渔轮捕鱼之唯一区域。一九一七年改正汽船曳网渔业取缔规则，规定船数为七十只，新造船须在二百吨以上，速率十一里续航力二千里以上。一九二四年又改正该渔业取缔规则，对内地及黄、渤、东隔海以外之海面不适用七十只之限定，即该规则任出入中国南海之渔船不加以限定。（李士豪、屈若搴，1937：198~199）

（2）渔业公司及其商业渔民与个体渔民之间的冲突

现代渔业公司及其商业渔民一开始就是以争夺传统个体渔民的领地和资源出现的。这种冲突不仅体现在对渔业资源的争夺上，也体现在两者之间的直接争斗上。下面关于中华民国时期新旧渔业之间的冲突清晰地显示了这个现象。

据民国二十二年一月（1934年1月）《山东水产导线》上刊登的朱南川之报告，概述情况如下：

最近六、七年，中国渔商及一般资本者鉴于日本渔业之勃兴，以及渔利之大，亦有效仿日人，购置渔轮，作小规模之营渔事业，他们因技术及经济关系，并不营远洋捕捞，其唯一场所，即为渤海湾近海一带。统计出渔于黄、渤海洋面之华商渔轮，在民国十九年前已有九十余艘。故我国沿海渔场仅黄、渤二海除了日本渔轮越界滥渔而外，凭空又加上九十余艘中国渔轮。

至十八年时，新旧渔业之冲突愈益显明，渔村渔民因在渔期中渔具被毁，渔获锐减，致使渔业破产，全年生活漂泊无依者不计其数。而鱼族之灭绝又属显然事实。据调查所得，只十七年春间，蓬莱、牟平、福山三县，渔具蒙渔轮之撞毁或卷走者，损失不下三十万元以上。十八年春间，鱼汛最盛期内，仅三日间被渔轮冲破及挟之已去之渔网竟达一千余块。各渔村渔民为维持他们自身职业计，为延长他们一身一家的生命计，深感渔会组织之狭小，今后非有全渔民整个的扩大的联合组织无以排万难而复旧业，于是遂有蓬、福、牟三县渔民联合会之组织的动机。（山东省水产志编纂委员会，1986：13~14）

随着现代渔业的发展，渔业公司的捕捞力量也在逐步增强，相应地，个体渔民的生存空间随之缩小。全球化几乎将所有的沿海渔民都纳入了世界渔业市场的体系，而渔业公司是世界渔业市场的主导力量。绝大多数个体渔民都分布在第三世界国家，并且从事着近海捕捞的小型渔业。"随着第三世界国家的渔业资源日益减少，为满足出口市场而进行的过度捕捞意味着剥夺了小规模渔民的捕获量"（希拉里·弗伦奇，2002：76）。

FAO 的调查研究指出，尽管小型捕捞社区是贫困和脆弱的，但是，小型渔业可以产生显著利益，其对冲击和危机有恢复力，并对减缓贫困和粮食安全做出了有意义的贡献。此外，小型渔业在许多情况下比工业化渔业有明显的比较优势，诸如较高的经济效率；对环境较小的消极影响；通过分散和地理分布有能力更广泛地分享经济和社会收益；对文化遗产的贡献，包括环境知识（FAO，2008：121-122）。

当前各国政府为调节小型渔业与渔业公司大型捕捞船队之间的关系，都采用在近海海域划分渔业保护区等方法。这种方法以保护渔业资源为手段来达到保护小型渔业利益的目的，将大型捕捞船队推向远洋或者他国之海域。从全球海洋渔业的立场看，这种措施只不过是将一国渔民群体之间的冲突转向世界范围内渔民群体之间的冲突而已。

（3）传统海洋渔村中个体渔民之间的冲突

在以"漏网捕鱼"为主的传统渔业社区即海洋渔村中，渔民为了对抗海洋环境的威胁而强调彼此之间的合作，这种生产过程中的合作关系将所有的村民连成了一个整体。普通渔民之间都是平等的，对船老大的服从也主要体现在上船出海的过程中。传统雇佣制所导致的渔船主与渔民之间的冲突，是一种阶级冲突。处于同一阶层的渔民群体之间并不存在利益之间的冲突，相反他们需要相互帮扶才能更好地生存，因此，整个渔村的人际关系是和谐的。

传统渔业社区的和谐人际关系随着捕捞方式的转变而趋向紧张。当前"一网打尽"的海洋捕捞业将渔村的村民分成了四个群体：掌握着生产资料的渔船主；处于捕捞业管理层的船长（大多数渔村中的船长要么是渔船主本人，要么是渔船主的亲人）；渔村中从事个体捕捞业的村民，被称为原生态渔民[①]；将海洋捕捞业视为打工赚钱一种方式的外地人，这些人被称为临时性渔工。以这四个群体为核心所出现的一系列冲突就是海洋捕捞方式转变的社会后果。

村庄人际关系由和睦到紧张，这是产业结构转型导致的。捕捞方式的转变实质上就是海洋渔业产业结构转型的体现。在改制之前，村民之间只是因为个人能力原因而在经济条件上有所差异，在集体企业中人们之间的交往主要是基于血缘和地缘关系。因此，整个村庄是一个社会分工程度较低的初级社会，村民在"远亲不如近邻"的观念下非常重视左邻右舍关系，相互尊重，相互照顾，相互合作，和睦相处。在工业化程度较高的土地型村庄中，研究

---

①　这个概念是笔者 2004 年指导一个学生写毕业论文时讨论到的。他的毕业论文是从社区发展的角度探讨东村（本书实地调查的案例之一）的社会变迁。在调查中他发现村庄中原来世代以渔业为生的村民现在都不再从事捕捞业，而转向了渔业加工业或其他行业。现在在村庄里捕捞的人都是外地人。为区分这两类人，我们将那些世代以捕捞为生且自身以渔业成长起来的渔民称为原生态渔民，而将那些把捕捞作为一种赚钱方式的外来务工人员称为临时性渔工。

者将人际关系呈现出的新特征概括为：自然性减弱，社会性增强；依赖性减弱，自主性增强；等级性减弱，平等性增强；分散性较弱，合作性增强；单一性减弱，复杂性增强；封闭性减弱，开放性增强（陆学艺，1992：14）。

因生存资源特性之间的差异，与土地型村庄人际关系变迁相比，海洋渔村的人际关系变迁呈现出不同的特征（以本书中的牛庄为例）：①依赖性增强，自主性减弱。改制前，人际关系中保持较强自主性的群体是"下小海"的渔民。改制后，"下小海"的渔民虽然在人际关系中仍然保持着较强的自主性，但事实上在生产过程中他们对大型捕捞船主和养殖场场主有着较强的依赖性。首先，他们的主要作业场地就是海带养殖的海域；其次，他们只有在"休渔期"，也就是在大型捕捞渔船不能出海捕捞的情况下才会获得收益，否则在产品价格低廉的状况下，他们的投入（燃料费、工具破损费等）经常是高于其一天所获得的收益的。至于那些雇佣工对船主和养殖场场主的依赖程度就更明显了。②等级性增强，平等性减弱。这在前面第四章关于村庄的社会分化分析中已经阐述了。③分散性增强，合作性减弱。传统海洋渔村是一个合作性非常强的社区，因为在一定生产力条件下，渔民只有合作才能对抗海洋，并从海洋中获得生存资源。但是，生产力的提高增强了个体对抗海洋的能力，而生产资料的私有化则为个体分散性作业提供了社会基础。因此，在争夺有限的海洋资源中，传统的合作关系被个体之间的竞争打破。每个大型捕捞船主都会买同等马力的两条船来进行生产，而"下小海"的渔民直接采取个人作业。

具体来看，传统渔村社会变迁的一个重要表现就是群体分化。这种分化是渔村制度改革的一个结果（唐国建，2010：84～89）。在第四章中，笔者分析了渔村中个体大型渔船雇佣制中船主、船长和渔工之间的关系。其实，在这三者中并不存在冲突关系，如果有，那也只是船主与船长、渔工之间的劳资冲突，这个关系源自市场的雇佣制，与渔民群体本身没有多大关系，与海洋捕捞方式也没有关系。实质上正是这个关系将船长、渔工和他们的劳动及劳动对象割裂了。

因而，渔村中个体渔民之间的冲突主要体现为：各个大型渔船船主、船长之间的冲突；大型渔船船主与小型渔业渔民之间的冲突；原生态渔民与临时性渔工之间的冲突。

（1）大型渔船船主、船长之间的冲突

对于某个大型渔船而言，船主和船长因为共同的利益而结成了共同体。因而，A 船船主和船长与 B 船船主和船长之间的冲突就主要体现在两个领域。

第一个领域就是捕捞过程中对鱼类资源的争夺。前面第四章的"一条鱼所引发的纠葛"就是一个很好的明证。这种争夺的情况在传统社会是没有的，"境内沿海从前皆称春季第一次出海打黄花鱼为'打风网'，'风网'得名是因为作业船张帆下网……旧时打风网，遇有特大网头，本船舱满之后，别的渔船也可以来装，事后只需载酒称谢"（烟台市地方史志编纂委员会，1994：1651 ~ 1652）。笔者在实地调查中发现，其实每个船长对于捕捞状况都有比较详细的记录，这些记录的内容包括渔获物的种类和数量、捕捞的时间和地点以及在外地购买和出售货物的情况。在笔者表示希望看到这个记录时，几乎所有的船长都毫不犹豫地表达了拒绝的意思，而且明确地表示"这属于商业机密，不能被其他渔船获得，因而不能给你看"。由此可见，这些大型捕捞渔船在资源越来越有限的情况下相互争夺资源的程度也在加深。

第二个领域是大型渔船船主之间对本地鱼市场的争夺。自产自销是个体大型渔船船主的主要经营方式。尽管船主自己一般不上船出海，但是出海前的准备，如雇用船长和渔工、购买网具油料，和返航后渔获物的出售都是由船主负责的。第四章的"一起雇佣船员的事件"就反映了船主之间在劳动力市场上的争夺。在出售渔获物方面，由于缺乏明确的市场管理制度，渔获物的交易直接成为渔船主和买主之间的事情。因而，争夺买主就成为渔船主的重要工作。往往是在渔船准备返航时，渔船主就已经通过各种办法找好了买主并谈妥了价格。

（2）大型渔船船主与小型渔业渔民之间的冲突

这个冲突的性质与渔业公司和个体渔民之间的冲突性质是一样的。首先，在资源争夺上，小型渔业渔民的生产时间实际上已经被挤压在每年休渔期的两个月内。只要大型捕捞渔船一出海，小型渔业渔民的渔获物不仅在数量上会大大减少，而且价格也会被降低，因而小型渔业渔民如果继续出海，往往会入不敷出。其次，在国家政策上，渔业补贴作为支撑"一网打尽"的重要机制，成为小型渔业渔民与大型渔船船主之间冲突加剧的导火索。试想一下：渔业油料补贴以渔船功率为依据，那么，同为一个渔村的村民，一个以手摇或风帆渔船进行作业的渔民没有任何的油料补贴，拥有 8 马力小舢板的渔民每年只获得 3000～4000 元的补贴，而一个拥有 500 马力渔船的渔船主每年可获得 35 万～40 万元的补贴。如此状况，怎能不引起两个群体之间的冲突呢？

（3）原生态渔民与外来的临时性渔工之间的冲突

在笔者实地调查的三个村庄中，南庄由于捕捞业几乎消失殆尽，所以外来人主要从事与养殖相关的工作；牛庄的外来临时性渔工主要是在大型捕捞渔船上打工，只有个别的人自己弄了条渔船下小海；受城市化的影响，东村的捕捞业主体几乎全是外来的临时性渔工，有的渔工甚至已经工作十年以上了。尽管各个村庄的情况不一样，但在笔者问起原生态渔民对外来的临时性渔工的评价时，"鬼子"这个词几乎是他们所有人对外来临时性渔工的称呼。这是一个具有贬义的称谓，表达了一种愤慨，和描述当年日本人祸害村庄的"鬼子进村"是一样的。不过，村庄中不同群体的愤恨因其不同原因而略有不同：不从事渔业的人、妇女或已经老迈的渔民则是因为临时性渔工扰乱了村庄的生活秩序（主要表现为偷窃、打架斗殴）而表示深恶痛绝；"下小海"的渔民和在大型渔船上打工的村民更多的是因为临时性渔工用低廉的劳动力抢夺了他们的工作机会而表示不满；大型渔船主则是因雇工难和渔工的不稳定性而对临时性渔工表示又爱又恨。反过来，就外来的临时性渔工而言，村庄所有人都歧视他们，不管是在言辞表达上还是在实际生活中，哪怕他们是住着最脏的床并干着最苦的活。

小结：无限欲求与有限理性

海洋捕捞方式的转变是强大的社会力量迫使捕捞渔民进行选择的结果。拓展生存空间是人类因为人口增长的食物压力而进军海洋的原动力。竞争性的市场体系为这种原动力提供了一个加速器。制度改革不仅保障了市场的运行，而且也在力所能及地维护和促动着装有加速器的原动力尽可能地发挥最大的作用。反过来，拓展了的生存空间刺激了人们的欲求，更大更好的空间不断被挖掘出来。于是，新一轮的拓展开始了，所有的社会机制（技术的、经济的、政治的、文化的）随之开始了新一轮的循环强化，人类的"手臂"在无限地伸长，人类的"脚印"在四处扩张，各种征服式的口号或观念出现："21世纪是海洋的世纪""22世纪是宇宙的世纪"……然而，人类这种因欲求而产生的无限制捕捞活动不仅给海洋生态系统带来了巨大的破坏力，也给人类自身的发展造成了障碍。巨鲸的集体自杀、渔业资源的枯竭、铺天盖地的赤潮、厄尔尼诺的肆虐、天崩地裂的海啸，等等，都是大自然的告诫。这些告诫通过少数理智的人告诉全人类一个信息：在变化无常、纷繁复杂的大自然面前，人类的理性是有限的。依据这种有限理性而进行无限制的行动，不仅会破坏自然的平衡，也必将给人类自身带来灾难。这种灾难既有现实群体之间的利益冲突，也有个体身份认同的心理困惑。

第六章 可持续海洋捕捞业及其实现途径

> "环境"是我们大家生活的地方；"发展"是在这个环境中为改善我们的命运，我们大家应该做的事情。两者不可分割。
>
> ——格罗·H. 布伦特兰，1987

反思是人区别于其他生物的最本质特征。人类能动性的最显著体现就在于人会依据自我反思的结果来改变自己的行为。1972年，"可持续发展"在斯德哥尔摩举行的联合国人类环境研讨会上被提出并讨论，这是当年罗马俱乐部反思人类困境提出"增长的极限"（丹尼斯·L. 米都斯等，1997）的结果。1987年，《我们共同的未来》将"可持续发展"定义为：既能满足当代人的需要，又不对后代人满足其需要的能力构成危害的发展。从此，全世界人都在努力地为这个目标而奋斗。尽管在事实上贫富差距仍在扩大、环境危机仍在恶化、无限增长仍在继续，但是，就如《增长的极限》中得出的结论①一样，

---

① 《增长的极限》的结论是：①如果在世界人口、工业化、污染、粮食生产和资源消耗方面的趋势继续下去，这个行星上增长的极限有朝一日将在今后100年内发生。最可能的结果将是人口和工业生产力双方有相当突然的和不可控制的衰退。②改变这种增长趋势和建立稳定的生态和经济的条件，以支撑遥远的未来是可能的。对于全球均衡状态可以这样来设计，使地球上每个人的基本物质需要得到满足，而且每个人有实现他个人潜力的平等机会。③如果世界人民决心追求第二种结果，而不是第一种结果，他们为达到这种结果而开始工作得愈快，他们成功的可能性就愈大。参见〔美〕丹尼斯·L. 米都斯等，1997：17~18。

"可持续发展"的观念也至少给予了人类走向未来的希望。

6.1 可持续海洋捕捞业及其特征

巴里·康芒纳在其《封闭的循环》（1997：8）中指出环境危机的原因在于"我们破坏了生命的循环，把它的没有终点的圆圈变成了人工的直线性过程"。他用石油变成烟为例来论证这个观点，即"石油是从地下取来裂解成燃料的，然后在引擎中燃烧，最后变为有毒难闻的烟气，这些烟气又散发到空气里。这条线的终点是烟"。

如果完全按照他的这个逻辑来推论的话，那么，"一网打尽"与渔业资源的枯竭是没有什么关系的。因为人捕鱼吃鱼这个过程与鱼的自我循环过程本质上是一样的，即鱼类自我循环的简化过程是：鱼卵诞生小鱼——小鱼吃微生物或其他食物成长——成熟的鱼产卵后老去——微生物分解死鱼的尸体繁殖——膨胀的微生物成为新诞生的小鱼的食物。人捕鱼吃鱼的简化过程是：鱼吃微生物成长繁殖——人从海中捕获鱼——吃掉或者做鱼粉——能量转化后排出的废物或鱼粉直接成为鱼类和其他动物的食物——所有的废物或动物最后都会被微生物分解并顺河流或以其他方式归于大海——成为鱼生产繁殖的食物。

很显然，这个逻辑在能量循环上只选择了空间的规则而忽视了时间的限制。人参与鱼类的自我循环过程实质上延长了鱼类循环的时间，而作为一种具有自我更新能力的生物种群，能量循环的时间恰好是最重要的变量。这是大自然为遏制所有生物无限增长而设定的限制。问题的根源在于此，同样，解决问题的希望也在于此。换句话说，如果人类能够确保海洋鱼类具有无穷的自我更新能力，那么人类就能持续地捕获到足够多的鱼。

6.1.1　可持续海洋渔业与可持续海洋捕捞业

促使海洋渔业资源枯竭的两个直接因素是：捕捞力量超过了鱼类的自我更新能力和海洋环境的恶化妨碍了鱼类的繁殖生长。当前这两种影响没有减弱的趋势反而正在日趋加剧：大型渔船数量和总动力在增加、新的高效捕捞技术工具在不断投入、伴随着海洋石油钻井数量增长而增加的漏油事故、日益增多的入海污染物，等等。

毫无疑问，在海洋渔业的三个构成成分中，发展海水养殖业将是实现可持续海洋渔业的最重要组成部分。海洋捕捞业受制于鱼类自然的生产规律，而海洋水产品加工业本身并不能生产食物或增加食物的数量。只有海水养殖业是人类依据科学的认识来改造海洋的主要途径，它能够充分发挥人的能动性。这种能动性与海洋捕捞业中的能动性不一样：前者只要在基于海水养殖容量等生态科学基础上就能最大限度地增加食物来源，而后者只是最大限度地从海洋中摄取渔业资源。

然而，可持续的海水养殖业面临着一个与可持续的海洋捕捞业同样的困境，即海洋污染（marine pollution）。已知晓的主要的海洋威胁总是在变化，最开始是石油污染，然后导致人们患有水俣病，重金属成了主要威胁，之后放射性排放和富营养化取代了它们的位置（Clark，2001）。最重要的是这些主要威胁并不是一种相互替代的关系，而是相互积累的关系，即它们的危害并没有因为出现新的威胁而消除，反而更加恶化。日趋严重的海洋污染毁坏了海洋生物资源赖以生存的环境，不仅大量鱼类本身的繁殖能力在下降，而且它们的家园——产卵和生长的物理环境也遭到了严重破坏。对于开放式的海洋而言，尽管海水养殖是人类选择的一种行为，即人类可以选择品种、场地、方式等，但海水及海洋生物的流动特性将整个海洋物理和生态系统紧紧地联系在一起。不管是野生的还是人工养殖的，只要是海洋性生物，那么它们的繁殖和生产都离不开承载它们的海水水体。

所以，为了实现可持续海洋渔业，要解决的基础性问题就是海洋污染。这是一个极其复杂的问题，它几乎涉及所有与海洋有关的人类环境行为。单以排入海洋环境中的主要废弃污染物而论，就多达 13 种，如石油泄漏、丢失或弃置的弹药、船舶垃圾和废弃物等（Clark，2001：2）。这些废弃污染物一旦进入海洋，就会被流动的海水和生物带到海洋的每个角落，影响到整个海洋的所有生物。所以，它是一个基础性问题。只有解决这个基础性问题之后，生态养殖的控制与管理、休渔制度、减少渔船、选择性捕捞等确保可持续海洋渔业的措施才有可能发挥作用。当然，就其生态系统的相互关联性和整体性而言，所有人为的目的性措施与这个基础性问题是相互关联、相互影响的。因此，所有问题的解决没有先后，只有主次轻重之分。就如过度捕捞而言，不是控制捕捞力量就可以达到治理目的，如果不能给鱼类的自我更新提供一个好的生养环境，就算人类不捕鱼，鱼类也会趋于灭亡。

6.1.2　可持续海洋捕捞业的特征

可持续海洋捕捞业是指利用合理的渔具、渔船及设备，以最大可持续产量为原则，通过在海洋中捕获天然的鱼类和其他动植物而形成的生产行业。"最大可持续产量"是依据鱼类存量及其自我更新能力所设定的一个科学捕捞量。过度捕捞就是人类的捕捞力量超过了最大可持续产量，使得鱼类存量减少速度快于鱼类自我更新的速度。

海洋捕捞作为一种环境行为，其行为在现代社会里的内核就是"渔船捕鱼，到市场上出售渔获物"（Charles，2001：11）。传统社会的自给型渔业与此不同的一点就在于渔获物主要是渔民自己消费，而不是主要到市场上买卖。从渔业管理的角度看，过去的也包括当前的许多管理措施都是基于这个最简化的系统认识之上的，如减少渔船数量、控制渔船总动力、采取禁渔期措施，等等。这些措施都是直接针对鱼存量、鱼类的自我更新能力和船队的捕捞力量的。

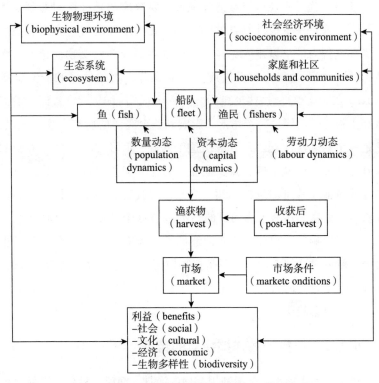

图 6 - 1　一个更完整的可持续渔业系统示意图

注：一个更完整的可持续渔业系统始于鱼、船队和渔民。每个主体都有其自身的动态链。鱼与其生态系统和生物物理环境互动，渔民与其家庭、社区、社会经济环境互动。渔获物在渔获物与市场之间扮演了一个重要的角色。多维度的利益源自这个系统中的自然和人类对渔业的回馈。

资料来源：Anthony T. Charles, *Sustainable Fishery Systems*, Oxford：Blackwell Science, 2001, p. 13。

事实上，鱼与渔民之间的关系远比我们想象的要复杂得多。图 6 - 1 展现了一个基于渔业系统内核之上的更为复杂的系统。但这也是基于现有认识基础上的"完整"。按照事物发展的逻辑推论，当我们对这个系统认识得越深入，系统中要加入的元素就越多，各构成要素之间的关系就越复杂。

基于图 6 - 1，结合第三、四章内容，我们可以明晰一下传统的"漏网捕鱼"与现代的"一网打尽"之间的区别。

　　在"漏网捕鱼"时代，人类的捕捞力量低于或等于鱼类的自我更新能力，鱼所在的环境系统（包括生态系统和生物物理环境）与人所在的社会系统之间的交互影响力小得可以忽略不计，此时，从海洋生物生态系统来看，人捕鱼吃鱼的活动实质上就是加入到了鱼所在的食物链中，人与北极熊、海豹一样成为控制鱼类数量无限制增长的调节器。因此，在两个系统相互干扰力很小的情况下，鱼与渔民是直接"对话"的，所以，鱼按照自己的习性繁殖生长，而渔民按照积累的经验捕捞。两者是直接的相互依存关系。渔获物主要是作为食物来源而存在的。

　　在"一网打尽"时代，个体被纳入社会系统。社会力量是随着理性的逻辑发展而增强的，不受个体的情感所左右，并以工具的改进为动力源。如此，不仅人类的捕捞力量超过了鱼类的自我更行能力，而且人类的捕捞活动本身也毁坏了鱼类的生存环境。鱼所在的环境系统和包含人的社会系统之间的交互影响力成了矛盾的主导，鱼与渔民成了这个交互系统中的构成成分。鱼与渔民之间不再是直接对话关系，其中加入了无数的中介，而工具就是最显著的、最重要的中介。从行为系统来看，捕捞活动不再是渔民与鱼之间"追逐与被追逐"，而主要变成了鱼与捕鱼机械之间搏斗、渔民与机器之间的控制与反控制（大副、轮机长等职位的设置就是最好的明证，传统的渔船上是没有这些职位的）。渔获物成了市场体系中的基础性元素，渔民们不仅不能控制它的价格，反而要基于收益来调整自己的行为。简单地说，渔民能否吃到捕捞上来的鱼，不是由他自己说了算，而是由市场说了算。①

---

　　① 之所以有此观点，是因为笔者在实地调查中发现，只要还有受传统因素影响的家庭渔业，渔民就都把渔获物中最好的部分先留给自己家人吃，除非是非常稀有的珍贵之鱼。按照他们的说法就是：反正自己是要吃的，如果卖了还得买东西回来吃，不如直接留给自己吃。这也让笔者想到了现在农村老家把自然喂养的牲畜留着自己吃，而把用饲料喂养的牲畜拿到市场上去卖的做法。传统生产活动的本质就是如此，即消费而不是交易是生产活动的目的。

两相比较，笔者认为"漏网捕鱼"是一种未发展起来的捕捞业，而"一网打尽"是一种发展过度的捕捞业。前者不能满足人类发展的需求，后者超过了环境的承受能力。所以，一种可持续的海洋捕捞业应该具有以下三个特征。

（1）有发展的捕捞。控制捕捞量是基于鱼类自我更新能力的一种针对性措施，是当前世界各国渔业管理的重要手段。但是，只是一味地控制捕捞量必将损害发展。这与控制的目的相违背。控制的目的应该是实现更大的发展。有发展的捕捞以提升鱼类的自我更新能力为主，以控制捕捞的量和种类为辅。

（2）有限制的市场。作为一种市场机制，"最大收益"在量上其实是一种没有止境的收益。作为一种资源配置机制，当前的市场实质是以刺激欲求为手段、以满足欲求为目标来运行的，更多的是以一种人为设置的杠杆来维系着机制的运行。"自由的市场"应该与"自由的海洋"一样，是在遵循自然规律之上的一种"自由"，而不是一种只有驱动而没有限制的"自由"。有限制的市场是基于鱼类生态规律之上的，以政府的合理干预为手段，以满足人的本能需求为目的。

（3）有理性的消费。生产的目的是消费而不是交易，消费的目的是生存而不是享受。人的生存需求是有限的，对此馒头与鱼翅的功能是一样的，这是一种自然制约；人追求享受的欲求是无限的，对此馒头与鱼翅的感觉是不一样的，这是一种文化诱惑。有理性的消费基于人对食物的本能需求，以人类社会整体意义为原则，排除个体之生物性感受。

这三个特征相互联系、相互影响，共同构成海洋捕捞业这一整体：没有消费就没有动力，没有市场就没有发展，没有捕捞就没有满足；满足要以理性为原则，发展要以规律为基础，动力要以目的为导向。这个相互联系的共同体必须展现"环境、社会与人"之间的交互关系。作为一种可持续的环境行为，海洋环境是可持续海洋捕捞业的物质基础，人及其需求是可持续海洋捕捞业的主体和动力源，社会为可持续海洋捕捞业提供规范和手段。"所有复杂社会系统的行为，主要是由物质的、生物的、心理的和经济的网状组织决定的，这个网状组织把人口、自然环境、经济活动结合在一起。"（丹尼斯·L. 米都斯等，1997：140）

6.2　可持续海洋捕捞业的基础

人类任何一种具体的环境行为，都有其相应的行动条件，包括自然环境的和社会环境的。人不可能脱离自然界而存在，也不可能脱离社会而存在。人的能动性和反思性使得人既不受制于自然，也不受控于社会。任何反人类中心主义的观点本质上都或多或少地否定人的能动性和反思性。在吉登斯那里，"现代性"[①] 之所以被视为"猛兽"，就是因为"现代性"在极大地否定人本身。"即使我们在自己的活动中创造和再创造了社会生活，我们也仍然不能完全控制它"（安东尼·吉登斯，2000：135）。但是，人的能动性和反思性作为一种本质性存在特征，它将帮助人类走出困境。"我们必须正视另外的可供选择的未来，传播它们实际上会有助于实现它们。我们需要做的，只是创造出乌托邦现实主义的模式来"（安东尼·吉登斯，2000：135）。可持续海洋捕捞业就是海洋捕捞业的"乌托邦现实主义的模式"，这个模式建立在两个基础之上：生态的和社会的。

6.2.1　可持续海洋捕捞业的生态基础

自然界中的任何一个事物都有正反两方面。鱼类的自我更新

[①]　关于"现代性"的含义，吉登斯虽未给出明确的定义，但他有过相关表述。详见〔英〕安东尼·吉登斯，2000：1；1998：16 以及安东尼·吉登斯、克里斯多弗·皮尔森，2001：69。

能力是人类海洋捕捞发展中的根本性制约所在，但也是人类走出这种自然制约的希望所在。至少现实中的海水养殖业就是这种希望的一种体现形式。人类认识自然及其规律是为了改造或者适应自然，而不是屈服于自然。因此，对海洋生态系统和海洋生物物理环境的认识越深刻，人类走出困境的希望就越大。因为人类可以基于这些认识做出行为选择。生态规律不应该只是制约，它应该还是行为选择的基础。当前海洋科学及与鱼类相关的生态知识的拓展[①]，至少为可持续海洋捕捞业的实现奠定三个重要的生态基础。

6.2.1.1　可认识的海洋物理环境

海底世界对于古代人来说是一个深渊所在。传统社会里的海神信仰在很大程度都源自对未知海底世界的畏惧。人们不知道广阔的海洋里面是什么样子以及有什么东西，而可见的潮涨潮落、海市蜃楼，可听的涛声阵阵，自然给人们无数的惊奇与遐想。是什么样的神奇环境造就了如此炫耀的图景和如此多样的生物？现代的物理海洋学、海洋地质学与地球物理学给予了或正在给予一个科学的、清晰的海底世界。

海洋地质学与地球物理学的两大发现让人们重新认识了海洋的形成及其变化史。"这两大发现就是：板块构造议论的发展和利用深海沉积物记录解释地球古气候史。前者已经成为一个科学革命的经典范例，而后者正在为气候变化的幅度、速率和根本原因提供基本的观察证据。"[②] 不仅如此，深海潜航研究的发现给我们

---

① 对于一个人文学科的研究工作者来说，阅读理科尤其是像海洋科学这类新兴学科的专业书就如同看一本"无字天书"。为了研究需要，笔者只好选择一本最简单的海洋科学基础研究书作为参考，然而正是这简单的介绍书让笔者看到了可持续海洋渔业未来的希望。这本书就是美国国家科学研究理事会海洋研究委员会编的《海洋揭秘50年：海洋科学基础研究进展》。

② 玛西娅·麦克纳特：《海洋地质与地球物理学的成就》，载于美国国家科学研究理事会海洋研究委员会编《海洋揭秘50年：海洋科学基础研究进展》，王辉等译，海洋出版社，2006，第71~89页。

展示了一个常人可能永远无法涉及而又渴望了解的深海世界，诸如热液口的发现实质上就将人类带进了一个更庞大的生物生长体系之中。[①]

当然，对于海洋捕捞业来说，深海的物理发展状况是比较遥远的事情，而物理海洋学所揭示的现象要有用得多。我们只知道海水是流动的，但我们不知道它是如何流动的。物理海洋学关于赤道潜流、深海环流、水文学、埃克曼螺旋、内波、边缘波、表面波、潮汐等一系列研究成就[②]，明晰地展现了海洋过程。尤其是被称为"全球大洋输送带"的深海环流之类的研究成果对于掌握和利用大洋鱼类的洄游规律至关重要。

6.2.1.2　可利用的海洋化学环境

前文提到除了过度的捕捞外，海洋污染是导致海洋渔业资源枯竭的直接因素，而且这是实现可持续海洋渔业时必须解决的一个基础性问题。这个问题与海洋化学环境紧密相关。

人类对海洋的畏惧主要源自变幻无常的海洋时常展现出的强大破坏力。这种破坏力当前被很多人认为是海洋对于人类的侵入而发出的警告。与海洋渔业相关的这种告诫，区域性的表现为赤潮、蓝藻（又称"绿潮"），全球性的表现为"来自天道的警告"的厄尔尼诺、拉尼娜（张丽欣，1999）。这些告诫主要以海洋中营养物质的变化、气温的反常、污染物的扩散等方式出现。因此，人类的许多排污活动，如顺河流进入海洋里的巨量污染物、海洋石油的泄漏、核武器试验的遗患、丢入深海中的罐装垃圾

[①] "热液口"指海底火山口，在那里生长着许多生物群落，这是一些不需要阳光就可以生存的生物。美国国家科学研究理事会海洋研究委员会，2006：93～116。

[②] 沃尔特·蒙克：《物理海洋学的成就》，载于美国国家科学研究理事会海洋研究委员会编《海洋揭秘 50 年：海洋科学基础研究进展》，王辉等译，海洋出版社，2006，第 62～70 页。

等，自然成为反思这些告诫时被谴责的对象。化学海洋学的成就给我们展示了这些污染物质是如何进入海洋并怎样运作的。20世纪50年代之前，海水的密度、盐度、碱度、氯度、氮的主要化合物等研究已经取得了很大的进展。之后，关于二氧化碳、碳循环、与环境有关的化学物质、石油化合物，以及与海洋地球化学的相关研究，都揭示了海洋化学物质之间的相互作用及其运行过程。①

尽管海洋污染是一个极其复杂的现象，但是，我们可以利用化学海洋学的知识来掌握海洋世界中各种物质之间交换与相互作用的关系，并以此为基础来有效治理海水污染状况，为海洋鱼类的生长提供一个比较适宜的营养和能量的交换体系。

6.2.1.3 可改善的海洋生态环境

海洋贝类与鱼类属于海洋生物系统中的一部分。海洋污染主要破坏的是海洋生物的生存环境，而过度捕捞主要破坏的是海洋生物的生态系统。鱼类自我更新能力是海洋生态系统中的一个重要指标，它是维系鱼类所在生态链的重要基础。在人类为了食物已经不可避免地介入鱼类所在的生态链之后，问题不再是我们应不应该介入，而是我们应该如何介入才能维系鱼类生态链的正常运行。

传统"漏网捕鱼"对于人类介入行为的控制是基于畏惧式的信仰和经验式的认识，尽管这种控制有效地避免了人类对鱼类生

---

① 海洋中的营养物质循环、大气与海洋的气体交换率、光合作用、内部循环与上层水体的物质输出之间的关系，海底沉积物的构成与作用等这些更加深入的研究正在进行。相信这些研究成就会为解决海洋污染问题提供更多有效的解决方案。参见约翰·法林顿《化学海洋学的成就》；美国海洋化学指导委员会：《美国海洋化学的未来》，载于美国国家科学研究理事会海洋研究委员会编《海洋揭秘50年：海洋科学基础研究进展》，王辉等译，海洋出版社，2006，第32~53、222~225页。

态链的强势干预，但是它是以阻碍人类的发展为代价的。现代生物海洋学的发展为人类的介入行为既能改善海洋生态环境又能维系生态平衡提供了可能。

生物海洋学最早的两大主题之一就是为渔业科学服务，即回答"哪里存在可开发的资源？为什么资源量丰度会发生这么大的变化？怎样发现更多的资源？"这些问题至今仍然是生物海洋学致力于解决的问题。20 世纪 50 年代之后，生物海洋学在发展过程中所创造的 9 个划时代的成就为可持续海洋渔业改善海洋生态环境提供了科学的根基。这 9 个成就是：热液口的发现及其研究；展现海洋生物学的类型、可变化性、复杂性和相关性的海洋水色研究；基于海洋水色的全球生产力和生产力状态研究；深海多样性的发现与分析；新生产力和再生生产力的研究；浮游动物游泳、摄食和繁殖的研究；有关海水中铁的限制假说；水层食物网中微生物的特性研究；模拟、现场观测和实验。[①]

在这些基础性研究之上，当前海洋渔业的具体技术领域取得了巨大的进步。其中与海洋捕捞业直接相关的包括：海洋生物资源可持续生产机制与生态系统水平管理、海洋可捕资源评估体系与监管技术、海洋渔业资源的保护与开发（李乃胜等，2010：84~86），这些技术领域的巨大进步为改善海洋生物环境提供了重要的科学依据。

6.2.2　可持续海洋捕捞业的社会基础

从本质上讲，人首先是一种生物性存在，然后才是一种社会

---

① 理查德·巴伯、安娜·希尔汀：《生物海洋学的成就》，载于美国国家科学研究理事会海洋研究委员会编《海洋揭秘 50 年：海洋科学基础研究进展》，王辉等译，海洋出版社，2006，第 13~29 页。

性存在。但是，人的能动性和反思性使得个体的人首先意识到人是一种社会性存在，然后才是一种生物性存在。这就是为什么个人都是先从自身出发，然后在接收到环境的反馈信息之后再来调整自己的观点和行为。因此，海洋捕捞作为人类的一种环境行为，直接作用于且依存于海洋生态环境，但它首先是一种社会行为。渔民捕捞方式的选择更多的是社会作用的结果。可持续海洋捕捞业的生态基础要真正地产生作用，即关于海洋环境的科学成就要转化成现实，离不开社会的支持。

6.2.2.1 趋于合作的国际关系

海洋科学的发展使世界各个沿海国家意识到，海洋不仅把各个国家联系在一起，海洋本身就是一个整体的生态系统。虽然世界性海洋渔业资源枯竭的困境不是由某一个国家及其渔民直接造成的，也不是由某一区域的某一类捕捞活动造成的，但是，某一国家或某一种灭绝式捕捞活动会造成某一区域或某一种类的生态系统失衡，这种失衡因为大海洋生态系统的整体性和关联性而影响到整个海洋鱼类生态系统。

> 地球只有一个，但世界却不是。我们大家都依赖着唯一的生物圈来维持我们的生命。但每个社会、每个国家为了自己的生存和繁荣而奋斗时，很少考虑对其他国家的影响。（《世界环境与发展委员会》，1997：31）

起因如此，治理的依据也应如此。海洋渔业资源枯竭不是通过依靠一个国家管理或者控制某类捕捞形式就能解决的。它需要全世界的沿海国家及其渔民的共同协作，进行"以生态系统为基础的管理"（ecosystem-based management，简称 EBM），即有效的海洋渔业管理应该基于大海洋生态系统。尽管现代民族国家之间存在各种各样的冲突，使得具有世界规模的治理政策很难普及①，但是，在对危机的共同认知下，世界各沿海国家在世界性组织如 FAO 等的协调下，开始了相互有利的合作。如1995 年 FAO 制定的、已经得到多数国家认可并实施的《负责任渔业行为守则》；2002 年在南非召开的可持续发展世界首脑会议上达成的"到 2015 年将全球大多数渔业资源恢复到正常水平"的协议（李乃胜等，2010：84）。相比较而言，区域性的合作政策得到了广泛的认同及有效的实施。如中韩和中日之间的渔业协定（见第五章《关于 2010 年中韩渔业协定水域入渔指标分配等有关问题的通知》）。"区域渔业机构（RFB）以及特别是区域渔业管理组织（RFMO）在渔业治理方面的作用和义务正在稳定增强。"（FAO，2010：74）

与此同时，全球化是一个极为复杂的发展趋势，它对世界资源的影响已经突破环境、经济、政治和文化的界限。由于全球化的直接和间接影响，世界各国的社会和政治变化对渔业生态过程产生了巨大的影响。要想有效解决渔业资源未来的可持续性问题，关键是要了解全球化的驱动因素及其作用（Taylor，Schechter and Wolfson，2007）。全球化和海洋生态系统的整体观必然会驱动越来越多的民族国家理性地选择国家间的合作，国家间合作性的共同管理模式必将成为 21 世纪环境保护和可持续发展的新的治理形式（Agrawal & Lemos，2007：36－45）。

6.2.2.2　趋于综合的管理政策

在第二章关于渔业管理的相关研究综述中笔者提到，当前存在三种普遍的、正在世界各地实验或已经成功实施的渔业管理模式：基于社区的渔业管理、基于生态系统的渔业管理和共同的渔业管理。这三种模式实质上都是在过去单物种管理、技术管理等

① "事实上，要有效地执行世界规模的政策，仍然被认为是前所未闻的，而且确实也是较难以实现的事情。地球上还不存在真正的对全人类的理想的忠心"。参见〔美〕芭芭拉·沃德、勒内·杜博斯，1997：259。

基础上发展起来的综合性管理模式。"渔业管理已经超过了处理单纯生物学问题的需要；现在必须处理和尝试解决社会关注的一系列问题和多重利用问题。"（FAO，2002：46）

渔业政策趋向综合性的三大推动力如下：第一，大海洋生态系统（large marine ecosystem，简称 LME）的整体性思想。正是基于对这个思想的认可，传统的单项管理措施转成了综合管理政策体系的一部分。这就是渔业决策者和管理者寄予希望的"可靠的科学基础"（Young，2003：24 - 33），大型海洋生态系统的研究必然会成为解决沿海相邻国争夺资源问题的渔业管理政策的基础（Morgan，1987：4 - 15）。此外，关于单项渔业管理政策失败的研究也展示了对综合性生态系统管理的需求，如关于美国减少捕捞鱼类种群的研究显示，这项措施实质上给渔业社区造成了不利的影响，捕捞鱼类种群的变化提高了鱼类种群灭绝的概率（Stenseth & Rouyer，2008：825 - 826）。第二，相互关联的全球化市场。渔业市场的多样化和全球化使得任何一国或任何一种渔业管理政策都要顾虑到渔业之外的因素。如国际贸易中的生态标签实质上就是对渔业生产和加工提出的综合性要求（Gulbrandsen，2005：8 - 23），"几个零售公司已承诺购买被证明为在可持续渔业中捕捞的鱼"（FAO，2006：89）；世界对虾渔业所造成的兼捕、遗弃等一系列问题需要一种国际的统一调节与单一国家的项目管理相结合的管理模式（FAO，2008：124 - 131）。第三，全球气候变化的影响。"气候变化已经给在过度捕捞和其他人为影响压力下的世界捕捞业带来很大的变化"。这种变化不仅影响到了海洋生态系统和物理环境，也影响到了渔民及其社区（FAO，2010：115 - 120）。从鱼类种群的角度看，气候变化使以下几种鱼类种群及其生态系统处于危机中：①那些已经在温度、盐度和 pH 酸碱度接近它们生理限制的鱼类种群及其生态系统；②那些因为现有的人为因素，如过度捕捞，适应性已经严重受损的鱼类种群及其生态系统；③那些最容易受到气候影响的区域里的鱼类种群及其生态系统（Grafton，2010：606）。面对气候对海洋渔业全方位的影响，必然需要综合的管理措施来加以应对。

综合管理意味着要在更大的系统中处理单一的问题，也意味着要将更多相关的环境因素和社会因素囊括进管理体系中。这就需要更多的学科、利益相关者以及组织参与。管理者不仅要关注宏观层面的变化，也要重视微观层面的意见。

6.2.2.3　人性化的决策参与

渔业管理在决策过程中越来越多地涉及范围广泛的利害关系方。在多重管理目标的体系中，决策者和管理者更需要重视底层利益相关者的意见（Pascoe，et al.，2009：750 – 758）。尤其是渔民群体的参与对于渔业管理的有效性至关重要，这已经成为当前的一个共识。

传统的渔业管理政策多数是自上而下的，体现的是管理者的意志和专家的意愿。这些政策或因不切实际或因不公平等因素而在实践中遭到渔民及其所在社区的抵制或者消极应对。众多成功或失败的社区管理案例显示：①社会经济数据对于海洋保护区相关政策的制定和实施具有重要作用（Ban，et al.，2009：794 – 800）；②利益相关者的参与有利于帮助专家形成综合性的生态系统评估（de Reynier，et al.，2010：534 – 540）；③在适当的环节与利益相关者进行协商有助于形成科学的管理方案（Human & Davies，2010：645 – 654）；④海洋生物学家的参与式研究有助于专家收集渔民的意见，且会增加渔民对科学知识的尊重，从而促进他们对治理方案的认同（Schumann，2010：1196 – 1202；Mackinson，et al.，2011：18 – 24）。

人性化的决策参与就是在决策过程中要关注利益相关者的意见，而不是纯粹地为了实现某个环境的或社会的目标。忽视渔民主体的利益，必然会导致他们对管理措施的消极怠工或抵制。没有渔民及其社区的支持，任何"科学"的政策都不可能得到切实的执行和实现。

6.3 可持续海洋捕捞方式的实现途径

可持续海洋捕捞方式是实现可持续海洋捕捞业的主要手段之一。作为发生于海洋社会生态系统中的一种环境行为，海洋捕捞方式的可持续性获得是一个极为复杂且艰巨的任务。因为海洋社会生态系统本身就是一个复杂的、相互关联的、具有很强动态性的一个体系，尤其是在当今全球化的影响下更是如此（Perry & Ommer, 2010：739 - 741）。尽管受到诸多因素的阻碍，但是，人的能动性与反思性能够帮助人类走出困境。正如《我们共同的未来》中所言：

> 可持续发展的概念中包含着制约的因素——不是绝对的制约，而是由目前的技术状况和环境资源方面的社会组织造成的制约以及生物圈承受人类活动影响的能力造成的制约。人们能够对技术和社会组织进行管理和改善，以开辟通向经济发展新时代的道路。（世界环境与发展委员会，1997：10）

当前的各种渔业管理模式实质都是对"新时代的道路"的探索。这些探索都是很有意义的，尤其是已经被全世界普遍接受的关于可持续海洋渔业的相关概念和思想。可持续渔业的概念可以从三个层面来进行操作：①环境层面的手段，"预防方法"、"自然的承载力"和"最大可持续产量"就是这方面的重要内容；②社会层面的手段，如基于民主原则的渔业政策、安全等都是这方面重要的内容；③经济层面的手段，关联到人造资本的维持，这涉及有争议的可持续增长的概念，鱼类的价格、渔业的季节性对鱼类加工业的影响等是重要的指标（Standal & Utne, 2011：520）。

可以说，当前几乎所有的渔业治理方案都是从这三方面入手进行设计和实施的，其中尤以从《生物多样性公约》发展出来的 12 项 EBM 原则①为典型。这 12 条原则基本上成为当前所有国家海洋渔业管理方案制定和实施的基础。

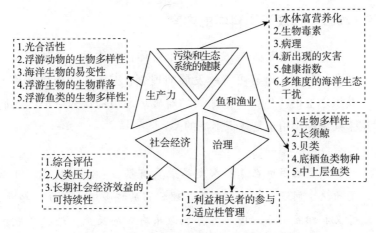

图 6 - 2 大海洋生态系统模块及其指标体系

资料来源：Robin Mahan, Lucia Fanning & Patrick McConney, "A Governance Perpective on the Large Marine Ecosystem Approach," *Marine Policy*, Vol. 33, 2009 (2)：318.

基于这个共识，结合前几章的内容分析，笔者认为，可持续海洋捕捞方式是可以实现的。在大海洋生态系统思想（参见图 6 -

---

① 原则 1：土地、水和生物资源管理的宗旨是社会选择问题；原则 2：应将管理权适当下放；原则 3：生态系统管理者应考虑其活动对邻近的和其他生态系统的影响（实际影响和潜在影响）；原则 4：考虑到管理带来的潜在好处，通常需要从经济的角度理解和管理生态系统；原则 5：保护生态系统的结构和机能，以维持生态系统服务，这是生态系统方式的优先目标；原则 6：生态系统的管理必须以其自然机能为界限；原则 7：应在适当的时空范围采取生态系统方式；原则 8：认识到作为生态系统进程特点的不同时间范围和滞后效应，应从长远制定生态系统管理的目标；原则 9：管理者必须认识到变化的必然性；原则 10：生态系统方式应寻求生物多样性保护与利用间的适当平衡与统一；原则 11：生态系统方式应考虑所有形式的有关信息，包括科学知识、土著知识、当地知识、创新做法和惯常做法；原则 12：生态系统方式应让所有有关社会部门和学科参与。参见 http://www.cbd.int/decision/cop/? id = 7748。

2 "大海洋生态系统模块及其指标体系") 的指引下, 具体的形式可能会因不同的国家和地区的差异而有所不同, 但是, 任何一条具体的实现途径都是人类依据环境因素而展开的一种环境行为, 它都应该包含以下四个方面的内容。

6.3.1 体现海洋科学的内容

自然生态系统是人类依存的一个整体性的体系, 这已经成为当前社会的共识。所有可持续发展的理念、方式和途径都是基于这一共识之上的。但是, 正如人们对破坏环境的认知一样, 人们对这个共识的作用也是认识不清的。

人类的困境在于: 人类尽管具有很多知识和技能, 可以看出这个问题, 然而, 却不能理解它的许多组成部分的起源、意义和相互关系。因此不可能做出有效的反应。这种失败发生的原因在于: 我们继续考察这个问题的某一个部分时, 不理解这一部分仅仅是整体的一个方面, 也不理解一个因素会导致其他因素的变化。(威廉瓦特, 1997: 9, 转引自丹尼斯·L. 米都斯等, 1997: 前言 9。)

对比图 6-1 "一个更完整的可持续渔业系统示意图"和图 6-2 "大海洋生态系统模块及其指标体系", 生态系统在这两个图示中都是重要的组成部分, 都与其他部分相互关联、相互影响。但是, 这种过于强调相互关联的思想忽视了生态系统作为一个独立体的作用, 即对人类社会或整个大系统的基础性作用。

基础性作用意味着人类所有的自然实践活动都是基于这个系统之上的, 发生于这个系统之中, 并受制于这个系统的反馈。因此, 生态系统对于人类的环境行为而言, 是一个真实的实体, 而不仅仅是一种我们关于它的观念。"没有自然界, 没有感性的外部世界, 工人什么也不能创造。自然界是工人的劳动得以实现、工人的劳动在其中活动、工人的劳动从中生产出和借以生产出自己的产品的材料"(《马克思恩格斯文集》，2009：158)。人依存于自然生态系统，意味着人、人的劳动及其产品都与之是一体的，这与立于天地之间的一棵大树是一样的。

所以，关于海洋生态系统的生态科学知识展示给我们的不是一种观念，即"海洋生态系统是一个有序的、有限制的、有自我运行能力的、相互关联的有机整体"这种抽象的认知观念，而是一个真实的存在。如果我们将它视为一个观念，就如当今大部分人所认为的那样，那么，我们就会把"维系海洋生态系统的有序与均衡"视为一个抽象的目标，而不是一个具体的、真实的实体性内容。如此，我们需要改善的实践活动，如"一网打尽"，就会停留于改善活动本身，如控制渔船的动力和数量、限制网目的规格、控制捕捞总量、分配捕捞权，等等。这些实质上都是调节人与人之间关系的政治性和经济性的工具，即不是基于生态系统之上的，而是基于社会系统之上的。

巨鲸集体自杀的现象①已经清晰地告诉我们，海洋生态系统有自己运行的逻辑。这个逻辑展示了一个事实，即不是我们不捕鱼或者少捕鱼就可以让已经受到干扰的鱼类生态系统恢复正常。同样都是作为自然生态系统中的一部分，人与鱼的相互关联是必然的。既然人已经进入且不可避免地进入了鱼类生态系统，那么，我们的问题不再是应不应该进入，而是如何进入和怎样进入的问题。"我们应当知道，人类通过创造自然来适应自然，人类并非依据现存的自然，而是根据自己创造的自然去塑造自身。"（塞尔

---

① 关于这个现象的解释到目前为止还没有达成共识。但不管是将之归为鲸鱼自身的原因，还是将之归为人类的干预，其实都忽视了鲸鱼所在的生态系统是一个有机的整体这个事实。这与社会中人的自杀一样，如果只是针对某一类型的自杀或个体的自杀进行解释，那么任何解释都可以找到相应的依据。迪尔凯姆的研究告诉我们，只有将之放到社会系统中才能找到真实的原因，因为人是社会系统的一部分。鲸鱼的自杀也是如此。

日·莫斯科维奇，2005：137）

在人与鱼类的关系上，海洋科学为我们建立新历史时期的两者关系的"自然的状态"提供了具体而详细的内容。"在每一个历史时期，特定的自然状态确定科学技术的意义。一旦科技融入包括人在内的各种物质力量的关系之中，其各种成果就会显得如此美好和正确。当社会拒绝为科技承担责任并确认科技符合其目标，人们就会感受到破灭"（塞尔日·莫斯科维奇，2005：296）。现代的"一网打尽"展现的正是技术对社会（政治的和经济的）需求的屈从，生态的需要不仅被抛弃，而且也被强迫去遵循市场法则和政治目的。"重新确立生态功能的优先地位"（塞尔日·莫斯科维奇，2005：300），并不是要求人们放弃需要，并不是放在社会系统里以解决资源的分配和消费问题，而是要求人们将实践活动的改善内容基于自然生态系统（以包含人与鱼类在内的食物链为核心）之上。

自然科学所提供的内容（包括由科学所产生的技术工具）是人实践活动的基础。当今现实中关于海洋捕捞的大多数改善活动之所以未能成功，要么是因为他们没有基于海洋生态科学的知识；要么是因为他们基于的海洋生态科学知识只是一种忽视了渔民传统认识的知识①；要么就是他们把政治目的和经济手段当作实践的内容，而把生态基础当作实践的工具；要么就是他们选取的是一种忽视生态系统而重视人类利益的观念。

6.3.2 体现政策管理的目的

海洋捕捞实质是一种以海洋生物资源分配为核心的环境行为。自然资源的分配问题是社会政治的主要目的之一，它通过政策管

---

① 案例研究表明，将渔民、社区代表和管理者的知识进行条块分割会制约适应性的协同管理（adaptive and collaborative management），而将三者结合起来的知识合作生产（knowledge co-production）有助于克服自上而下的管理方法在应变能力上的不足。参见 Aaron Dale，Derek Armitage，2011（4）：440 – 449。

理来实现。亚里士多德说过：政治的目标是追求至善（亚里士多德，1983：3）。"至善"的一个重要指标就是公平，体现在政策层面就是自然资源的公平分配，即保证每一个人都获得相同的生存资源。"当国家行动不能提高经济效益或当政府把收入再分配给不恰当的人时，政府失灵就产生了。"（Samuelson & Nordhaus，1989：769）

政府失灵从反面论证了政治目的在政策管理过程中的重要性。就海洋捕捞业而言，在传统的"漏网捕鱼"时代，政策管理过于强调政治性目的（国家安全）而忽视了捕捞活动本身是一种经济行为，其结果虽然间接地保护了海洋生物资源，却是以直接牺牲渔业经济发展为代价的；在现代的"一网打尽"时代，政策管理过于重视经济性目的（经济增长或经济发展）而忽视了政治性目的（资源的公平分配），其结果是渔业经济得到了极大的发展，但分配不公导致的资源过度开采引发了鱼类生态系统的崩溃。因此，紧紧抓住"捕捞是一种利用鱼类资源的环境行为"这一本质特征，则能明确任何相关的政策管理都应该围绕一个核心来进行，即围绕渔业资源的公平分配来进行。如果不以这个核心来进行，则任何具体的措施都是空谈甚至起着反作用。正如朱迪·丽丝所言：

> 人类引起的自然生命支持系统基本特点的变化正以一种不可持续的方式进行，对这一点已经达成广泛的共识。这种一致带来了不计其数的国际科学研究项目、大会和最高级会议，但很少有行动直接指向处于核心的分配问题。反响依旧那么活跃，问题依旧那么鲜明和具有管制性质。如此下去注定要失败，不仅因为制定规章者随着新的科学证据的出现总落在问题的后面，而且由于对最根本的成本分配问题没有解决办法，规章也不可能在必要的国际尺度上实施。（朱迪·丽丝，2002：578）

任何具体的政策管理都是为了实现政治目的，这是政策的价值所在。现实中任何具体的政策都具有以下三个基本的特征：①政策与秩序有关，即政策暗示着系统和一致性。行为并不是专断的或者任意的，它受制于已知的普遍应用的规则。②政策依赖权威，即说什么东西是政策的话，就是在暗示它可能得到权威的认可。权威为政策提供了合法性。③政策意味着专业知识，即政策不是在真空之中存在的，而是与一些公认的实践领域有关，这就意味着知识，既包括问题领域也包括解决问题的领域（H. K. 科尔巴奇，2005：11～13）。

由此可以看出，不仅政策的影响涉及社会的各个方面，而且政策的作用在维持社会稳定秩序、实现资源公平分配、确保经济具有持续效益等方面是必不可少的。许多国家的实践案例都表明：①国家对经济的过度干预会严重降低经济效益；②过于自由而且不受管束的市场，不仅没有效益，而且会带来社会问题（托马斯·思纳德，2005：26～27）。

很显然，当前关于海洋捕捞业的各项政策，如征税、渔业补贴、控制捕捞量、个别可转让配额制等，事实上都是一些经济手段，体现了国家对渔业经济的强烈干预。这类干预过于注重经济目的而忽视了最重要的政治目的，使政治目的（实现善的公平分配）屈从于经济目的（实现效益的最大化）。从政治目的出发，国家干预海洋捕捞业最重要的内容应该是关于捕捞权的分配问题。

> 分配问题——如何共享、分份、分派和分发——是世界上渔业管理的核心。在世界范围内认识到了如何共享有限的渔业资源，这意味着要为确定谁可以捕捞什么寻求解决办法。
>
> 分配捕捞权是有争议的，原因是其意味着做出某些明确的社会、政治、法律和经济决定。这些决定对人们具有重大影响——从人和社区到世界各国和区域。（FAO，2006：84－85）

就海洋捕捞业而言，"专属经济区"此类的约定实质就是国际社会上关于捕捞权的分配问题，渔业保护区、渔业补贴等实质上是一个国家内的捕捞权分配问题。第五章关于"渔业补贴"的分析显示，当前的燃油费等渔业补贴政策实质上是在资源有限且衰落的情况下通过排挤小型家庭渔业而赋予大型渔业船队更多的捕捞权，以确保经济发展的政策。这类政策鼓励低效率和不可持续的捕捞以及对公共资金的不当分配（Markus，2010：1117 – 1124）。一种可持续发展的渔业补贴政策应该体现公平分配的目的，以维持渔业的可持续性，而不是通过诱导渔业部门或渔民的过度投资来刺激渔业经济的增长。"劳动本身，不仅在目前的条件下，而且一般只要它的目的仅仅在于增加财富，它就是有害的、造孽的。"（《马克思恩格斯全集》第 4 集，1979：55）

这是政策因为自身的弱点而未能实现其政治目的的结果。政策是"发生在一定的环境当中由参与者所构造和维续的东西，在这种环境下他们可能对使用哪些解释计划，以及遵循哪种暗示做出选择"（H. K. 科尔巴奇，2005：6）。因此，作为融入了人的主观意愿的一种选择性行为，政策要确保其政治目的，就需要经济和文化的制衡，否则容易成为权力者实现私欲的工具，导致"政策失灵"。现代社会里的政策基本上都是为了实现某个经济目的而设计并实施的，本来应该承担的政治目的反而转变成了实现经济目的的手段。在海洋捕捞业中，这方面最典型的体现就是"渔业补贴政策"。

6.3.3　体现经济工具的手段

海洋渔业资源因其自身的流动性等特征而使得它只能以一种公共物品的面目出现。面对公共产权资源问题，可以说现在的经济学无能为力，否则研究者也就不会寻求政府干预。然而，在当今公共物品的处理上，"市场失灵"与"政策失灵"总是相伴而生的。尽管新制度经济学派、公共选择理论等在处理社会化了的公共物品（如教育、卫生、国防、公路，等等）方面取得了一定的成就，但是，在处理自然性的公共物品（如空气、水、海洋，等等）方面则是全面性的失败。

笔者认为，"市场失灵"与"政策失灵"一样都是因为经济和政治在人及其实践活动所构成的行动体系中扮演了错误的角色。基于环境行为的视角，在任何一条实现可持续发展的具体途径中，如果说生态需求是基础性的，那么，政治目的就是决定性的，而经济能提供的只是解决问题的工具性手段而已。就人及其实践活动而言，在"环境、社会与人的关系"中，自然环境才是基础，社会中的政治与经济都服务于人在自然环境中的实践活动。

自然、市场与计划是人类历史上存在过的三种主要资源配置方式。① 对人及其环境行为而言，不同的行为方式有不同的效率；对社会而言，不同的方式代表着不同的目的；对自然而言，不同的方式有不同的影响。正如塞尔日·莫斯科维奇所言：

> 自由主义者只想把蛋糕做大，却不管怎么切分，他们把分蛋糕的任务交给市场。社会主义者既想把蛋糕做大，又想把蛋糕分得均匀。他们认为如果切得更好，蛋糕还会继续变大。生态主义者关心的是蛋糕的质量、口味和营养。是否应当竭尽全力、倾其所有制造一个超大的有毒蛋糕？我们确实

① 作为一种资源配置方式，笔者认为，"自然"是指依据个体需要对资源进行的生产性分配，体现为自给自足的自然经济；"计划"是依据社会需要对资源进行的目的性分配，体现为指令性的计划经济；"市场"是依据产权对资源进行的效率性分配，体现为自由的市场经济或商品经济。18 世纪开始兴起的生态思想所说的"自然经济"，不管是"阿卡狄亚式"的观念（以生命为中心，倡导一种与自然共存的简单和谐生活），还是"帝国式"的观念（以人类为中心，期望通过理性的实践和艰苦的劳动来建立人对自然的统治），从资源配置方式来看，都是强调要依据自然生态规律来对资源进行合理性分配，实现一种与自然共存的生态经济。关于"生态思想"的论述，参见〔美〕唐纳德·沃特斯，1999。

想要蛋糕，但我们要的是个好蛋糕，而且我们还想继续把蛋糕做下去。所以，我们正在寻找一种新的配方。（塞尔日·莫斯科维奇，2005：31）

历史事实证明，自由主义者的"市场"对人及其环境行为而言是最有效率的一种资源配置方式；社会主义者的"计划"对社会而言是最理想的资源配置方式。生态主义者的"自然"仍然停留于观念层面或实践检验层面，如果这种"自然"是自给自足的自然经济中的"自然"，那么，对自然而言，它就是影响最小的一种资源配置方式。

但是，每一种资源配置方式都被证明是有缺陷的。传统的自然牺牲了人的发展。理想的计划没有效率。而当今占主流的自由市场有三个根本性的弱点："市场价格中没有包含反映提供商品或服务的间接成本部分；市场未能适当地评估自然界所提供服务的价值；对于自然体系（如渔场、森林、牧场、地下蓄水层等）的可持续产出的有限性，市场也未加重视。"（莱斯特·R. 布朗，2003：192）

所以，如果将一种可持续海洋捕捞方式视为一种"配方"的话，那么，社会经济领域提供的应该是"配方"的使用方法，即如何开展捕捞活动（集体方式还是个体方式？季节性还是全年候？），而不是规定"配方"的内容，即捕捞什么和用什么捕捞（经济的内容就是"什么鱼有经济价值就捕什么""什么工具能最有效率地捕鱼就用什么"），"配方"的内容是由海洋鱼类生态系统所决定的（生态的内容是"依据鱼类的自我更新能力进行选择性捕捞"）。更不是确定"配方"的使用意义，即为什么要这样捕捞（经济目的是"这样捕捞能满足人的最大欲求"），这应该是由社会政治来决定的（政治目的是"这样的捕捞能够实现公平分配，以满足每个人的基本需求"）。

6.3.4　体现文化意义的价值

从"漏网捕鱼"到"一网打尽"的转变中，我们看到社会文化对人及其环境行为的巨大影响。因为文化为人的实践活动提供了价值，是人给自己的行为进行合理解释的意义所在。一旦这种意义性的文化价值转变成物质性的经济价值，那么，人就与其实践活动分离了。这就是马克思所说的"异化劳动"。

> 异化劳动，由于（1）使自然界，（2）使人本身，使他自己的活动机能，他的生命活动同人相异化，也就使类同人相异化；对人来说，它把类生活变成维持个人生活的手段。第一，它使类生活和个人生活异化；第二，把抽象形式的个人生活变成同样是抽象形式和异化形式的类生活的目的。（《马克思恩格斯选集》第1卷，1995：45~46）

人的异化劳动最大的受害者就是大自然。从第四章的"一网打尽"的描述来看，没有了内在约束的渔民完全按照市场规则进行捕捞是极其可怕的。因为这种捕捞方式不仅仅是渔民与鱼之间的追逐，也是渔民与渔民之间的竞争，并且这种竞争反过来加剧了渔民对鱼的捕捞力度。市场通过分工将其目的（追求最大效益）转化成了渔民捕捞的价值所在，使得渔民捕捞活动的意义从维系生存之需要转向了财富积累。然而，这种财富的积累是基于破坏生态系统基础之上的，是一种不可持续的积累方式。渔业资源的枯竭必然会导致生产衰落，经济意义上的财富对渔业而言（渔船、网具、存款）也就会变成一种无意义的符号。

传统"漏网捕鱼"的海神信仰和鱼家行规为渔民提供的不仅仅是一种内在的规范，更重要的是在人鱼构成的生态系统中为渔民提供了身份认同。这些认同的基础在现代科学看来，可能是荒谬的，但对渔民及其实践活动而言，却是真实存在的。

大量实地案例研究结果表明，渔民在处理人鱼关系上要远远比所谓的"科学"合理得多，融入渔民知识的改善方案也比"科学方案"有效得多。如 Soomai 等人的研究显示，有影响的科学渔业信息应该基于多方利益相关者（捕捞渔民、科学家、渔业管理者、政策制定者、渔业咨询机构）之间的信息流（Soomai，Wells & Donald，2011：50 - 62）；Maricela 等人的研究表明，现有的渔业管理制度很少涉及文化因素或社会习俗，如亲属关系。现实的法规如果不是基于规范和文化认知的习惯（cultural-cognitive institutions），那么就很难实现有效的管理（Torre-Castro & Lindström，2010：77 - 84）。

渔民的传统观念是关于渔业的"世代相传的鲜活知识"，这些知识不仅仅是一种经验的积累，也包含了渔民世代相传的价值观念，是渔民实践活动的依据，也是他们给予自己的行动以合理解释的依据。因此，对于渔业管理来说，渔民的参与是必不可少的。如 Pita 等人的研究指出，欧盟委员会认定缺乏利益相关者参与是共同渔业政策的主要弱点之一。因此，委员会制定并实施了一个新的管理制度——近海渔业组，其目的是将参与近海渔业管理的权力下放。实地调查结果显示，尽管近海渔民认为自己没有被咨询或没有参与到决策过程，但事实上，渔民对近海渔业组的实施仍抱有积极态度（Pita，Pierce & Theodossiou，2010：1093 - 1102）。由此可见，渔民参与对渔民自身而言也是极其重要的，因为他们作为渔民的价值能在参与的过程中得到体现。

小结：可持续海洋捕捞业的架构

一种可持续海洋捕捞业应具有三个基本特征：①有发展的捕捞，是指捕捞管理应以提升鱼类自我更新能力为主，以控制捕捞的量和种类为辅；②有限制的市场，是指捕捞资源配置应基于鱼类生态规律之上，以政府的合理干预为手段，以满足人的基本生存需求为目的；③有理性的消费，是指鱼类消费的增长应基于人口增加的本能需求，排除个体的生物性感受。

可持续海洋捕捞方式的出现是可能的。这是因为：①现代海洋科学知识的发展为其奠定了必需的生物基础；②人类的反思与国际组织的运作为其提供了坚实的社会基础。

具体而言，这种可持续海洋捕捞方式的实现需要四个方面的人为设计：①捕捞的目的即"为什么要捕捞"，应依据政治本质来确定，即以如何公平地满足每个人生存的基本需要为目的；②捕捞的内容即"捕捞什么和用什么捕捞"，应依据生态规律和科技水平来确定，即依据海洋鱼类的自我更新能力、食物链和鱼类习性的状况来决定选择捕哪条鱼以及用什么工具来捕；③捕捞的手段即"如何展开捕捞活动"，应该依据最有效率的经济工具来确定，即是集体计划式捕捞还是个体自由式捕捞、是季节性捕捞还是持续性捕捞；④捕捞的价值即"为什么要这样捕捞"，应该依据文化赋予捕捞活动的意义来确定，即依据渔民与鱼的依存关系来给捕捞活动合理的解释。

第七章　结论与反思

> 如果人们把情境当作是真实的，那么其结果将成为真实的。
>
> ——W. I. 托马斯

默顿依据"托马斯定理"在研究中提出"自我实现预言"[①]，这是本书研究的最大动力所在。在强大的现实力量面前，笔者知道本书的研究结论所产生的设想（可持续海洋捕捞业），可能仅仅只是一个"乌托邦现实主义的模式"。但是，受自我实现预言的思想鼓舞，笔者期望这个模式能成为一个"社会型自我实现预言"，并希望依据该预言所开展的社会行动能够得出一个美好的"非预期结果"。

7.1　结论

7.1.1　从"漏网捕鱼"到"一网打尽"

与自然界的所有生物一样，人为了生存也会在相应的环境条件下选择生存策略，这种策略具体体现为不同形式的环境行为。不同的是，人的能动性和反思性赋予了其他生物不具备的一项功

[①] 自我实现预言是指，开始时的一个虚假的情境定义，由于引发了新的行动，因而使原有虚假的东西变成了真实的。自我实现预言的似是而非的社会影响就是社会行动的非预期结果。详细内容参见罗伯特·K. 默顿，2001：285～331。

211

能，即人可以主动而不是被动地选择生存策略，并且可以依据环境变化的反馈信息改变策略路径。同样，这种意识的能动性也会制约人的行为选择，其中最基本的意识观念即关于"人与自然之间的关系"的定位，是人选择其环境行为的最基本的依据。

传统社会中人畏惧自然。海洋的自然神秘力量以及由此所产生的信仰仪式深深地约束着渔民的行为。渔获物不仅仅是渔民实践活动的产物，也是上苍的恩赐。所有的海洋生物与人一样都是有生命和灵魂的生物，渔民与鱼是互为一体的存在：没有鱼就没有捕捞，渔民身份也就不可能存在；没有渔民，鱼就仅仅是一种生物性存在，没有任何社会意义。正因为如此，传统的海洋渔民选择的是"漏网捕鱼"。见图 7-1"海洋捕捞方式的社会条件及其转变"。

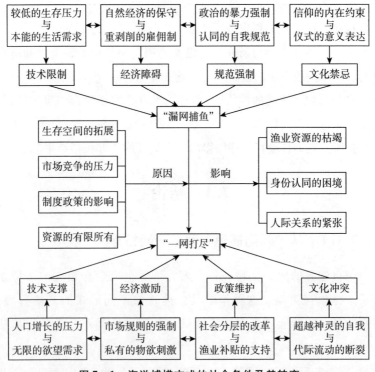

图 7-1　海洋捕捞方式的社会条件及其转变

"漏网捕鱼"是一种区域性的、小规模的、自给型的、季节性的、有选择性的捕捞方式。"漏网捕鱼"的主要形式是近海"下笼子"和区域性洄游作业，以鱼类和贝类的生活习性和气候为行为的自然依据，以经验和行规为行为的社会依据。人们选择这种环境行为的缘由，既有认识能力所导致的技术限制，也有社会经济体制所产生的阻碍；既有政治目的的强制规范，也有文化意义的内在约束。

传统向现代的转变起源于文艺复兴与工业革命。在工业化的强大力量的推动下，人的自我意识高度膨胀，人走向了自然的对立面，"征服自然"成了人类活动的目标。

人作为自然的对立面而存在，这就是现代"一网打尽"及其社会条件产生的深层根源。"一网打尽"是一种无地域限制的、大规模的、交易型的、全年候的、无差别的捕捞方式。"一网打尽"的主要形式是远洋无差别的拖网作业和海域间的"围追堵截"，以不断突破自然限制为行为的基础，以科技和市场供求为行为的社会依据。其相应的社会条件体现为：源于人口增长压力的科学技术转变成了满足无限物欲的主要工具；最有效率的资源配置方式——市场转变成了政治性资源分配的主要工具；追求公平的改革和实现增长的政策转变成了渔民追求捕捞经济利益最大化的动力机制；追求自由与主体的自我意识导致了文化的冲突，经济价值取代意义价值成为解释渔民行为的合理依据。

7.1.2　流动性资源的确权及其影响

作为一种开放性的公共资源，如果没有适当的人为干预，海洋渔业资源的开发必然会导致"公地悲剧"。当前面对"公共池塘资源"的开发困境，经济学主张的确定产权制度和制度经济学主张的多中心治理制度占据着主流地位，这两种观点也被应用到了管理海洋渔业资源的实践中。

但是，本书的经验研究显示，面对当前世界范围内普遍存在的"一网打尽"现状，国际社会普遍以海洋渔业资源产权为中心通过建构相应的管理制度来应对这种状况，但是，在现实中由于在制度的设置和实施过程中未能考虑海洋渔业资源的流动性、渔民作业方式的独特性等因素，这些措施反而产生了更强的反功能效果。

首先，《联合国海洋法公约》及其专属经济区等一系列的制度规范事实上就是对海洋渔业资源的确权制度。产权是人为的规定，是为了经济发展而人为设定的一项制度。从"经济人"假设出发，明确产权是避免"公地悲剧"、提高经济效益的有效途径。但是，本书的研究显示，对于流动性的、不可分割的海洋渔业资源像划分土地那样进行人为的分割，必然会导致个体渔民对资源的有限所有。这种资源的所有状态不仅不会促使渔民保护资源，反而会因为"有限"而加剧渔民对资源的争夺。而国家之间的主权意识不仅不能有效地应对这种争夺，反而会加剧这种冲突。

其次，多中心治理制度在海洋渔业管理中最典型的体现是渔业的共同管理模式。但是，现实中这种模式只在区域管理上取得了一定的成就。而且在这种管理模式中，不管是国家之间的渔业协定，还是一国之内不同利益相关者之间的博弈，都是围绕海洋渔业资源产权展开的。全球性的渔业资源衰退表明，区域性的管理不是解决流动性渔业资源枯竭的有效途径，相反，以渔业补贴等政策为主的经济激励政策因利益相关者之间的分配不均而引发了渔民内部群体之间的分裂与冲突，以区域权属划分为主的管理政策因国家之间的利益冲突而更多地产生了反功能的效果。

总而言之，以资源确权为核心的多中心合作治理在解决固定的公共池塘资源问题方面具有良好的效果，但是，同样的制度政策在被运用到流动性的海洋渔业资源管理上却会加剧资源的滥用和利益相关者之间的冲突。至于如何来应对流动性公共资源所面临的这种"公地悲剧"，笔者认为不能仅仅围绕资源本身进行制度设计，而应将注意力集中到资源利用者的行动上。在书中笔者以海洋渔业资源为例，尝试性地提出了一种可持续利用渔业资源的方式，这种方式最核心的理念是实现人与鱼之间的生态均衡。

7.1.3　海洋环境与人类社会之间的失衡与均衡

本书的经验研究显示，"漏网捕鱼"与"一网打尽"展现的都是海洋环境与人类社会之间的一种失衡状态。前者通过压制人的发展来确保海洋环境系统的有序运行，后者是以海洋渔业资源的枯竭为代价来实现人的发展。

失衡的根源在于社会力量与人的力量未能在认识和改造自然的活动中达成一致。在"环境、社会与人之间的关系"中，正是人及其环境行为架起了自然环境与人类社会之间的桥梁。传统社会中自然环境的力量强于人类社会的力量，人处于劣势地位，人畏惧自然。三者关系的矛盾主要体现为人与自然之间的冲突。此时，自然环境与人类社会处于一种失衡的状态，人的本能需求被压制。现代社会中人的主体意识和自我意识的觉醒，以及相伴的科技发展，使社会力量逐渐壮大并反过来逐步吞没了人，并借由人及其环境行为逐步吞噬着自然环境。人不再畏惧自然，而是在社会的操纵下与自然进行着对抗，尽一切可能征服自然。三者关系的矛盾主要体现为人与人之间冲突，并且这种冲突同人与自然之间的冲突相互影响、相互强化。此时，自然环境、人类社会与人都处于一种失衡的状态。这是以牺牲自然环境为代价来维系基本秩序的。

因此，从环境、社会与人的关系来看，三者是一个关联式的整体，三者之间的任何一种冲突形式最后都会损害到三者的利益。如何使这三种力量达成一种平衡，才是解决问题的唯一途径。

就海洋渔业问题而言，本书第五章的研究显示，一种可持续海洋捕捞业的实现需要调节海洋生态、渔业社会和渔民之间的冲突关系，使三者以渔民及其捕捞活动为中介，达成和谐均衡的状态。这种状态的实现与维系应以海洋物理环境和鱼类生态系统为基础，但其同样也离不开相应的社会条件。不过，需要技术、经济、政治和文化的支持转变现有的角色安排，即需要在生态科学的基础上，将技术转变成捕捞的可控条件，而不是成为制约人选择的因素；经济为捕捞提供最有效率的工具，而不是规定捕捞的内容和目的；政策以实现公平分配为目的，而不是以实现和维护经济增长为目的；文化为渔民主体提供身份认同，为捕捞活动提供合理性解释，而不是由政策来确定身份和由经济价值来衡量捕捞活动。毫无疑问，这种均衡状态的实现需要作为主体的人发挥能动性，也需要政策等社会系统要素的支持。

7.2　对问题的反思

7.2.1　科技对环境行为选择的影响

从"漏网捕鱼"到"一网打尽"首先展现的就是强大的科学技术推动力。自工业革命以来，科学及其技术所取得的成就基本上彻底地征服了人类自身，并借助于人类不断地侵蚀着自然世界，将越来越多的自然领域转化成人工环境。因此，它也就自然地成为反思者主要攻击的对象。然而，本书的经验研究表明，科学及其技术只是人类选择某种环境行为的一个必要条件，而不是充分必要条件，这是科技决定论的观点。当然，人类走向希望的未来仍然需要依靠科学及其技术的力量。

关于"科学主义"（scientism，亦称唯科学主义）、科学、反科学、反科学主义、人本主义、反人本主义等思想之间的争议由来已久。其中最有名的代表人物及其著作有哈耶克的《科学的反革命》、卡尔·波普尔的《历史决定论的贫困》、斯诺的《两种文化》，等等。争议围绕着科学与科学主义、科学主义与人本主义等命题展开，即探讨科学的作用、科学主义的危害，也探讨科学与人文的融合、科学主义与人本主义的冲突（江天骥，1996：51～

59；郁振华，2002：39～45；龚育之，2004：14～26；陈其荣，2005：35～39；范岱年，2005：27～40；郑晓松，2006：39～43）。尽管观点各异，但是有一点是共同的，那就是科学及其技术与人及其社会行动是密切相关的。

> 科学和技术的发展为善还是作恶，这取决于人所在的社会，而不是科学和技术的本性。怎样发展科学和技术的社会运用的为善的那一面，避免和防止它为恶的那一面，这取决于人们改进社会的努力，取决于人们控制技术后果的能力，而不是取决于科学技术本身。（龚育之，2004：22）

可以说，本书关于海洋渔民捕捞方式转变的经验研究论证了这个观点，即科学及其技术是人们认识和改造自然的工具，是人们环境行为选择的必要条件。科学及其技术的后果不是由其自身决定的，而是由应用科学及其技术的社会目的所决定的。正如爱因斯坦所言："科学不能创造目的，更不用说把目的灌输给人们；科学至多只能为达到目的提供手段。但目的的本身却是由那些具有崇高伦理理想的人构想出来的。"（爱因斯坦，1979：268）

在社会行动系统中，目的对人的社会行动而言是至关重要的。目的决定了手段选择以及行动的结果。就本书的经验研究而言，海洋渔民选择用网目1厘米的渔网捕鱼，不是因为渔网市场能提供这种渔网，而是为了追求经济利益最大化，渔民必须在可大可小的网目渔网类型中选择了小网目渔网。因为在"一网打尽"的行为中，由市场机制产生的追求经济利益最大化成为目的。很显然，这个目的并不是由"具有崇高理想的人"构想出来的。

因此，在本书提出的可持续海洋捕捞业的框架中，目的应该是由追求"至善"的政治来确定的，而不是由追求行动利益最大化的经济来确定的。"至善"的现实体现就是对资源实行公平分配。而科学及其技术作为人类环境行为选择的基础之一，是实现资源公平分配的工具。是故，实现可持续海洋捕捞方式的最大困境是如何设定人类开发海洋渔业资源的目的，或者说应该由谁来构想这个目的。显然，由现在这些坚信科学主义的人来构想这个目的，必然会导致人成为科学及其技术的奴隶，从而使得科学及其技术成为毁坏自然和人类的罪恶之源。或许，通过当前海洋渔业的共同管理模式与生态系统的管理模式相结合所形成的既重视生态系统的规律又重视利益相关者的战略，能够为解决这个问题提供有效的途径。

7.2.2　关于价值观的反思

本书一直在努力地阐释这个观念，即环境危机作为人类环境行为的不良的客观结果，其主要根源不在于科学技术的发展与应用，而在于人的价值取向。美国绿党人士丹尼尔·A. 科尔曼在《生态政治：建设一个绿色社会》中阐释了美国绿党在1984年成立时所提出的"十大关键价值观"，即生态智慧、尊重多样性、权力下放、未来视角与可持续性、女性主义、社会正义、非暴力、个人与全球责任、基层民主、社群为本的经济（丹尼尔·A. 科尔曼，2002：112~136）。仔细来看，这十大关键价值观基本上囊括了本书所探讨的问题，尤其是在海洋渔业管理方面。再进一步来看，这十大关键价值观几乎囊括了所有基于对环境危机的反思所设想的出路，当然也包括本书所设想的可持续海洋捕捞业的结构框架。

然而，真正的问题并不在于我们是否认识到价值观对人的行为选择之影响，而在于我们怎么去解释它，并且宣称这种解释是有效的。这可能是基于社会行动理论的社会科学研究所面临的最大难题。因为研究人的行为必然就要研究人的行为所依据的观念，即韦伯所说的"意义"。哈耶克关于"社会科学的特殊难题"的论述非常深刻地揭示了这个问题。

　　社会科学和自然科学一样，其宗旨是修正人们对它的研究对象所形成的流行观念，或是用更恰当的概念取代它们。社会科学的特殊难题，以及有关其性质的大量混乱思想，恰恰是来自这样的事实：观念在社会科学中呈现出两种作用，它既是研究的对象，又是有关这种对象的观念。在自然科学中，我们的研究对象与我们对它的解释之间的区分，与观念和客观事实之间的区分相一致。而在社会科学中，则必须区分出两种观念，其一是那些构成我们打算研究的现象的观念，其二是我们自己或我们打算解释其行为的那些人所持的有关这些现象的观念，它们不是社会结构的成因，而是关于社会结构的理论。

　　给社会科学造成这种特殊困难的不仅是这样一个事实：我们必须对作为我们研究对象的人的观念与我们对他们的观点加以区分；而且还有另外一个事实：作为我们的研究对象的人，他们自身不但由各种观念产生动机，而且对于其行为的未经设计的结果，还有自己的想法——有关不同社会结构或形态的各种流行学说，我们与他们共享并且我们的研究必须予以修正和改进的学说。（弗里德里希·A. 哈耶克，2003：30～31）

　　尽管存在着这个"特殊困难"，但社会研究却必须面对它。那么，如何把握海洋渔民的价值观对捕捞方式选择的影响？这是这个"特殊困难"在本书中的实际体现。为此，笔者选择了"身份认同"这个视角来观察和理解海洋渔民的价值观与其行为选择之间的关系。这个视角的基本假设是人的外在行为选择与其内在的身份认同总是趋于一致。与个体行为选择相关的身份认同中最核心的东西就是价值观。简单地说，就是选择"漏网捕鱼"的传统渔民认为把产卵的母鱼或成长的幼鱼放掉是正确的行为，因为在他们看来鱼与他们是一体的，即没有了鱼，作为渔民的他们也就不能生存；选择"一网打尽"的现代渔民认为只有达到最大的产量才是最正确的行为，因为在他们看来捕捞只是他们获取生存资料的一种方式，即没有了鱼，他们也可以通过其他的方式来获取生存资料。

因此，本书所提出的可持续海洋捕捞方式就是要"修正和改进"现代渔民的这种"学说"。笔者认为，"修正和改进"现代海洋渔民的价值观不能从上而下地给予他们一种观念，而是应该从他们及其所在社区依存的传统中发现或形成一种他们能够认同的观念。这种观念要与他们的身份认同紧密相连。

7.2.3 海洋资源管理与经济发展之间的困局

海洋渔业资源正在趋向或者已经枯竭，这个事实与整个人类社会将 21 世纪喻为"海洋的世纪"是相冲突的。自罗马俱乐部公布《增长的极限》这一关于人类困境的报告以来，经济发展与环境保护之间的关系就一直成为各自的支持者不断争辩的对象。从当前的现实状况来看，显然经济发展仍然占据着主导的地位，资源管理等人为干预都是为经济发展而服务的。尽管人们都知道应该从单纯的增长转向与自然和社会协调的发展，但是事实仍然是经济在增长、环境在恶化。本书中关于海洋捕捞业的发展状况，再次展现了 20 多年前格罗·H. 布伦特兰所描述的那种状况，即"一些人把'发展'一词也局限于非常狭窄的范围，变成了'穷国变富'应采取什么措施"（丹尼斯·L. 米都斯等，1997：8）。

从本书考察的海洋捕捞业来看，国际上影响重大的举措就是《联合国海洋法公约》的实施及与此相关的一系列规定，如 200 海里专属经济区。然而，这种貌似是为了治理资源过度开发的行动，实质上成了世界各个沿海国家对海洋资源（包括渔业资源）的重新瓜分，反而加剧了沿海各国在公海领域内的竞争性资源开采，也使得大多数发展中国家为求发展而以合法性的名义加大了 200 海里以内的资源开采力度。

与此同时，全球化的进程还给各个民族国家的渔业经济发展带来了巨大的推动力。全球化的推动力对渔业和海水资源的影响是全方位的，它跨越环境、经济、政治和文化的边界。这给国际性的渔业管理带来了更多的难题。同时，全球化的渔业市场对渔业经济发展提出了更高的要求，以巨大的拉力带动着世界捕捞业不断地增加产量。

如何破解这些难题？或许全球化的发展趋势在产生问题的同时，也给渔业管理带来新的机遇。因为全球化的趋势与海洋的特征有一致之处，即在一个复杂的系统中，任何部分的微小变化都会导致其他部分甚至整体发生巨大的变化。全球化也如此，它将世界各个分裂的民族国家聚集到同一个系统当中，任何一个国家的经济变动和政治动荡都会引起整个世界的变化。因此，本书在可持续海洋捕捞方式中提到的政治目的，即公平地分配资源，不仅是对某个民族国家而言的，也是对整个人类社会而言的。这种目的应该是基于全球化背景和海洋系统提出的。显然，在以竞争为主的民族国家构成的世界中，首先要解决的是由主权意识所带来的一系列问题。

面对这个困境，或许马克思在1844年提出的设想是解决问题的最佳答案。

共产主义是私有财产即人的自我异化的积极的扬弃，因而是通过人并且为了人而对人的本质的真正占有；因此，它是人向自身、向社会的（即人的）人的复归，这种复归是完全的、自觉的而且保存了以往发展的全部财富的。这种共产主义，作为完成了的自然主义，等于人道主义，而作为完成了的人道主义，等于自然主义；它是人和自然界之间、人和人之间的矛盾的真正解决，是存在和本质、对象化和自我确证、自由和必然、个体和类之间的斗争的真正解决。它是历史之谜的解答，而且知道自己就是这种解答。（《马克思恩格

斯全集》第 4 卷，1979：120）

7.3 余论

7.3.1 本书的不足之处

在本书的写作过程中，笔者发现越研究就越需要深入，越深入就越需要了解更多的资料。细想之下，本书至少存在以下两大不足之处。

（1）专业性资料不够丰富。海洋捕捞不仅涉及海洋科学、捕捞业等自然科学的知识，也涉及许多地方性的经验知识。尽管笔者在海洋渔村中进行了多次实地调查，并参与到他们的生产活动，但还是很难准确地把握这两种知识是如何融入渔民的生产活动和生活过程中的。因而，有很多重要的内容分析，尤其是涉及自然科学和地方性的专业性知识之处，笔者往往只能以直接引用或比较的方式来叙述，很难进行有针对性的分析。所以，讨论之结果也就显得不够深入。这既与专业有关，也与资料收集不足有关。

（2）理论分析不够透彻。笔者在书中一直努力想把经验性材料纳入社会学传统理论的框架中进行分析，但总体效果并不理想。这可能与环境社会学的学科体系相关，其中最重要的就是关于学科的假设问题。传统社会学是基于人与社会之间的关系假设之上的，而环境社会学必须在这个关系中纳入环境这个变量。由此，要设立一个关于三者之间的假设，并以此对经验性材料进行分析才有可能使研究深入。尽管笔者提出了关于环境、社会与人之间的关系假设，但无法在理论的高度把握好这个假设，因而，在实证的分析中就很难深入。或许，这就是所有探索性研究面临的最大难题。

7.3.2 未尽的探索

对于成长于陆地、以种植业为生的笔者来说，海洋与海洋捕捞是一个神秘和神奇的工作。而在学科上，中国环境社会学则刚刚起步，海洋社会学才开始萌芽，在没有系统的学科体系的情况下，笔者在这个广阔而又神奇的空白领域看到了很多希望，也看到了艰难的开拓之路。仅从海洋捕捞这个单一的环境行为来看，本书只能算作一个以描述为主的探索性经验研究。因而，就学识范围而言，笔者认为至少有以下两个方面值得去探索。

（1）对海洋捕捞过程的描述性考察。与发生于陆地之上的环境行为相比，发生于海洋之中的人类环境行为因为各种限制而难以被人考察。而没有经验性的感知，光从理论上去把握现实中人们的行动过程，很难清晰地展现这个过程的结构。从社会行动理论的视角来看，在把握行动意义时需要明晰人的行动过程。因此，对海洋捕捞过程的描述性考察是这一现象研究的基础。

（2）对渔捕文化（fish-hunting culture）的探究。"渔捕文化"是张景芬教授在研究海洋渔村的基础上提出的一个概念，在其著作《文明的暮色》（1991）中他首次提出这个概念，将之与胶东半岛的农耕文化和商旅文化并列。所谓渔捕文化，指的是前工业时代的以体力和魄力为轴心的捕猎文化。笔者在与他共事的多年里，发现他所说的渔捕文化的确不同于农耕文化、商旅文化和游牧文化。这也是本书将文化因素纳入分析框架的重要原因。因为海洋渔民所创造的这种渔捕文化深深地制约渔民的行为选择，而在现代社会中，正是这种文化的没落成为海洋渔民肆无忌惮地横行在海洋里的一个重要根源所在。作为一种文化类型，它不仅需要被详细地阐述，而且它也有可能包含着未来的希望之路。因为这种文化以渔民的传统性的、经验性的知识为核心，与现代科学所产生的"真理性知识"相比有着不同的逻辑。

人类已经全面向海洋进军，但人类对海洋以及海洋与人类社会关系的认识却刚刚起步。实现"人与海洋的和谐"是一条漫长的充满荆棘之途，需要更多的探索！

参考文献

英文资料

Aaron Dale, Derek Armitage, "Marine Mammal Co – management in Canada's Arctic: Knowledge Co – production for Learning and Adaptive Capacity." *Marine Policy*. Vol. 35, 2011 (4): 440 – 449.

Agrawal, Arun, and Maria Carmen Lemos, 2007. "A Greener Revolution in the Making?: Environmental Governance in the 21st Century." *Environment*, Vol. 49, (5), 36 – 45.

Allen, James B. , and Jennifer L Ferrand, 1999. "Environmental Locus of Control, Sympathy and Proenvironmental Behavior." *Environmental and Behavior*, Vol. 31, (3): 338 – 353.

Archer, Margaret S. , and Jonathan Q. Tritter, . eds. 2000. *Rational Choice Theory: ResistingColonization*. New York: Routledge.

Ban, Natalie C. , and Gretchen J. A. Hansen, and Michael Jones, and Amanda C. J. Vincent, 2009. "Systematic Marine Conservation Planning in Data-poor Regions: Socioeconomic Data is Essential." *Marine Policy*, Volume 33, (5): 794 – 800.

Bell, Frederick W. , 1978. *Food from the Sea*. Colorado, USA: Westview Press, Inc.

Blamey, Russell, 1998. "The Activation of Environmental Forms: Extending Schwartz's Model." *Environment and Behavior*, Vol

30, (5): 676 – 708.

Buttel, F. H. , 1978. "Environmental Sociology: A New Paradigm?" *The American Sociologist*, Vol. 13, (4): 252 – 256.

Caddy, J. F. , and J. A. Gulland, 1983. "Historical Patterns of Fish Stocks." *Marine Policy*, (7): 267 – 278.

Campbell, Lisa M. , and Jennifer J. Silver, Noella J. Gray, Sue Ranger, Annette Broderick, Tatum Fisher, Matthew H. Godfrey, Shannon Gore, John Jeffers, Corrine Martin, Andrew McGowan, Peter Richardson, Carlos Sasso, Lorna Slade, Brendan Godley, 2009. "Co-management of Sea Turtle Fisheries: Biogeography versus Geopolitics." *Marine Policy*, Vol. 33, 2009 (1): 137 – 145.

Carollo, Cristina, and Dave J. Reed, 2010. "Ecosystem-based Management Institutional Design: Balance Between Federal, State, and Local Governments within the Gulf of Mexico Alliance." *Marine Policy*. Vol. 34, (1): 178 – 181.

Catton, W. R. Jr. , and R. E. Dunlap, 1978a. "Environmental Sociology: A New Paradigm." *The American Sociologist*, Vol. 13, (1): 41 – 49.

——, 1978b. "Paradigms, Theories, and the Primacy of the HEP-NEP Distinction." *The American Sociologist*, Vol. 13, (4): 256 – 259.

Chang Shui-Kai, 2011. "Application of a Vessel Monitoring System to Advance Sustainable Fisheries Management—Benefits Received in Taiwan." *Marine Policy*, Vol. 35, 2011 (2): 116 – 121.

Charles, Anthony T. , 2001. *Sustainable Fishery Systems*. Oxford: Blackwell Science.

Clare, Patricia, 2009. *Living Green: Saving Our Earth*. New York: Power Kids Press.

Clark, Colin W. , 2006. *The worldwide crisis in fisheries: economic models and humanbehavior*, New York: Cambridge University Press.

Clark, R. B. , 2001. *Marine Pollution* (Fifth edition), New York: Oxford University Press.

Corten, Ad, 1996. "The Widening Gap Between Fisheries Biology and Fisheries Management in the European Union. " *Fisheries Research*, Vol. 27, (1): 1 – 15.

Coull, James R. , 1993. *World Fisheries Resources*. London and New York: Routledge.

Curtin, Richard, and Raúl Prellezo, 2010. "Understanding Marine Ecosystem Based Management: A Literature Review. " *Marine Policy*, Vol. 34, (5): 821 – 830.

Dahlstrom, Alisha, and Chad L. Hewitt, and Marnie L. Campbell, 2011. "A Review of International, Regional and National Biosecurity Risk Assessment Frameworks. " *Marine Policy*, VoL. 35, (2): 208 – 217.

Dale, Aaron , and Derek Armitage, 2011. , " Marine Mammal Co-management in Canada's Arctic: Knowledge Co-production for Learning and Adaptive Capacity. " *Marine Policy*, Vol. 35, (4): 440 – 449.

de Reynier, Yvonne L. , and Phillip S. Levin, and Noriko L. Shoji, 2010. "Bringing Stakeholders, Scientists, and Managers Together Through an Integrated Ecosystem Assessment Process. " *Marine Policy*. Vol. 34, (3): 534 – 540.

Dickens, Peter, 2004. *Society and Nature: Changing Our Environment, Changing Ourselves*. Cambridge: Polity Press. 2004.

Ebbin, Syma A. , 2009. "Institutional and Ethical Dimensions of Resilience in Fishing Systems: Perspectives from Co-managed Fisheries in the Pacific Northwest. " *MarinePolicy*, Vol. 33, (2): 264 – 270.

Elvin, Mark, 2004. *The Retreat of the Elephants: An Environmental History of China*, London: Yale University Press.

FAO, 2002. *A Fishery Manager's Guidebook: Management Meas-*

ures and Their Application. Rome: FAO. FISHERIES TECHNICAL PA-PER 424.

——, 1971. *Manual of Fishermen's Cooperatives.* Rome: FAO.

——, 2003. *Fisheries Management: The Ecosystem Approach to Fisheries.* Rome: FAO, Technical Guidelines for Responsible Fisheries 4, Suppl. 2.

Finney, Bruce P., and Irene Gregory-Eaves, and Jon Sweetman, and S. Marianne, and V. Douglas, and John P. Smol, 2000. "Impacts of Climatic Change and Fishing on Pacific Salmon Abundance Over the Past 300 Years. " *Science*, Vol. 290, (5492): 795 – 890.

Firey, Walter, 1945. *Land Use in Central Boston.* Cambridge: Harvard University Press.

Fletcher, W. J., and J. Shaw, and S. J. Metcalf, and D. J. Gaughan, 2010. "An Ecosystem Based Fisheries Management Framework: the Efficient, Regional-level Planning Tool for Management Agencies. " *Marine Policy*, Vol. 34, (6): 1226 – 1238.

Frederick W. Bell, 1978. *Food From the Sea. Colorado*, USA: Westview Press, Inc.

Gelcich, Stefan, and Omar Defeo, Oscar Iribarne, Graciano Del Carpio, Random DuBois, Sebastian Horta, Juan Pablo Isacch, Natalio Godoy, Pastor Coayla Peñaloza, Juan Carlos Castilla, 2009. "Marine Ecosystem-based Management in the Southern Cone of South America: Stakeholder Perceptions and Lessons for Implementation. " *MarinePolicy*, Vol. 33, (5): 801 – 806.

Gilmour, Patrick W., and Peter D. Dwyer, and Robert W. Day, 2011. "Beyond Individual Quotas: The Role of Trust and Cooperation in Promoting Stewardship of Five Australian Abalone Fisheries. " *Marine Policy*, Vol. 35, (5): 692 – 702.

Grafton, R. Quentin, 2010. "Adaptation to Climate Change in

Marine Capture Fisheries. " *Marine Policy.* Vol. 34, 2010 (3): 608.

Grafton, R. Q. , and A. McIlgorm, 2009. . "Ex Ante Evaluation of the Costs and Benefits of Individual Transferable Quotas: A Case-study of Seven Australian Commonwealth Fisheries. " *Marine Policy*, Vol. 33, (4): 714 – 719.

Gulbrandsen, Lars H. , 2005. "Mark of Sustainability?" *Environment*; Vol. 47, (5): 8 – 23.

Gulland, J. A. eds. 1971. *The Fish Resources of the Ocean.* Farnham, England: Fishing News Ltd.

Gutiérrez, Nicolás L. , and Ray Hilborn, and Omar Defeo, 2011. "Leadership, Social Capital and Incentives Promote Successful Fisheries. " *Nature*, Vol. 470, (7334): 386 – 389.

Haggan, Nigel, and Barbara Neis, and Lan G. Baird, 2007. *Fishers' Knowledge in Fisheries Science and Management.* Paris: The United Nations Educational, Scientific and Cultural Organization.

Hardin, Garrett, 1968. "The Tragedy of the Commons. " *Science*, Vol. 162, (3859): 1243 – 1248.

Hilborn, Ray, 2011. "Future Directions in Ecosystem Based Fisheries Management: A Personal Perspective. " *Fisheries Research*, Vol. 108, (2): 235 – 239.

Hind, E. J. , and M. C. Hiponia, and T. S. Gray, 2010. "From Community-based to Centralised National Management—A Wrong Turning for the Governance of the Marine Protected Area in Apo Island, Philippines?" *Marine Policy.* Vol. 34, (1): 54 – 62.

Hoel, Alf Håkon, 1998. "Political Uncertainty in International Fisheries Management. " *Fisheries Research*, Vol. 37, (3): 239 – 250.

Hogg, Michael A. , and Deborah J. Terry, and Katherine M. White, 1995. "A Tale of Two Theories: a Critical Comparison of Identity Theory with Social Identity theory. " *Social Psychology Quarterly.*

Vol. 58, (4): 255 – 269.

Human, Brett A. , and Amanda Davies, 2010. "Stakeholder Consultation during the Planning Phase of Scientific Programs. " *Marine Policy*, Vol. 34, (3): 645 – 654.

Inglehart, Ronald, 1977. *The Silent Revolution: Changing Values and Political Styles among Western Publics.* New Jersey: Princeton University Press.

Iudicello, Suzanne, and Michael Weber, and Robert Wieland, 1999. Wieland, *Fish, Markets, and Fishermen: the Economics of Over-fishing.* Washington, D. C. : Island Press.

Iversen, Edwin S. , 1996. *Living marine resources: their utilization and management.* New York: Chapman & Hall.

Iwasaki-Goodman, M. , 2005. "Resource Management for the Next Generation: Co-management of Fishing Resources in the Western Canadian Arctic region. " In: Kishigami N & Savelle J, eds. *Indigenous Use and Management of Marine Resources.* pp. 101 – 121, Osaka: The National Museum of Ethnology.

Jacques, Peter, 2006. *Globalization and the World Ocean.* Lanhan, New York, Toronto, Oxford: AltaMira Press.

Karp, David Gutierrez, 1996. "Values and their Effect on Pro-environmental Behavior. " *Environment and Behavior*, Vol. 28, (1): 23 – 65.

Knapp, Gunnar, 2011. "Local Permit Ownership in Alaska Salmon Fisheries. " *Marine Policy*, Vol. 35, (5): 658 – 666.

Kronen, Mecki, and Aliti Vunisea, and Franck Magron, and Brian McArdle, 2010. "Socio-economic Drivers and Indicators for Artisanal Coastal Fisheries in Pacific Island Countries and Territories and Their Use for Fisheries Management Strategies. " *Marine Policy*, Vol. 34, (6): 1135 – 1143.

Langmead, O., and A. McQuatters-Gollop, and D. MeeL, eds. 2007. *European Lifestyles and Marine Ecosystems: Exploring Challenges for Managing Europe's Seas.* Plymouth, UK: University of Plymouth Marine Institute.

Lasch, Christopher, 1977. *Haven in a Heartless World*, New York: Basic.

Leal, Carlos P., and Renato A. Quiñones, and Carlos Chávez, 2010. "What Factors Affect the Decision Making Process When Setting TACs?: The Case of Chilean fisheries. " *Marine Policy*, Vol. 34, (6): 1183 – 1195.

Longhurst, Alan R., 2010. *Mismanagement of Marine Fisheries*, New York: Cambridge University Press.

Mackinson, S., and D. C. Wilson, and P. Galiay, and B. Deas, 2011. "Engaging Stakeholders in Fisheries and Marine Research. " Marine Policy, Vol. 35, (1): 18 – 24.

Makino, Mitsutaku, and Hiroyuki Matsuda, and Yasunori Sakurai, 2009. "Expanding Fisheries Co-management to Ecosystem-based Management: a Case in the Shiretoko World Natural Heritage Area, Japan. " Marine Policy, Vol. 33, (2): 207 – 214.

Markus, Till, 2010. "Towards Sustainable Fisheries Subsidies: Entering a New Round of Reform under the Common Fisheries Policy. " *Marine Policy*, Vol. 34, (6): 1117 – 1124.

Morgan, Joseph R., 1987. "Large Marine Ecosystems: An Emerging Concept of Regional Management. " *Environment*, Vol. 29, (10): 4 – 15.

Motos, Lorenzo, and Douglas Clyde Wilson, eds. 2006. *The Knowledge Base for Fisheries Management.* The Netherlands: Elsevier.

Myers, Ransom A., and Julia K. Baum, and Travis D. Shepherd, and Sean P. Powers, and Charles H. Peterson, 2007. "Cascading

Effects of the Loss of Apex Predatory Sharks from a Coastal Ocean. " *Science*, *Vol.* 315, (5820): 1846 – 1850.

Myers, Ransom A. , and Gordon Mertz, 1998. " Reducing Uncertainty in the Biological Basis of Fisheries Management by Meta-analysis of Data from Many Populations: a Synthesis. " *Fisheries Research*, Vol. 37, (1): 51 – 60.

Nasuchon, Nopparat, and Antony Charles, 2010. " Community Involvement in Fisheries Management: Experiences in the Gulf of Thailand Countries. " *Marine Policy*. Vol. 34, (1): 163 – 169.

National Research Council, 1996. *Sustaining MarineFisheries*. Washington D C: National Academy Press.

Newton, Tim, 2007. *Nature and Sociology*, Landon and New York: Routledge.

Nielsen, Larry A. , and David L. Johnson, 1983. *Fisheries Techniques*. Bethesda, Md. : American Fisheries Society.

Norman-López, Ana, and Sean Pascoe, 2011. " Net Economic Effects of Achieving Maximum Economic Yield in Fisheries", *Marine Policy*, Vol. 35, (4): 489 – 495.

Nursey-Bray, Melissa, and Phillip Rist, 2009. " Co-management and Protected Area Management: Achieving Effective Management of a Contested Site, Lessons from the Great Barrier Reef World Heritage Area (GBRWHA) . " *Marine Policy*, Vol. 33, (1): 118 – 127.

Ostrom, Elinor, 2008. " The Challenge of Common-Pool Resources. " *Environment*, Vol. 50, (4): 8 – 21.

Parsons, Talcott, 1968 (1937) . *The Structure of Social Action*. New York: Free Press.

Pascoe, Sean, and Wendy Proctor, and Chris Wilcox, and James Innes, and Wayne Rochester, and Natalie Dowling, 2009. "Stakeholder Objective Preferences in Australian Commonwealth Managed Fisheries. " *Marine Policy*, Vol. 33, (5): 750 –758.

Perry, R. Ian, and Rosemary E. Ommer. 2010. "Introduction: Coping with Global Change in Marine Social-ecological Systems. " *Marine Policy*, Volume 34, (4): 739 –741.

Pierce, John C. , and Nicholas P. Jr. Lovrich, and Taketsugu Tsurutani, and Takematsu Abe, 1987. "Culture, Politics and Mass Publics: Traditional and Modern Supporters of the New Environmental Paradigm In Japan and the United States. " *The Journal of Politics*, Vol. 49, (1): 54 –79。

Pita, Cristina, and Graham J. Pierce, and Ioannis Theodossiou, 2010. "Stakeholders' Participation in the Fisheries Management Decision-making Process: Fishers' Perceptions of Participation. " *Marine Policy*, Volume 34, (5): 1093 –1102.

Pitcher, Tony J. , and Charles E. Hollingworth, eds. 2002. *Recreational Fisheries: Ecological, Economic and Social Evaluation.* Oxford: Blackwell Science Ltd.

Pitcher, Tony J. , and Daniela Kalikoski, and Katherine Short, and Divya Varkey, and Ganapathiraju Pramod, 2009, "An Evaluation of Progress in Implementing Ecosystem-based Management of Fisheries in 33 Countries. " *Marine Policy*, Vol. 33, (2): 223 –232.

Pörtner, Hans 0. , and Anthony P. Farrell, 2008. "Physiology and Climate Change. " *Science*, Vol. 322, (5902): 690 –692.

Qiu Wanfei, and Wang Bin, and Peter J. S. Jones, and Jan C. Axmacher, 2009. "Challenges in Developing China's Marine Protected Area System. " *Marine Policy*, Vol. 33, (4): 599 –605.

Redclift, Michael, and Graham Woodgate, 1994. "Sociology and the Environment: Discordant Discourse. " Pp. 51 – 66. In: Michael Redclift & Ted Benton eds. *Social theory and the global environment*, Landon and New York: Routledge.

Sainsbury, John Charles, 1996.. *Commercial fishing methods: an introduction to vessels and gears* (Third edition). London: Fishing News Books.

Samhouri, Jameal F., and Phillip S. Levin, and C. Andrew James, and Jessi Kershner, and Greg Williams, 2011. "Using Existing Scientific Capacity to Set Targets for Ecosystem-based Management: A Puget Sound Case Study." *Marine Policy.* Vol. 35, (4): 508 –518.

Samuelson, P. A., and W. D. Nordhaus, 1989. Nordhause: *Economics* (13th Edition), New York: McGraw-Hill Book Company.

Sarason, Barbara R., and Irwin G. Sarason, and T. Anthony Hacker, and Robert B. Basham, 1985. "Concomitants of Social Support: Social Skills, Physical Attractiveness, and Gender." *Journal of Personality and Social Psychology*, Vol. 49, (2): 469 –480.

Sarason, Irwin G., and Henry M. Levine, and Robert B. Basham, and Barbara R. Sarason, 1983. "Assessing Social Support: The Social Support Questionnaire." *Journal of Personality and Social Psychology*, Vol. 44, (1): 127 –139.

Schiermeier, Quirin, 2002. "Fisheries Science: How Many More Fish in the Sea?" *Nature*, Vol. 419, (6908): 662 –665.

Schnaiberg, Allan, and David N. Pellow, and Adam Weinberg, 2002. "The Treadmill of Production and theEnvironmental State." in Arthur P. J. Mol, Frederick H. Buttel (ed.) The Environmental State Under Pressure (Research in Social Problems and Public Policy, Volume 10), Pp15 –32. Emerald Group Publishing Limited.

Schumann, Sarah, 2010. "Application of Participatory Principles to Investigation of the Natural World: An Example from Chile." *Marine Policy*, Vol. 34, (6): 1196 –1202.

Scott, Robert D., and David B. Sampson, 2011.. "The Sensitivity of Long-term Yield Targets to Changes in Fishery Age-selectivity."

Marine Policy, Vol. 35, (1): 79 – 84.

Seguin, Chantal, and Luc G. Pelletier, and John Hunsley, 1998. "Toward A Model of Environment Activism. " *Environment and Behavior*, Vol. 30, (5): 628 – 652.

Shapiro, Sidney, eds. 1971. *Our Changing Fisheries.* Washington: The United States Government Printing Office.

Smith, I. R. , and T. Panaǐnyotovu, 1984. *Territorial Use Rights and Economic Efficiency: the Case of the Philippine Fishing Concessions.* FAO Fish. Tech. Pap. No. 245. Rome: FAO.

Soomai, Suzuette S. , and Peter G. Wells, and Bertrum H. Mac-Donald, 2011. "Multi-stakeholder Perspectives on the Use and Influence of ' Grey' Scientific Information in Fisheries Management. " *Marine Policy*, Vol. 35, (1): 50 – 62.

Standal, Dag, and Ingrid Bouwer Utne, 2011. "The Hard Choices of Sustainability. " *Marine Policy.* Volume 35, (4): 519 – 527.

Stenseth, Nils Chr. , and Tristan Rouyer, 2008. "Ecology: Destabilized Fish Stocks. " *Nature*, Vol. 452, (7189): 825 – 826.

Stokstad, Erik, 2006. "Global Loss of Biodiversity Harming Ocean Bounty. " *Science*, Vol. 314, (5800): 745.

Suárez de Vivero, Juan L. , and C. Rodríguez Mateos, 2010. "Ocean Governance in a Competitive World: The BRIC Countries as Emerging Maritime Powers—Building New Geopolitical Scenarios. " *Marine Policy*, Vol. 34, (5): 967 – 978.

Symes, David, 1997. "Fisheries Management: in Search of Good Governance. " *Fisheries Research*, Vol. 32, (2): 107 – 114.

Taylor, William W. , and Michael G. Schechter, and Lois G. Wolfson, 2007. *Globalization: Effects on Fisheries Resources.* UK, Cambridge: Cambridge University Press.

Thomson, Kaleekal, and Tim Gray, 2009. "From Community-based to Co-management: Improvement or Deterioration in Fisheries Governance in the Cherai Poyil Fishery in the Cochin Estuary, Kerala, India?" *Marine Policy*, Vol. 33, (4): 537 – 543.

Torre-Castro, Maricela de la, and Lars Lindström, 2010.. "Fishing Institutions: Addressing Regulative, Normative and Cultural-cognitive Elements to Enhance Fisheries Management." *Marine Policy*. Vol. 34, (1): 77 – 84.

Tucker, John W. , 1998. *Marine Fish Culture*. Boston/Dordrecht/London: Kluwer Academic Publishers.

Vos, Birgit I. de, and Arthur P. J. Mol, 2010. "Changing Trust Relations with in the Dutch Fishing Industry: the Case of National Study Groups." *Marine Policy*, Vol. 34, (5): 887 – 895.

Worm, Boris, and Edward B. Barbier, Nicola Beaumont, J. Emmett Duffy, Carl Folke, Benjamin S. Halpern, Jeremy B. C. Jackson, Heike K. Lotze, Fiorenza Micheli, Stephen R. Palumbi, Enric Sala, Kimberley A. Selkoe, John J. Stachowicz, Reg Watson, 2006. "Impacts of Biodiversity Loss on Ocean Ecosystem Services." *Science*, Vol. 314, (5800): 787 – 790.

Young, Oran R. , 2003. "Taking Stock: Management PitfallsinFisheries Science." *Environment*, Vol. 45, (3): 24 – 33.

译文文献

〔德〕卡尔·马克思,1979,《1844年经济学——哲学手稿》,刘丕坤译,人民出版社。

〔德〕马克斯·韦伯,2000,《社会学的基本概念》,胡景北译,上海人民出版社。

——,1998,《社会科学方法论》,杨富斌译,华夏出版社。

〔法〕埃米尔·迪尔凯姆,1999,《社会学方法的规则》,胡伟译,华夏出版社。

〔法〕塞尔日·莫斯科维奇，2005，《还自然之魅：对生态运动的思考》，庄晨燕、邱寅晨译，生活·读书·新知三联书店。

〔荷兰〕雨果·格老秀斯，2005，《论海洋自由》，马忠法译，上海人民出版社。

〔古希腊〕亚里士多德，1983，《政治学》，吴寿彭译，商务印书馆。

〔美〕阿尔弗雷德·塞耶-马汉，2007，《海权论》，范利鸿译，陕西师范大学出版社。

〔美〕爱因斯坦，1979，《爱因斯坦文集》第 3 卷，许良英等编译，商务印书馆。

〔美〕埃利诺·奥斯特罗姆，2000，《公共事物的治理之道》，余逊达、陈旭东译，上海三联书店。

〔美〕埃利诺·奥斯特罗姆、拉里·施罗德、苏姆·温，2000，《制度激励与可持续发展》，上海三联书店。

〔美〕芭芭拉·沃德、勒内·杜博斯，1997，《只有一个地球》，《国外公害丛书》编委会译，吉林人民出版社。

〔美〕巴里·康芒纳，1997，《封闭的循环：自然、人和技术》，侯文惠译，吉林人民出版社。

〔美〕Biliana Cicin-Sain & Robert W. Knecht，2010，《美国海洋政策的未来：新世纪的选择》，张耀光、韩增林译，海洋出版社。

〔美〕丹尼尔·A. 科尔曼，2002，《生态政治：建设一个绿色社会》，梅俊杰译，上海译文出版社。

〔美〕丹尼斯·L. 米都斯等，1997，《增长的极限》，李宝恒译，吉林人民出版社。

〔美〕戴维·波普诺，1999，《社会学》，中国人民大学出版社。

〔美〕道格拉斯·C. 诺思，2008，《制度、制度变迁与经济绩效》，杭行译，格致出版社。

〔美〕Foster, J. B. , 2011, 《马克思关于"代谢断层"的理论——环境社会学的经典基础》, 李友梅、翁定军编译, 《云南大学人文社会科学学报》第 2 期。

〔美〕加勒特·哈丁, 2001a, 《对〈公地的悲剧〉一文的再思考》, 载赫尔曼·E. 戴利、肯尼思·N. 汤森主编《珍惜地球》, 马杰等译, 商务印书馆。

〔美〕加勒特·哈丁, 2001b, 《生活在极限之内: 生态学、经济学和人口禁忌》, 戴星翼、张真译, 上海译文出版社。

〔美〕科林·伍达德, 2002, 《海洋的末日: 全球海洋危机亲历记》, 戴星翼等译, 上海译文出版社。

〔美〕莱斯特·R. 布朗, 2003, 《B 模式: 拯救地球 延续文明》, 林自新、暴永宁等译, 东方出版社。

——, 2005, 《地球不堪重负——水位下降、气温上升时代的食物安全挑战》, 林自新等译, 东方出版社。

〔美〕蕾切尔·卡森, 2010, 《海洋传》, 方淑惠、余佳玲译, 译林出版社。

〔美〕罗伯特·K. 默顿, 2001, 《社会研究与社会政策》, 林聚任等译, 生活·读书·新知三联书店。

〔美〕罗伯特·N. 史蒂文斯, 2004, 《基于市场的环境政策》, 载于〔美〕保罗·R. 伯特尼、罗伯特·N. 史蒂文斯主编, 《环境保护的公共政策》(第 2 版), 穆贤清、方志伟译, 上海人民出版社。

〔美〕美国国家科学研究理事会海洋研究委员会编, 2006, 《海洋揭秘 50 年: 海洋科学基础研究进展》, 王辉等译, 海洋出版社。

〔美〕帕姆·沃克伊莱恩·伍德, 2006, 《和谐的人与海洋》, 王子夏、顾燃译, 上海科学技术文献出版社。

〔美〕苏珊·汉森编, 2009, 《改变世界的十大地理思想》, 肖平等译, 商务印书馆。

〔美〕托马斯·贝里，2005，《伟大的事业》，曹静译，生活·读书·新知三联书店。

〔美〕约翰·汉尼根，2009，《环境社会学》，洪大用等译，中国人民大学出版社。

〔美〕唐纳德·沃特斯，1999，《自然的经济体系：生态思想史》，侯文惠译，商务印书馆。

〔美〕希拉里·弗伦奇，2002，《消失的边界》，李丹译，上海译文出版社。

〔美〕詹姆斯·科尔曼，1990，《社会理论的基础》（上下卷），邓方译，社会科学文献出版社。

〔日〕饭岛伸子，1999，《环境社会学》，包智明译，社会科学文献出版社。

〔日〕鸟越皓之，2009，《环境社会学》，宋金文译，中国环境科学出版社。

〔瑞典〕托马斯·思德纳，2005，《环境与资源管理的政策工具》，张蔚文、黄祖辉译，上海人民出版社。

〔英〕H. K. 科尔巴奇，2005，《政策》，张毅等译，吉林人民出版社。

〔英〕安东尼·吉登斯，1998，《现代性与自我认同》，赵旭东、方文译，三联书店。

——，2003，《社会学方法的新规则——一种对解释社会学的建设性批判》，社会科学文献出版社。

——，2000（2006），《现代性的后果》，田禾译，译林出版社。

〔英〕安东尼·吉登斯、克里斯多弗·皮尔森，2001，《现代性——吉登斯访谈录》，尹宏毅译，新华出版社。

〔英〕C. P. 斯诺，1994，《两种文化》，纪树立译，三联书店。

〔英〕弗里德里希·A. 哈耶克，2003，《科学的反革命》，冯克利译，译林出版社。

〔英〕卡尔·波兰尼，2007，《大转型：我们时代的政治与经济起源》，冯刚、刘阳译，浙江人民出版社。

〔英〕卡尔·波普尔，2009，《历史决定论的贫困》，杜汝楫、邱仁宗译，上海人民出版社。

〔英〕朱迪·丽丝，2002，《自然资源：分配、经济学与政策》，蔡运龙等译，商务印书馆。

世界环境与发展委员会，1997，《我们共同的未来》，王之佳、柯金良等译，吉林人民出版社。

联合国粮食与农业合作组织（FAO）公共文库，2002，2004，2006，2008，2010，《世界渔业与水产养殖状况》（中文版）。

中文文献

〔奥地利〕陶在朴，2003，《生态包袱与生态足迹：可持续发展的重量及面积观念》，经济科学出版社。

白志红，2008，《藏彝走廊中"藏回"的民族认同及其主体性》，《民族研究》第4期。

邴正，1996，《当代人与文化：人类自我意识和文化批判》，吉林教育出版社。

蔡禾、曹志刚，2009，《农民工的城市认同及其影响因素》，《中山大学学报（社会科学版）》第1期。

曹锦清，2000，《黄河边的中国》，上海文艺出版社。

陈其荣，2005，《科学主义：合理性与局限性及其超越》，《山东社会科学》第1期。

陈阿江，2000，《水域污染的社会学解释——东村个案研究》，《南京师范大学学报》（社科版）第1期。

——，2007，《从外源污染到内生污染——太湖流域水环境恶化的社会文化逻辑》，《学海》第1期。

——，2008a，《文本规范与实践规范的分离——太湖流域工业污染的一个解释框架》，《学海》第4期。

——，2008b，《水污染实践中的利益相关者分析》，《浙江学刊》第 4 期。

——，2008c，《论人水和谐》，《河海大学学报（社科版）》第 4 期。

——，2009a，《再论人水和谐》，《江苏社会科学》第 4 期。

——，2009b，《次生焦虑：太湖流域水污染的社会解读》，中国社会科学出版社。

——，2010，《水污染的社会文化逻辑》，《学海》第 2 期。

陈涛，2010，《产业转型——大公圩河蟹产业发展的社会文化机制及其效应》，河海大学社会学专业博士学位论文。

陈广栋等，1992，《185－200 马力双船鳀鱼变水层拖网捕捞技术》，《海洋渔业》第 6 期。

崔凤、唐国建，2003，《个体的外部性行为与社会代价——从个体行为的视角透视环境问题》，《华东理工大学学报（社会科学版）》第 4 期。

——，2005，《技术与政策在环境问题中的综合分析》，《中国海洋大学学报》（社会科学版）第 1 期。

——，2010a，《环境社会学：关于环境行为的社会学阐释》，《社会科学辑刊》第 3 期；

——，2010b，《环境社会学》，北京师范大学出版社。

——，2012，《论人类的环境行为及其可选择性》，《学习与探索》第 6 期。

崔凤，2006，《海洋社会学：社会学应用研究的一项新探索》，《自然辩证法研究》第 8 期。

——，2007，《海洋与社会——海洋社会学初探》（主编），黑龙江人民出版社。

——，2010，《海洋社会学与主流社会学研究》，《中国海洋大学学报（社科版）》第 2 期。

——，2011，《再论海洋社会学的学科属性》，《中国海洋大学学报（社科版）》第 1 期。

狄乾斌、韩增林，2005，《海域承载力的定量化探讨》，《海洋通报》第 1 期。

狄乾斌、韩增林、刘锴，2004，《海域承载力研究的若干问题》，《地理与地理信息科学》第 5 期。

丁圣彦主编，2006，《生态学——面向人类生存环境的科学价值观》，科学出版社。

方文，2008，《群体资格——社会认同事件的新路径》，《中国农业大学学报》第 1 期。

范岱年，2005，《唯科学主义在中国：历史的回顾与批判》，《科学文化评论》第 6 期。

费孝通，2006，《江村经济》，上海人民出版社。

冯秀强，2008，《现代"原始部落"》，《奇闻怪事》第 8 期。

高健军，2004，《中国与国际海洋法：纪念〈联合国海洋法公约〉生效 10 周年》，海洋出版社。

——，2005，《国际海洋划界论——有关等距离/特殊情况规则的研究》，北京大学出版社。

高伟浓，2001，《国际海洋开发大势下东南亚国家的海洋活动》，《南洋问题研究》第 4 期。

高宣扬，2005，《当代社会理论》，中国人民大学出版社。

龚育之，2004，《科学与人文：从分隔走向交融》，《毛泽东邓小平理论研究》第 1 期。

郭泮溪，1989，《山东海乡民俗拾零》，《民间文学论坛》第 4 期。

古敏主编，2001，《中国古代经典集萃》之《论语·孟子》，北京燕山出版社。

韩增林、狄乾斌、刘锴，2006，《海域承载力的理论与评价方法》，《地域研究与开发》第 1 期。

韩喜平、杨艺，2009，《中国农村制度变迁的路径与成效》，《求实学刊》第 4 期。

贺来，2003，《人本源性的生存方式与辩证法的真实根基——对马克思一段重要论述的解读》，《社会科学战线》第 6 期。

——，2006，《实践活动与人本源性的生存方式》，《长白学刊》第 1 期。

洪大用，1999，《西方环境社会学研究》，《社会学研究》第 2 期。

——，2000，《当代中国社会转型与环境问题：一个初步的分析框架》，《社会学》第 12 期。

——，2001，《社会变迁与环境问题》，首都师范大学出版社。

——，2002，《试论环境问题及其社会学的阐释模式》，《中国人民大学学报》第 5 期。

——，2005，《中国城市居民的环境意识》，《江苏社会科学》第 1 期。

胡玉坤，2007，《政治、身份认同与知识生产》，《清华大学学报（哲社版）》第 3 期。

胡刚、马昕、范秋燕，2010，《北斗卫星导航系统在海洋渔业上的应用》，《渔业现代化》第 1 期。

黄其泉、李继龙、王立华，2010，《卫星雷达与 GPS 技术在海洋渔船监控中的应用》，《航海技术》第 2 期。

黄公勉、杨金森编著，1985，《中国历史海洋经济地理》，海洋出版社。

黄良民主编，2007，《中国海洋资源与可持续发展》，科学出版社。

纪建悦、孙岚、张志亮、初建松，2007，《环渤海地区海洋经济产业结构分析》，《山东大学学报》（哲社版）第 2 期。

江天骥，1996，《科学主义和人本主义的关系问题》，《哲学研究》第 11 期。

江莹，2005，《环境社会学研究范式评析》，《郑州大学学报》（哲社版）第 5 期。

靳相木，2007，《地根经济：一个研究范式及其对土地宏观调控的初步应用》，浙江大学出版社。

居占杰、郑方兵，2010，《广东省渔民转产转业问题的思考》，《改革与战略》第1期。

蓝达居，1999，《喧闹的海市：闽东南港市兴衰与海洋人文》（上下册），江西高校出版社。

雷明、钟昌标，2007，《海洋环境变化对水产品贸易影响的实证研究——以浙江省为例》，《渔业经济研究》第5期。

雷毅，2004，《生态学思维与生存方式》，《河南大学学报》（社会科学版），第4期。

李立，2007，《寻找文化身份：一个嘉绒藏族村落的宗教民族志》，云南大学.出版社。

李乃胜等编著，2010，《山东半岛海洋自然环境与科学技术》，海洋出版社。

李萍、梁宁、原峰、刘强，2009，《广东省沿海渔民转产转业政策实施效果研究》，《中国渔业经济》第1期。

李士豪、屈若搴，1937，《中国渔业史》，商务印书馆。

李友梅、刘春燕，2005，《环境社会学》，上海大学出版社。

李志国、张彩芬、吴昌文，2008，《浅谈象山县捕捞渔民转产转业的难点及对策》，《现代渔业信息》第6期。

李周、孙若梅，2000，《中国环境问题》，河南人民出版社。

梁仁君、林振山、任晓辉，2006，《海洋渔业资源可持续利用的捕捞策略和动力预测》，《南京师范大学学报（自然科学版）》第3期。

连永升，2009，《胶东渔家禁忌多》，烟台晚报，11月14日，A9版。

刘宏滨，2003，《环渤海地区经济发展与海洋产业结构调涨》，《东岳论丛》第1期。

刘金海，2006，《产权与政治》，中国社会科学出版社。

刘兆元，1991，《海州湾渔风录·三》，《民俗研究》第 3 期。

刘少杰，2002，《现代西方社会学理论》，吉林大学出版社。

刘志刚，2007，《海草房》，海洋出版社。

卢昆，2010，《海洋捕捞作业影响因素判别及其作用机理》，《中国渔业经济》第 1 期。

吕涛，2004，《环境社会学研究综述——对环境社会学学科定位问题的讨论》，《社会学研究》第 4 期。

陆学艺主编，1992，《改革中的农村与农民》，中共中央党校出版社。

麻国庆，1993，《环境研究的社会文化观》，《社会学研究》第 5 期。

——，2001，《草原生态和蒙古族的民间环境意识》，《内蒙古社会科学》（汉文版）第 1 期。

——，2005，《"公"的水与"私"的水——游牧和传统农耕蒙古族"水"的利用与地域社会》，《开放时代》第 1 期。

马戎、郭建如，2000，《中国居民在环境意识与环保态度方面的城乡差异》，《社会科学战线》第 1 期。

麦贤杰、乔俊果，2006，《我国海洋捕捞渔民转产转业的经济学分析》，《中国渔业经济》第 4 期。

慕永通，2005，《我国海洋捕捞业的困境与出路》，《中国海洋大学学报》（社科版）第 2 期。

欧阳宗书，1998，《海上人家——海洋渔业经济与渔民社会》，江西高校出版社。

庞玉珍，2004，《海洋社会学：海洋问题的社会学阐释》，《中国海洋大学学报》（社科版）第 6 期。

彭兆荣主编，1998，《渔村叙事：东南沿海三个渔村的变迁》，浙江人民出版社。

曲金良，2009，《中国海洋文化观的重建》，中国社会科学出版社。

任广艳、陈自强，2007，《透过一个渔村产业结构的变迁看我国新渔村建设——日照市东港区任家台村调查》，《山东农业大学学报》（社科版）第 2 期。

上海市水产学校捕捞教研组，1983，《双船拖网的网图和捕捞技术》，《海洋渔业》第 3 期。

沈殿忠主编，2004，《环境社会学》，辽宁大学出版社。

沈国英等编著，2010，《海洋生态学》（第三版），科学出版社。

唐国建，2010，《渔村改革与海洋渔民的社会分化——基于牛庄的实地调查》，《科学·经济·社会》第 1 期。

唐国建、崔凤，2010，《论人类的环境行为及其可选择性》，《学习与探索》第 6 期。

唐剑武、叶文虎，1998，《环境承载力的本质及其定量化初步研究》，《中国环境科学》第 3 期。

同春芬、王书明，2008，《和谐渔村》，社会科学文献出版社。

王芳，2007，《环境社会学新视野》，上海人民出版社。

王刚编著，1937，《渔业经济与合作》，中华书局。

王剑、韩兴勇，2007，《渔业产业政策对产业结构的影响—以舟山渔民转产转业为例》，《中国渔业经济》第 3 期。

王俊秀，2004a，《全球变迁与变迁全球》（电子书），台湾：凯立国际咨询股份有限公司。

——，2004b，《环境社会学的想象》（电子书），台湾：凯立国际咨询股份有限公司。

王民，1999，《环境意识及测评方法研究》，中国环境科学出版社。

王荣国，2003，《海洋神灵：中国海神信仰与社会经济》，江西高校出版社。

王毅杰、倪云鸽，2005，《流动农民社会认同现状分析》，《苏州大学学报》（哲社版）第 2 期。

王子彦，1999，《日本的环境社会学研究》，《北京科技大学学报》（社会科学版）第 4 期。

万振凡、肖建文，2003，《建国以来中国农村制度创新的路径研究》，《江西社会科学》第 5 期。

魏莉洁主编，2009，《船舶常识》，哈尔滨工程大学出版社。

温铁军，2003，《半个世纪的农村制度变迁》，《北方经济》（内蒙古）第 8 期。

徐晓望，1999，《妈祖的子民》，学林出版社。

熊培云，2010，《重新发现社会》，新星出版社。

荀丽丽、包智明，2007，《政府动员型环境政策及其地方实践——关于内蒙古 S 旗生态移民的社会学分析》，《中国社会科学》第 5 期。

杨强，2005，《北洋之利——古代渤黄海区域的海洋经济》，江西高校出版社。

杨国桢，2000，《论海洋人文社会科学的概念磨合》，《厦门大学学报（哲社版）》第 1 期。

——，2001，《海洋人文类型：21 世纪中国史学的新视野》，《史学月刊》第 5 期。

——，2003，《东溪水土——东南中国的海洋环境与经济发展》，江西高校出版社。

——，2004，《海洋世纪与海洋史学》，《东南学术》增刊。

——，2008，《瀛海方程——中国海洋发展理论和历史文化》，海洋出版社。

杨美丽、吴常文，2009，《浅析我国海洋渔业经济可持续发展问题：从产业经济学角度》，《中国渔业经济》第 3 期。

杨善华、谢立中主编，2006，《西方社会学理论》（下卷），北京大学出版社。

杨瑞堂编著，1996，《福建海洋渔业简史》，海洋出版社。

晁敏、全为民、李纯厚、程炎宏，2005，《东海区海洋捕捞渔获物的营养级变化研究》，《海洋科学》第 9 期。

郁振华，2002，《默会知识论视野中的科学主义和人本主义之争——论波兰尼对斯诺问题的回应》，《复旦学报（社会科学版）》第 4 期。

余展、张太英，2003，《市场经济与民主政治：读杜润生著〈中国农村制度变迁〉》，《农业经济问题》第 3 期。

于海，1998，《行动论、系统论和功能论——读帕森斯〈社会系统〉》，《社会》第 3 期。

袁方主编，1997，《社会研究方法教程》，北京大学出版社。

郑晓松，2006，《从技术滥用到技术合理化——人与自然和谐问题审视》，《毛泽东邓小平理论研究》第 8 期。

曾淦宁、叶婷，2009，《共同管理模式：我国海洋渔业管理的发展趋势》，《中国渔业经济》第 5 期。

张彩霞，2004，《海上山东：山东沿海地区的早期现代化历程》，江西高校出版社。

张景芬，《文明的暮色》，北京：中国国际广播出版社，1991年版。

张震东、杨金森编著，1983，《中国海洋渔业简史》，海洋出版社。

张丽欣编著，1999，《厄尔尼诺——来自天道的警告》，科学普及出版社。

折晓叶，2007（1997），《村庄的再造：一个"超级村庄"的社会变迁》，中国社会科学出版社。

周世锋、秦诗立，2009，《海洋开发战略研究》，浙江大学出版社。

中共中央马克思、恩格斯、列宁、斯大林著作编译局，1972，《马克思恩格斯选集》（第 1、2 卷），人民出版社。

《中国资源科学百科全书》编辑委员会编，2000，《中国资源科学百科全书》，中国大百科全书出版社，石油大学出版社。

朱国桢，1959，《涌幢小品》，卷三十一，"鱼"，中华书局上海编辑所。

朱晓东、陈晓玲、唐正东编著，2000，《人类生存与发展的新时空：海洋世纪》，湖北教育出版社。

朱晓东、李杨帆、吴小根、邹欣庆、王爱军，2005，《海洋资源概论》，高等教育出版社。

地方文献

长岛县大黑山乡南庄村委编，2002，《南庄村志》，烟台市文化局（内部资料）。

长岛县水产局水产志编纂组，1986，《长岛县水产志》。

福建省水产学会《福建渔业史》编委会，1988，《福建渔业史》，福建科学技术出版社。

山东省海洋水产研究所、山东省水产学校编，1990，《山东省海洋渔具图集》，农业出版社。

山东省寿光市羊口镇志编委会，1998，《羊口镇志》，山东省潍坊市新闻出版局（内部资料）。

山东省长岛县志编纂委员会，1990，《长岛县志》，山东人民出版社。

山东省海洋县志编纂委员会，1988，《海洋县志》，山东省新闻出版管理局（内部资料）。

山东省水产志编纂委员会，1986，《山东省·水产志资料长编》。

山东省乳山市地方史志编纂委员会，1998，《乳山市志》，齐鲁书社。

山东省烟台市福山区史志编纂委员会，1991，《福山区志》，齐鲁书社。

山东省牟平县县志编纂委员会，1991，《牟平县志》，科学普及出版社。

山东省蓬莱市史志编纂委员会，1995，《蓬莱县志》，齐鲁书社。

威海市地方史志编纂委员会，1986，《威海市志》，山东人民出版社。

烟台市地方史志编纂委员会，1994，《烟台市志》（全两册），科学普及出版社。

《烟台水产志》编纂委员会，1989，《烟台水产志》，山东省出版总社烟台分社（内部资料）。

张腾基、迟振举，《东口村史》，手稿本。

法律法规

《中华人民共和国宪法》（1982 年）

《中华人民共和国渔业法》（1986 年，2000 年修正）

《中华人民共和国渔业法实施细则》（1987 年）

《中华人民共和国土地管理法》（1986 年，1998 年修正）

《中华人民共和国环境保护法》（1989 年）

《中华人民共和国海洋倾废管理条例》（1985 年）

《中华人民共和国海洋环境保护法》（1982 年）

《中华人民共和国海域使用管理法》（2001 年）

《中华人民共和国港口法》（2003 年）

《中华人民共和国防治陆源污染物污染损害海洋环境管理条例》（1990 年）

《海洋功能区划管理规定》（2007 年）

《渔业捕捞许可管理规定》（农业部，2002 年，2007 年修订）

《山东省渔业资源保护办法》（2002 年）

《山东省海域使用管理条例》（2003 年）

《山东省海域使用金征收使用管理暂行办法》（2004 年）

《山东省海洋捕捞渔船管理办法》（山东省海洋与渔业厅，2007 年）

网络文献

联合国粮食与农业组织官方网站。http://www.fao.org

《生物多样性公约》，http://www.cbd.int/

中华人民共和国环境保护部，http://www.zhb.gov.cn/

中华人民共和国国家海洋局政府网，http://www.soa.gov.cn/soa/index.htm

中国渔业政务网，http://www.cnfm.gov.cn/

农业部黄渤海区渔政局，http://yz.yantai.gov.cn/index.jsp

"中国·威海" 政府门户网站，http://www.weihai.gov.cn/

凤凰网，http://finance.ifeng.com/news/special/zhybhwly/

附录 1 三个典型的海洋渔村[①]

（一）海岛渔村——南庄

1. 南庄地理状况

南庄隶属长岛县大黑山乡，位于山东半岛和辽东半岛之间，黄渤二海交汇之处。村域地质属震旦纪浅变质岩。全村西靠鳌盖山，北面是乡政府所在的北庄，东南两面临海。村域山丘的土壤主要为棕壤，土层浅薄，结构松散，涵水、保肥能力差。全村耕地总面积700多亩，良田现有200多亩，主要经济作物是小麦、玉米等，水域面积7000多亩。南庄所在海域的海水表层温度在5~25℃，年平均11.5℃，海水表层盐度为31.17‰。海水透明度为1.7~3米。海域的潮汐属不正规半日潮，一昼夜两涨两退。其周围海流通畅多变，造成浮游生物丰富，底栖生物繁多。因此，海洋捕捞与海洋养殖构成了村庄海洋渔业的两大支柱。

2. 人口社会状况

早在20世纪30年代，南庄人口鼎盛时期有230多户，700余人。1943年，锐减至85户，300余人。1978年，增至135户，529人。从1998年至2009年，户口登记簿上一直维持在380人左右。见附表1-1。

---

① 关于这三个渔村的详细研究参见唐国建，2010，《海洋渔村的"终结"》，海洋出版社。

附表 1 – 1　南庄历年人口数

年份	1998 ~ 1999	2002	2003	2004	2005	2006	2007	2008	2009
人口（人）	430	385	380	387	387	387	368	373	377

资料来源：南庄的统计资料由两部分组成，一部分是《南庄村志》中截止到 2000 年的统计；另一部分是笔者实地调查时从村委会获得的 2001 ~ 2009 年的社会经济统计数据，这些数据分年份被上报给乡政府，因此，有比较详细的报表记录。

进入 2000 年以后，南庄实际上出现了大规模的外迁人口现象。一是因为渔业经济的衰退，常年外出谋生的劳动力增加，这些人中有相当一部分人是拖家带口常年在外或者已经在打工的城市里定居。二是因为留在村里的年轻人越来越少，同时因为长岛县政府有将全岛人口迁到县政府所在的主岛的设想，因此大多数年轻人都已经因父母在主岛上买房而定居。笔者在 2010 年的实地调查中了解到，尽管村集体的户口登记簿上仍然有 300 多人，但实际上常年在村庄中生活的人已经不到 200 人，而且其中 30 岁以下的年轻人没有几个。整个大黑山岛的学校都关闭了，所有的学龄儿童都到主岛去上学了。

3. 经济发展状况

20 世纪 50 年代之后，海洋渔业一直是南庄的经济支柱。尽管村庄的海洋捕捞业与海水养殖业发展的具体时间不同，但从 20 世纪 50 年代到 2010 年经历了一个"起步—兴起—高潮—衰退"的发展历程。

1948 ~ 1960 年：捕捞起步与养殖萌芽的阶段。新中国成立前，南庄中无专业渔船出海打鱼，渔民主要是在近岸、岛边从事延绳钓、把线钓和下缆钓及赶小海。1948 年后，外地渔民迁入，他们带来了船网工具，开创了出海打鱼的先河。20 世纪 50 年代初期，有人先后从砣矶岛搬来，使村庄经济历来以农业为主变成了以渔业为主，村庄经济结构出现多元化状态。但是其体制均系个体经营，财产私有。1954 年成立光明初级社时，部分渔户带船网入社，将船网工具划价作为股份入社。1959 年，县养殖场在南隍城岛试养海带获得成功，1960 年在全县推广。南庄也从此拉开了人工养殖海带的序幕，以海洋捕捞为主体的单一生产结构向捕捞与养殖并举转化。但是由于生产能力不足，技术有限，所养海产品品种单一，抗灾害能力差，所以产量偏低。

20 世纪六七十年代：捕捞与海带养殖的兴起阶段。1965 年南庄拥有了全乡第一只 20 马力①的机器船。70 年代初两个"大嘴猪"（渔船的一种类型）全部安装上了 25 马力的动力机。从此，村庄的远洋作业结束了风帆和摇橹的历史。到 20 世纪 70 年代末，全村共有机船 8 只，其中从事渔业生产的 6 只，养殖拖头的 2 只，共计 297 马力。村庄渔业队到此基本形成远洋、近海两大捕捞队伍，从根本上实现了渔业机械化。在养殖方面，60 年代末，海带养殖 120 亩，1975 年发展到 400 亩，1982 年达到历史最高数，为 600 亩。

20 世纪 80～90 年代中期：捕捞与扇贝养殖的高潮阶段。在海洋捕捞方面，1980～1984 年，捕捞业出现高峰期，人员达 30 多人。1985 年第一次渔村经济体制改革，渔业队的财产被下放给个体经营。渔业队解体，渔船实行个人承包，虽然资源逐年减少，但鱼价上涨，产值连创历史新高，渔业承包户率先成为万元户。1985～1990 年，从事养殖生产的个体户和渔业下放后没上大船的个体户，购置锚流网用挂尾机从事小放流生产，时有 40 多只船，收入也很可观。1990 年 8 月，第三次渔村经济体制改革，县里以下放的财产作价低和 1985 年后物价上涨等理由，又将渔船回归集体。同时，各户将挂机船作价给养殖场，网具作价给养殖场兼做锚流网生产。此年，所有船只全部回归集体。在养殖方面，1983

---

① 马力（horsepower），一种功率单位，1 公制马力等于每秒钟把 75 千克重的物体提高 1 米所做的功。基本的换算是 1 公制马力（马力）等于 0.735 千瓦。在日常生活中，人们都用"马力"而不是"千瓦"来衡量渔船的动力功率。当然，国家发放燃油补贴的时候是换算成千瓦来计算的。后文中涉及渔船的功率时也统一用"马力"表示。

年，村庄成立扇贝养殖场，1986 年扇贝养殖面积达到 120 多亩，海带养殖则全面停产。1987~1992 年，扇贝养殖达到鼎盛期，成为村庄经济发展的主要支柱。1993 年是扇贝养殖转折的一年，全村扇贝养殖总面积达到 1200 亩，"轰上"结果造成产量、产值下降。再加上出现 400 余亩扇贝死亡的事件，使得扇贝养殖产量开始下滑。

20 世纪 90 年代中期至今：捕捞业衰退与转向海参养殖的阶段。1996 年村庄为全面落实县第七次深化渔村改革会议的精神，养殖捕捞公司和全村所有养殖场，均实行资产承包，债权与村分离，捕捞大队的渔船、网具等按实物价转让给个体户，实行个体资产承包经营。从 1997 年开始，渔业船只大幅度增加，至 2000 年，个体经营的渔业船只达 26 只，共 728 马力，投入劳力 70 多人，其中，外雇工 40 多人。但是，从历年捕捞的产品质量、数量来看，2000 年也是捕捞业从最高点开始直线下滑的一年。① 尤其是近海捕捞业受海洋环境变化和海域渔业资源萎缩的影响极大，到 2010 年笔者去实地调查时得知全村仅有一户从事近海捕捞，而且他一年中很多时候实际是"拖海泥"② 而不是捕鱼。

---

① 参见《南庄村志》第 39 页。1957 年，渔业总产量 1935000 斤，产值 23909 元。其中：黄花鱼 3468 元，刀鱼 7803 元，大虾 3509 元，鲅鱼 805 元，鲐鱼 3750 元，其他 4574 元。1970 年，渔业总产量 208655 斤，产值 41445 元。其中：带鱼 1780 斤，鲅鱼 84040 斤，鲐鱼 16146 斤，黄姑鱼 1020 斤，偏口鱼 6000 斤，大虾 5823 斤，其他 93846 斤。1980 年，渔业总产量 160111 斤，总产值 78644 元。其中：鲅鱼 31142 斤，鲐鱼 11090 斤，黄姑鱼 10400 斤，大虾 40186 斤，其他 67293 斤。此年大虾价格 1.20 元/斤，黄虾 1.10 元/斤，牙片 0.575 元/斤，大鲅鱼 0.56 元/斤，中鲅鱼 0.44 元/斤，黄姑鱼 0.37 元/斤，尾鱼 0.33 元/斤，小鲅鱼 0.28 元/斤，劳子鱼 0.22 元/斤。2000 年，渔业总产量 472240 斤，产值 200 万元。其中：大虾 240 斤，鲅鱼 70000 斤，鹰虾 124000 斤，杂鱼 278000 斤。价格：大虾 80 元/斤，大鲅鱼 6.50 元/斤，中鲅鱼 4.00 元/斤，鹰虾 4.50 元/斤，杂鱼平均 3.00 元/斤。比较来看，珍贵品种鱼类的产量在下降，价格在上升，因此总产值也在增加。

② "拖海泥"是随着海参苗培育产业的发展而出现的。因为海参苗是在海边的陆地上建房圈养，需要海泥做饲料。于是，很多原来近海捕鱼的渔民就用渔船拖海泥然后卖给这些海参苗养殖户。

在养殖方面，1996 年，本地和异地的扇贝养殖场都出现大面积死亡情况，全年先后死亡 2200 亩，直接经济损失 4600 万元。1997 年、1998 年连续两年渤海都发生数次大规模的赤潮灾害，使得全村的扇贝养殖几乎血本无归。1998 年承包到户的个体养殖户加大投入力度，扇贝养殖面积恢复到 700 亩，但当年就死了一半。1999 ~ 2000 年则全部死亡。2001 年全村尚有 8 户养殖，但放养面积仅 10 亩。在扇贝养殖衰退的时候，1995 年 12 月，村"两委"开始试养海参，以培育海参苗为主。2003 年，海参苗培育成为全村养殖的主流，但由于养殖成本高、风险大，因此，养殖户并不多。到 2006 年，扇贝和海带养殖开始有所恢复，但是发展缓慢。

（二）海边渔村——牛庄

1. 牛庄地理状况

作为一个自然村，牛庄在行政区划上属于荣成市 C 镇下辖的鞍山居委会。C 镇位于胶东半岛最东端，属暖温带季风型湿润气候，三面临海，与朝鲜半岛、日本列岛隔海相望。鞍山位于黄海荣成湾内，相当于 C 镇的一个小半岛，东、南、北三面环海，土地甚少，世代以海洋捕捞和海水养殖为生。荣成湾是基岩质港湾式海湾，岸长 1 万多米，沿岸为丘陵地带，系岬角、海石崖等海蚀地貌，海岸侵蚀作用微弱，岸滩稳定，不冻不淤。从自然地理位置来看，鞍山在占有和利用海洋资源方面比临近的西口村①要有优势。在 20 世纪 90 年代中期之前，鞍山的经济发展也领先于其他附近发展较好的海洋渔村，但现在却变成了一个镇直辖的居委会。

2. 牛庄的人口与社会结构

牛庄是鞍山居委会下辖的一个自然村，官方称其为"牛庄居民小组"，以牛、李、鞠三姓为主。在村庄总人口中，牛姓人口占

---

① 西口村是 C 镇最富有的村庄，原是一个小渔村。现在的西口村是一处村企合一的国家级企业集团，现有居民 500 户、1300 人，辖属企业 28 个、职工 5300 人，资产总值超过 40 亿元。2005 年，完成经济总收入 20 亿元，纯收入 2.2 亿元，村民人均纯收入 17 万元，被誉为"构建社会主义和谐新农村的典范"。

的比重一直是最高的。目前村庄居住人口有 78 户 226 人，按户籍可分为原籍村民和外地人。外地人是指常年在这边打工并租住村庄房屋的安徽、河北、东北等地的打工者及其家属，共有 10 户 35 人。鞍山下辖的其他五个自然村庄的人口也基本上在 200～300 人，村庄中的居民结构也极为相似（见附图 1－1）。在鞍山 2600 人的总人口中，其中有约一半的人纯属于公司的员工及其家属。在本地人的眼里，这些人仍属于"外地人"的范畴，尽管最早来的家庭中已经有两代人是在本地出生成长的。①

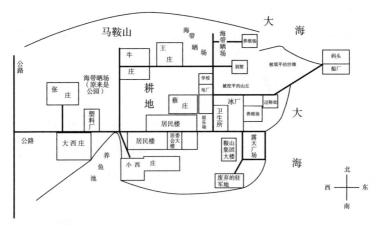

附图 1－1　鞍山结构示意图

据目前村庄牛姓辈分最高的老人所讲，作为全村的第一大姓，牛姓的祖先是在明末清初时期从安徽迁移过来的，其他姓的人家都在此之后陆陆续续迁来。原来村中有一个牛姓祠堂，里面有家族的一些相关记载。这些宝贵的资料在"破四旧"的时候已经全部被销毁了，现在也没有人保存家谱了。但是，还可以通过名字中间的那个字来明确村里人的辈分。

---

① 这种情况与大多数"超级村庄"的状况是一样的，因为作为一种身份差异，"本地人"与"外地人"之间的区分涉及经济等各项利益的分配规则。从环境社会学的角度来看，这些分配规则成立或者合理的唯一依据就是对该地域中自然资源的占有。

如附图 1 - 1 所示，在整个鞍山，牛庄的地理位置是最好的。背靠鞍山，地处半山腰。东面距离海面约 2 公里，中间隔着王庄。南面距离海面也约有 2 公里，位于中间的西庄则临海而居。图 2 中标注的"被挖平的山丘"处原来是一个小土丘，正好可以挡住东面刮来的海风。在西面以及和蔡庄之间是仅有的少数良地。目前这些良地要么变成了海带晒场，要么成为居委会的绿化园或者直接成为楼房的建筑用地。

作为一个典型的海洋渔村，牛庄人一直依靠海洋资源生存。在土地没有被公司统一征用之前，户均耕地也只有 2 亩左右，不够生产出一家三口需要的口粮。生存的主要来源是依靠家中的男劳动力出海捕鱼或近海养殖。与所有的海洋渔村一样，如果家务事不算经济活动的话，那么女性对家庭的直接经济贡献是非常小的，基本上可以忽略不计。

在 2003 年鞍山集团全面改革之前，牛庄的男劳动力基本上都是捕捞队和养殖场的员工，女劳动力要么是集团其他各类工厂的员工，要么就在家待着专门做家务。公司改革导致了现在牛庄户主之间的职业分类（见第五章第三节）。

3. 牛庄的经济发展历程

自 1956 年成立渔业互助组以来，牛庄的经济发展与鞍山集团紧密相关。在互助组成立之前，牛庄只有两三条小木船，由村里几户居民按自愿组合的原则购买。当时，村庄男劳动力基本上都上船出海当渔民，而女劳动力则在陆地上耕种少量的耕地，以及做补网等辅助工作。

鞍山集团的发展历程也是整个鞍山的发展变迁史。鞍山集团成立于 1956 年，由一个小渔队经过不断的自我积累、自我发展壮大成为集养捕副并举、港口物流、海运货代、房地产开发及餐饮、旅游于一体，多元化发展，经国家工商管理总局批准的国家级企业集团。依据公司老会计的介绍，笔者简要地概括了鞍山集团的发展历程。

鞍山集团的发展历程

起步：1956年，鞍山各个自然村中渔业互助组（1952年由渔民自己合伙买船成立的）联合起来成立高级渔业社，社员大概有120人左右，主要有风帆船和木摇船。1958年搞大集体，鞍山邻近的几个乡政府合到一起，成立了"鞍山渔业大队"。由于大集体效益不好，渔业大队在1959年底分开了，渔民自己又组织在一起，名称没变。渔业大队的人也不都是鞍山的人，互助组合在一起时吸收了一些外人，但人数比较少。

1960年渔业大队有了第一条机帆船。在这个基础之上，木帆船也扩大到五六条。大的木帆船能装7~10吨，船上需要五六人才能作业。那时全国改造轻工业，山东水产研究所制造了新的渔业生产工具，主要是"流网"，在鞍山免费做试验。试验好了就直接给渔业队，由此生产条件有所改善。这是国家给我们的第一项帮助。另外一项帮助就是国家贷款给渔业大队19万元。贷款的时候是大集体，说是贷款用于机帆船改造，等合并以后国家也没有要我们还。

发展：在国家的帮助下，1962年生产开始比较正规了，各种配套的设施比较齐全。鱼苗厂、养殖场、生产大队等都有了，也有了相应的制度。那时候，每人年收入约400~500元，比起种地的来说生活要好很多。渔业大队的人不吃农业粮，家属属于农业生产队的，吃农业粮。而出海渔民每人每月配给48斤面，不出海的职工每人每月30多斤。到1966年的时候，个人生产的分配有所提高，每人每年有800元左右。那时候的分配是由荣成县批准的，按照渔业大队的产量计工分进行分配。我们的分配在那时候是最好的，1个工分8元钱。船长100分就是800元，大副90分。陆地工作的平均就是90分，这是最高的了，像我这样当会计的就是90分。

这么好的条件就吸引了很多人加入渔业大队，规模就扩大了，人数增加到400多人。机帆船也增多了，基本上是20~40马力的，还有一条60马力的机帆船。20马力的船上还是5个人劳作，60马力的大船则要9个人。主要采用"流网"拖网作业。那时候鱼种丰富，其中鲅鱼是最主要的产品。大马力渔船最远的到渤海湾里的龙口等地去捕捞。

20世纪70年代我们有了大发展。我们起家的那时候，没有几间房子，办公室都是和仓库在一起。1973~1974年利用积累，渔队的房子盖得多了，仓库与办公室分开了。渔队之所以发展得这么快，有一点是最重要的，那就是渔队生产剩余款只能留给大队自身发展生产用，不用上缴，其他任何人都不能用，连镇政府都不能用。除了纳税之外就不用再交什么费用了。所以，那时候渔民和渔船都入了保险，有点什么事情都能获得保险金。1974年的时候渔业大队人数增加到六七百人左右。海带养殖面积也扩大了。鞍山渔业大队那时候是全镇最大的单位，也是效益最好的单位。我们的渔获物最远的地方直接卖到了济南。因为产量大、物质多，为了往外地供货，渔业大队专门买了辆大货车。

高峰：1980年渔业大队改成了"鞍山渔业公司"。职工扩大到一千多人，渔船也多了，马力也大了。基本上都是80马力以上的，还有一条600马力的大船。海带养殖也扩大到三四百亩。1983年以后又有了大发展，渔船都变成了机动船，没有风帆船了，渔网也先进了。

1986年鞍山渔业公司成立了总支，下属捕捞队（大马力队、小马力队）、养殖队。1992年成立"鞍山集团"，产值从4000万元逐年增长到最高峰的4亿元。1994年发展到最高峰。那时在全省都有名。1996年以后发展就缓慢了。那时候海带养殖面积就发展到了8000亩，至今还是那么多。

衰落：从1998年开始，公司改制，首先是养殖公司将养殖场承包给个人，租金交给集团。到 2003 年就直接卖给个人了。同年，渔业公司的船、鱼苗厂、两个大冷冻厂、鱼粉厂等都卖给个人了。这几年渔民也知道公司效益不好，承包给个人可能会好点儿。像海滩承包，都是由镇政府划定哪片海域、哪个海岸归哪个村，然后由集体（也就是公司）转包或卖给个人。（访谈记录 LSH20080802 - 1）

按刘师傅的叙述，公司从 20 世纪 50 年代到 20 世纪末的 50 年发展历程，明显是一个从无到有、从盛到衰的过程。然而，官方的介绍并不如此。据鞍山集团公开的资料显示，1995 年公司被中国农业部批准为全国首批乡镇企业集团。截至 1997 年年底，总资产达 5.6 亿元人民币。而目前集团对外宣称：集团公司占地 5 平方公里，人口 2600 人，固定资产 3.7 亿元人民币。当然，公司改制后变化是明显的，这从 1998 年公司下辖的部门数量和目前公司对外公布的数量就可以明显看出，如附表 1 - 2 所示。

附表 1 - 2　鞍山集团下属企业列表（1998 年和 2009 年）

1998 年			
产业类型	企业名称	产业类型	企业名称
捕捞加工业	鞍山捕捞公司	农贸业	养鸡场
	第一冷藏厂		养猪场
	第二冷藏厂		园艺场
	制冰厂		蔬菜基地
养殖业	鞍山养殖公司	工业	鞍山装饰工程公司
	养殖一场		红光针织有限公司
	养殖二场		月湖塑料制品厂
	鱼苗场		港城包装材料公司
	养鱼场		鞍山建筑工程公司
	参场		造船厂
			鱼粉加工厂

续表

2009 年			
产业类型	企业名称	产业类型	企业名称
外贸业	鞍山进出口公司	旅游服务业	鞍山宾馆
	神马水产公司		总公司招待所
	贸易株式会社（日本）		鞍山商场
	香港荣昌贸易公司		快餐部
	韩国首尔办事处		
运输业	鞍山远洋公司	工商业	红光针织有限公司
	鞍山港务分公司		鞍山砂厂
	旌宇海运有限公司		顺泰房地产开发有限公司
养殖业	盛世养殖公司	旅游服务业	月湖生态旅游区
	鞍山育苗厂		月湖生态假日宾馆

资料来源：笔者实地调查获得的宣传材料和该村的网站资料。

作为一个村企合一的企业集团，公司的改制绝不只影响了鞍山居民的经济生活，影响是全方位的。各个自然村庄所拥有的自然资源（土地和近海海域）和生产资料（渔船及各种工厂）从合作化开始就一直掌握在公司的手中，因此，公司按照市场原则进行的改革虽然获取了效率，但是，对大多数村民来说，资源再配置过程中的公平问题才是他们最关注的。因为资源再配置直接决定了个体村民的生存资料的可获得性。而这正是本书所要重点讨论的问题。

（三）城边渔村——东村

1. 东村地理状况

东村属丘陵地带，居民都集中在南海边一带，北边临海山都是陡崖。芝罘岛，因古芝罘山而得名，又名北岛，东南距市区9公里，历史上曾为孤岛，后海底填平，大沽夹河入海大量泥沙和沿岛南移沙砾堆积延伸，形成宽约600米，纵长3公里的沙坝，使岛与陆地合抱，形成陆连岛，因此陆上交通得以贯通全岛，公交线路便捷。岛体基岩由长石英片岩和片麻岩构成，地表多红棕色碱性土壤，不利于农作物生长。岛岸线曲折长 22.5 公里，北岸除山口外多悬崖峭壁，近海水深 3 ~ 20 米，西北海域为刺参、紫石房、蛤蜊养殖区，南岸地势较低缓，水深 5 米左右，为浅海筏式贝类养殖区，放养海带、苔贝、扇贝、文蛤、菲律宾哈仔等海产品。

2. 东村人口与社会状况

东村原是无人居住地。据史载，明朝末年始有人到此打地窝棚从事季节性捕鱼，每到鱼汛来临之际，由烟台福山一带的人到芝罘岛上扎筏子捕鱼、赶海、开荒种粮维持生计。这种随鱼汛期的季节性居住延续了许多年之后，长来往于此的 20 户在出海捕鱼获得一定的收入后，共同商定建村落户，因此，一个以海上渔业为主要生活来源的渔业社区就此形成。

据东村村志第一篇《大事记》中记载：清朝康熙年间该地已形成 80 多户的自然村——滕家，于咸丰十年（1861 年）划归登州府福山县芝罘镇东村，从那时开始本村由自然村（滕家）转为行政村（东村）。从东村的村志看，历史上（从康熙年间到 2004 年）的建制变迁，无论是行政村边界还是自然村的边界变化都不大，因而，其相应的社会边界变化也不大。

附表 1 - 3 是东村人口数量和户数在历史上的变化情况。东村较早实行计划生育政策（1964 年），并且十分严格地执行该政策，这是从 1978 年到 2004 年人口基本没有大变化的一个主要原因。

附表 1 - 3　东村的人口变化情况

时间	户数（户）	居民数（人）
到 1700 年（康熙年间）	约 80	——
1861 年（清朝咸丰十一年）	160	约 800
1935 年	约 330	约 1300
1945（战争，下关东）	160	620
1978 年*	约 400	1200 ~ 1300

时间	户数（户）	居民数（人）
2004 年	517	1302

注：根据张腾基、迟振举写的《东村村史》（手稿本）整理，其中 1978 年的数据是根据对张腾基的实地采访得来。

　　该社区目前有 483 户。据该社区的治安管理统计，其中外地住户有 89 户，这部分住户都是生活五年以上的人，通过访谈了解到他们之间大多数都是亲戚关系，或者原先是雇佣和被雇佣的关系。例如在这批外来的渔民中，有一群人被当地人称为"临沂支队"，总共有 30 多户，他们是在亲戚的裙带关系下迁移而来的。相对来说，另一部分的外来捕鱼者，他们来到此地的方式是到当地渔船打工，等到熟悉了海上生活后，就租条小船自己出海。由于不像临沂支队那样有本地的亲戚关系，在生活上或海上捕鱼中遇到一些困难时无法获得帮助。访谈中遇到的这一类群体的典型代表是菏泽人，这部分人约有 100 人，多数是在养殖队打工，少数人有自己的船网，是一人一船的劳作方式，没有家属亲戚随行，在捕渔期靠雇用临时工出海拉网。

　　3. 东村的经济状况及其变迁

　　东村所属海域的海水水质肥沃，是多种经济鱼、虾类的良好产卵、索饵和育肥场所。由于特殊的区位条件，传统捕捞渔业长期以来一直是该村重要的产业。据村志记载："20 世纪 60 年代之前，东村近海盛产对虾；出海可捕获的鱼类很多，其中鲐鱼最多，兼捕鲅鱼、鼋鱼等经济价值较高的鱼，主要捕黄花、黄骨、辫子等鱼。"但是随着人们捕捞鱼的种类的增加，渔业经受着巨大压力。"特别是 1982 年之后个体渔业开始迅猛发展，有挂机船和 12 马力机动船，主要从事拖网、放网，或者下笼。最初几年收入很高，每人能达到 6 万 ~7 万元的年收入。后来海水资源渐枯竭，滥捕现象得不到制止，收入逐渐减少，现在很多人转产养鱼。"也正是在这一时期，集体渔业逐渐衰落。

20 世纪 80 年代以来，虽然渔业资源不断萎缩，但是从事个体渔业的人数并没有因此减少，反而不断发展，由 1982 年的 30 多户发展到 2000 年的 240 多户，有船只 300 多只，其中 12 马力 195 型渔船最多，挂机次之，也有部分靠摇橹的小舢板，从事拉地网、放锚网等工作。有部分渔户用小笼捕鱼，在近海作业，主要捕章鱼、蟹。每当鱼汛期来临，大量的外地渔船涌入本地。他们捕鱼后没有时间卖鱼，对当地情况又不熟悉。当地鱼贩子就为他们服务，卸鱼、找人摘网、联系销户。报酬获取的方法有的是提成，有的则议价买下后再转手外售。鱼贩作为中间商，虽然与渔业有着密切的联系，不过他们的出现，对于东口传统的渔业来说是一种"由渔转商"的契机。

近海捕捞业目前采用的完全是柴油机动力的木壳拉网船，在渔政部门注册的船户有 272 户，当地人从事拉网船劳作的已不多，从事渤海湾近海捕捞作业的多是从内陆来的农民工，他们能吃苦、不畏艰辛从事海上拖网，成为该地野生海鲜市场主要货源的提供者。在村前海滩上有一个自然形成的、有七八年历史的鱼类交易市场，每天下午，从事近海捕捞的渔民返航，将捕捞物提到岸上，就地和等候在岸边的鱼商贩进行交易。在鱼汛旺季，岸边就会人头攒动，热闹繁忙。岸堤上一排房屋是海鲜收购店，专门收购优质的海鲜，中间是一家闻名烟台市的海鲜酒家，就是因为它紧靠着沙滩海鲜交易市场，能提供最鲜、最好的海产品，每天都是车水马龙。

村庄的养殖业由于地理位置优越，也是村庄的主导型经济产业。村庄前后海域都建成了海水养殖区，近海的养殖面积约 800 亩，多以扇贝、海参为主。滩涂养殖面积 500 余亩，以养殖海带、贝类为主。1993 年以来成立隆海实业总公司，下设四个海水养殖分公司、两个海珍品养殖分公司、深水开发养殖公司、芝罘岛海珍品育苗场、冷藏厂、食品厂。做到了集研究开发于一体的养殖链条，以及与养殖、生产、加工相配套的渔业产业。

虽然是因为海洋渔业而形成社区村落，可是目前该社区的原住居民中真正从事渔业的人已不多。一是由于城市化建设的影响，经济水平的提高，原住居民很多转向其他产业或做海水养殖的管理者，二是由于近年来的海上生物资源越来越少，出海捕捞所获收入在他们看来不高。三是因为海上捕捞的工作艰难辛苦，出海遇上风雨会有很高的风险，生活条件优越了就"不愿意再去经受那份苦"。很多渔民就把自己的渔政户口和船出租出去，靠租金收入和到城市中从事其他工作生活，所以说传统渔民的身份角色逐渐淡化。虽然他们仍生活在该渔业社区，但他们从事的工作与海洋渔业生产已没有什么关系了，实际的社会户籍是城市户口，即使社区内的主要经济实体——隆海实业公司仍是与渔业有关的海水养殖公司，但实业公司的下属公司也都实行了个人承包制，自 2002 年始，80%的海域被承包给外人，养殖公司里的养殖队的主要工作者是从外地招聘来的农民工，本地人只是做一些组织管理工作。

东村于 2001 年正式改为居委会，成为城市社区。根据笔者的调查，虽然东村在名义上成为居委会，但是村中的管理和运行仍然按照以前（农村）的规则进行。更为复杂的是，有的村民早期的户口本上其户籍性质是农业户口，而一些新办的户口本上多为非农户。村里的工作人员介绍说，对于户籍性质很多时候当地派出所都没有十分准确的界定。

被纳入城市社区的行列之后，东村开始了旧居改造工程。除此之外，城市化更为激烈的一面开始冲击这个渔村。随着烟台市城市面积的不断扩展，城市公交多条线路延伸到芝罘岛上，以及近年来不断上涨的房价，使整个芝罘岛成为房地产开发的热土。在芝罘岛上，多个房产项目获批，并取得很好的收益。房产价格也是一路飙升，从 2007 年的每平方米 4000 元左右，上涨到 2010年的每平方米 1 万元。至此，村庄的原生态渔民都已经成为"坐地户"。捕捞业早已远离他们而去。

附录 2　两个访谈提纲

关于海洋捕捞作业方式的访谈提纲

调查目的：1. 详细了解传统海洋捕捞业的作业方式，包括"下小海"和远洋捕捞；2. 详细了解现在海洋捕捞业的作业方式，包括"下小海"和远洋捕捞；3. 详细了解海水养殖业的过去与现在。

调查方式：访谈

调查对象：老渔民、在职船长、在职船员、养殖队队长、养殖人员

调查内容：

一、被调查者的基本情况

1. 年龄、籍贯、具体工作职位（如船长、大副、搬运工等）。

2. 第一次参加工作时间、工作性质、职位、收入；当初为什么选择这个工作？

3. 如果换过工作，那么为什么要换工作？什么时候换的？工作的性质、职位和收入？

4. 所属家庭的基本情况，如全家共有几个人？目前都在做什么？

二、传统海洋捕捞作业方式：对象——老渔民

1. 能不能给我们讲讲您大概的生活经历（从出生背景到现在的人生故事，包括祖辈的职业、迁移、您的成长经历、婚姻、工作、朋友等）？

2. 能否给我们详细描述一次您出海捕鱼的全过程（包括出海前的准备、捕捞所用的工具及其所有权归属、行程路线、具体的操作方式、各个船员的分工、作业时遇到的问题、劳动产品的种类、捕捞量、耗费的成本、产品的出售过程、利润的分配）？

3. 请问您为何选择这样的捕捞作业方式？

三、现在海洋捕捞业的作业方式：对象——在职船长、在职船员、下小海的渔民

1. 能不能给我们讲讲您大概的生活经历（从出生背景到现在的人生故事，包括祖辈的职业、迁移、您的成长经历、婚姻、工作、朋友等）？

2. 能否给我们详细描述一次您出海捕鱼的全过程（包括出海前的准备、捕捞所用的工具及其所有权归属、行程路线、具体的操作方式、作业时遇到的问题、各个船员的分工、劳动产品的种类、捕捞量、耗费的成本、产品的出售过程、利润的分配）？

3. 请问您为何选择这样的捕捞作业方式？

四、海水养殖业的基本情况：对象——养殖队队长、养殖人员

1. 能否为我们讲讲海水养殖的基本情况（如多大的养殖面积、养什么、如何养的、如何收获的、收成如何、怎么出售产品、您的收入）？

2. 是如何获得养殖场的？

3. 能否为我们详细讲讲您一天的生活和工作？

五、休渔期的生活

1. 休渔期的基本状况（如为什么要设置休渔期？以前和现在的休渔期都是多长时间？又是如何规定的？）。

2. 在休渔期间您都做什么？

3. 您认为休渔期政策有效果吗？

4. 在您的捕捞作业过程中，您对渔业资源有什么样的认识？

六、您对您目前的工作环境和生活状况有什么感想？

关于海洋环境变迁与海岛渔村
发展的访谈提纲

调查目的：①详细了解海岛渔村的地理、历史和社会结构；②详细了解当前海岛渔村捕捞业的历史、现状和发展趋势；③详细了解海岛渔村海水养殖业的历史、现状和发展趋势；④了解渔民关于海洋环境变迁、海洋渔业发展等方面的看法。

调查方式：访谈

调查对象：村委会成员、老渔民、养殖渔民、捕捞渔民、一般村民

一、调查内容：个人基本情况（此题意在了解渔村的人口结构与海洋开发的关系，以及从人口基本状况的变化来反映渔村的变迁）

（1）详细了解个人的人口特征：性别、年龄、出生地。如果是外来人口，了解其流入本村的时间、籍贯、流入本地区的方式等。

（2）详细了解个人家庭情况，包括家庭人口、自身及子女的职业类别、受教育程度、收入状况等。

（3）详细了解调查对象的受教育程度与渔业生产的关系：如受教育的年限、相关技术培训等，从中观察不同文化水平的人的生活水平差异以及对海洋和海岛的不同态度。

（4）海洋环境意识的调查，包括对周边环境质量的认识，以及发生环境问题后个人是否会采取环保行动或采取什么行动。

二、海岛、海洋环境及资源的基本状况

（1）海岛的地理位置、地质地貌、土壤植被及淡水资源。

（2）本地海况、气候海难情况以及重大海洋污染事件。

（3）长岛地区的主要海岛，及主要的海岛生物资源和海洋资源，包括海洋矿产和海洋生物资源。

（4）海岛环境、海水水质及海洋资源的今昔对比。

（5）各海岛开发情况及开发后的土地使用情况。

三、长岛渔村状况

（1）村政建设情况、文化教育和科技推广状况，卫生与计划生育状况。

（2）村容村貌、公用设施、民房建设、水井挖掘及海洋能源的利用状况。

（3）村庄的历史沿革，包括各村的经济特色、耕地面积、村民结构（人口、男女比例、外来人口比例）。

（4）渔民的生活状况，包括主要生活来源，是否有耕地、土地面积及主要用途。

（5）风俗民情，此地有何时令节日，有何与海洋有关的民俗活动，随着海洋环境的变迁，是否产生一些新的跟海洋有关的活动。

四、长岛捕捞业状况

（1）长岛捕捞体制的发展状况、现在的经营方式和经营规模是什么、渔获量历年变化情况。

（2）渔船数量、渔船的所有制状况，渔船的动力及跟渔船配套的卫星通信导航系统状况。

（3）网具的发展历程，以及现在所使用的网具种类、不同网具对信渔业种类有何种影响。

（4）渔场数量、渔场的各种渔业资源及渔场环境的变化状况。

（5）捕获的鱼类品种、渔产品都是怎么分配的或以什么方式出售到什么地方。

（6）在不同的季节都捕获何种海产品、休渔季节是什么时候、休渔期都采取什么休渔措施。

（7）海洋运输业的发展状况，包括经营模式、运输业的规模、运输货物的类型。

五、长岛海水养殖业

（1）海水养殖业的发展历程、经营模式（在调查过程中要认真观察养殖场周边海洋环境是否被污染）。

（2）海水养殖的类型（如海带、扇贝、海参养殖）、养殖的规模、收益及经营类型等，影响海水养殖的主要因素有哪些。

（3）海产品加工业的种类和经营模式、经营状况以及影响效益的主要因素。

（4）是否有与海产品相关的外资企业，有的话就详细了解当地人对外企的看法，及对整个地区有何影响。

六、长岛农林牧副业

（1）农林牧副业的状况。都种植什么农作物、种植业发展的影响因素、产量如何。

（2）树林品种、果园中的果树品种及产量、林业发展的影响因素及效益。

（3）副业的种类（如养猪、养鸡、养貂）、用的饲料是否为海产品、经营规模和方式是什么及收益。

七、除了以上问题，您还有什么要跟我们谈的吗？

如（1）对于这次访谈，您有什么看法？（2）关于国家"三渔"政策您有什么看法、渔家乐的经营状况，以及旅游业对海岛环境的影响；（3）关于自己所处的海洋环境及其资源状况的变化有何感受？

附录 3　中国传统海洋渔具[*]

海洋渔具
- 网具
  - 抄网类：如山东推网
  - 掩网类：如福建叩网
  - 敷网类：如福建乌鲳楚口网
  - 建网类
    - 张网类
      - 桩（樯）张网：如黄渤海挂子网、樯张网
      - 抛碇张网
        - 双碇张网：如江苏黄花张网
        - 单碇张网：如辽宁安康网
      - 船张网：如江苏挑网
    - 插网类：如渤海须笼网
    - 陷阱网类：如辽宁大折网、山东牛网
  - 刺网类
    - 定置刺网
      - 底刺网：如渤海崩网
      - 浮刺网：如山东飞鱼网
    - 围刺网：如广东潜镰
    - 流刺网
      - 底流刺网：如浙江金塘大流网
      - 浮流刺网：如山东散腿流网
    - 拖刺网：如广东阳江拖刺网
  - 围网类
    - 单船围网：如渤海凤网、浙江独捞网
    - 双船围网：如福建大围缯
    - 多船围网：如广东赤鱼围网
  - 拖网类
    - 双船拖网：如广东拖风网、山东裤裆网、浙江对网
    - 单船拖网：如渤海扒拉网、浙江墨鱼拖网
    - 地曳网：如河北大拉网、福建地曳网
- 钓具
  - 竿钓类：如广东马友鱼竿钓、山东鲈鱼竿钓
  - 手钓类：如福建鱿鱼钓
  - 曳绳钓类：如广东拖毛钓和圆鲹曳绳钓
  - 延绳钓类
    - 饵钩延绳钓：如鲁、浙、闽带鱼延绳钓、鲨鱼延绳钓
    - 空钩延绳钓：如广东兄弟钓、渤海滚钩
- 杂具
  - 钩刺类：如浙江鲨鱼钩
  - 迷陷类：如各地浅海箔旋
  - 壶笼类：如浙江墨鱼笼、河北篏笋钓
  - 耙具类：山东海参扒、渤海蛤耙

---

[*]　资料来源：张震东、杨金森编著，1986，《中国海洋渔业简史》，海洋出版社，第 116 页。

附录4 胶东与福建的传统海洋
渔船之比较

传统海洋渔船的结构和性能与区域的地理特征紧密相关。中国海域一般以长江口为界，划分为南北两区。胶东归于北区，处在黄海和渤海区域，整个海区位于大陆架之上，风浪小，水浅。渤海平均水深18米，黄海平均水深40米。福建归于南区，处于东海和南海的近海，受季风影响大，尤其是7~9月是台风较多的季节。东海平均水深350米，南海平均水深1212米。两地渔船因此差异较大。

附表4-1 胶东木帆船

类型	名称	作业方式	特点	量度				
				总长（米）	船宽（米）	船深（米）	吃水（米）	排水量（吨）
舢板	挂网舢板	挂子网、钓钩	结构简单，朝出暮归	8	2.9	0.78	0.62	9
舠子	瓜蒌	风网、母子钓网		16	3.9	0.86	0.53	32
	圆网舠子	圆网、钓钩、挂网		7	2.4	0.71	0.63	5.7
	流网舠子	流网、钓钩	吃水浅，6级风航行有困难	11	1.1	1	18.7	
榷子	大榷子	流网、裤裆网		14.5	2.7	0.66	0.61	10.6
排子	鱼雷排子	母子钓	简易便于操作，航速快	16.8	3.4	0.99	0.9	28.6

附表 4 − 2　福建木帆船

类型	作业方式	特点	量度				
			总长（米）	船宽（米）	船深（米）	吃水（米）	排水量（吨）
大围缯船	有囊围网	航速快，初稳性大，悬帆能力强，回转灵活，6级风以上作业困难	22.5	4.58	1.34	1 35	
钓艚	母子式延绳钓	稳定性良好，抗风耐浪力强，6级风以下作业	20.44	5.68	1.54	1.3	40
网艚	定置网	抗风、耐浪力强，7级风以下可以坚持渔场	21.17	4.72	1.24	0.9	29.6
漏尾	拖网	航向稳定性好、拖速快	21.17	4.72	1.24	0.9	29.6
镰艚	流刺网	吃水深	10.55	2.32	0.98	0.60	7.4

胶东渔船和福建渔船相比，各自的特征明显。

由于作业区域不同，渔船船型不同。胶东地区大陆架广阔，多在近岸浅海作业，渔船船体小，结构简单，吃水浅，抗风能力不强；福建地区濒临太平洋，多在海峡环境作业，渔船船体大，结构复杂，抗风耐浪能力强。

由于鱼类资源的分布不同，作业方式不同，渔船特点也不同。胶东渔船从事挂子网、流网、圆网、风网和延绳钓等作业，对船的要求不高。福建地区除从事延绳钓、流网、刺网之外还进行规模较大的围网和拖网作业，因此渔船的稳定性强，灵活度高，航速快，续航能力强。①

---

① 资料来源：《烟台水产志》编纂委员会：《烟台水产志》，山东省出版总社烟台分社，1989，第 128 ~ 132 页；张震东、杨金森编著《中国海洋渔业简史》，海洋出版社，1983，第 110 ~ 115 页；福建省水产学会福建渔业史编委会：《福建渔业史》，福建科学技术出版社，1988，第 310 ~ 315 页；黄公勉、杨金森编著《中国历史海洋经济地理》，海洋出版社，1985，第 11 ~ 13、168 ~ 171 页；黄良民主编《中国海洋资源与可持续发展》，科学出版社，2007，第 3 ~ 4、25 ~ 28 页。

后 记

本书是在我的博士论文基础上修订而成的。关于我的论文，在 2008 年春天入学的时候，我自己设想的博士研究规划是"海洋渔村的变迁"。导师说这个题目太大，不好展开研究，探索两年（探索后一个不太理想的结果是我的第一本专著《海洋渔村的"终结"》）后发现果如其言。在导师的建议下，我将题目改为"海洋捕捞方式的变迁"，再历经两年的时间，写成初稿，之后，用了将近一年的时间来修改，在 2012 年终成正果。答辩之后，导师认为要想出版，还需要再修改。由于工作调动等原因，一拖就到了 2017 年。修订之后其实也不是很理想。

感谢我目前学术之路上的三位重要老师：我的硕士生导师吉林大学的林兵老师、我的博士生导师河海大学的陈阿江老师、我的本硕阶段的老师及工作之后科研工作的引导者和合作者——中国海洋大学的崔凤老师。没有他们的多年教育和引导，我想我很难完成从本科到博士的学业。三位老师在科研上各有所长，但更重要的是在做人和做学问上给予我潜移默化的影响。

本书与博士论文基本保持一致，因此我对所有帮助我完成博士论文的人都满怀感激。感谢在博士学习阶段给予指导的河海大学施国庆、王毅杰、陈绍军、高燕、顾金土、张虎彪、胡亮等老师；在我的论文开题和答辩中提出宝贵意见的南京大学童星、成伯清、朱力、刘林平等老师；对论文的修订提出意见及博士生活中提供诸多帮助的程鹏立和袁记平两位师兄、罗亚娟和王婧两位师妹、陈涛和耿言虎两位师弟；在文献整理和实地调研上提供了物质和精神帮助的山东工商学院的学生们（尤其要感谢 2007 级的王冠，她不仅陪我度过了论文写作中最艰难的那一段时光，论文中的许多数据资料和图表也是她帮我整理和描绘的）。感谢所有接受我实地调查的被访者们，尤其是那些淳朴的渔民们，尽管我的研究可能无益于他们，但他们仍然真诚热情地回应了我的访问。最后要感谢的是我生命中最重要的两位女人，我不识字的母亲一直是我读书的最根本动力所在，她不理解"博士"之类的学位概念，她只是经常跟我说：读书就要读到底，我也不知道读完博士是不是就是她所说的"读到底"；总是比我优秀的妻子给了我很大的压力，只不过她把这种压力很好地转化成了驱使我不断努力的动力。

本书最后能够出版，还要感谢哈尔滨工程大学人文学院的郑莉院长和杨国庆副院长，两位领导不仅在出版经费上给予了充分的支持，而且说实在话，没有他们的督促，这本书还不知道要拖多少年才能出版。当然，没有出版社编辑胡亮老师辛勤严谨的工作，这本书可能是无法与读者见面的。

本书的结论带有一定的悲观色彩，即海洋捕捞方式的转变导致了海洋渔业资源的枯竭，但我做这个研究的最初愿望是美好的，即希望我的儿孙们能够在将来见到现在我所能见到的各种海洋生物，能够吃到我现在能吃到的各种海洋鱼类！

图书在版编目（CIP）数据

海洋渔业捕捞方式转变的社会学研究／唐国建著
. -- 北京：社会科学文献出版社，2017.5
（哈尔滨工程大学社会学丛书）
ISBN 978 - 7 - 5201 - 0391 - 6

Ⅰ.①海⋯　Ⅱ.①唐⋯　Ⅲ.①海洋渔业 - 捕捞过度 -
经济社会学 - 研究　Ⅳ.①S975 - 05

中国版本图书馆 CIP 数据核字（2017）第 103184 号

·哈尔滨工程大学社会学丛书·
海洋渔业捕捞方式转变的社会学研究

著　　者／唐国建

出 版 人／谢寿光
项目统筹／童根兴　胡　亮
责任编辑／胡　亮

出　　版／社会科学文献出版社·社会学编辑部（010）59367159
　　　　　地址：北京市北三环中路甲 29 号院华龙大厦　邮编：100029
　　　　　网址：www. ssap. com. cn
发　　行／市场营销中心（010）59367081　59367018
印　　装／三河市尚艺印装有限公司

规　　格／开　本：787mm × 1092mm　1/16
　　　　　印　张：17.75　字　数：237 千字
版　　次／2017 年 5 月第 1 版　2017 年 5 月第 1 次印刷
书　　号／ISBN 978 - 7 - 5201 - 0391 - 6
定　　价／79.00 元

本书如有印装质量问题，请与读者服务中心（010 - 59367028）联系